José Carlos V. M:

REOLOGIA E ESCOAMENTO DE FLUIDOS

ÊNFASE NA INDÚSTRIA DO PETRÓLEO

José Carlos V. Machado

REOLOGIA E ESCOAMENTO DE FLUIDOS

ÊNFASE NA INDÚSTRIA DO PETRÓLEO

Editora Interciência

Rio de Janeiro - 2002

Copyright© by José Carlos Vieira Machado

Direitos Reservados em 2002 por **Editora Interciência Ltda**.

Capa: Cleber Luis

Editoração: Vera Barros

CIP-Brasil. Catalogação-na-Fonte
Sindicato Nacional dos Editores de Livros, RJ.

M131r

    Machado, José Carlos V. (José Carlos Vieira)
       Reologia e escoamento de fluidos : ênfase na indústria do petróleo / José Carlos V. Machado - Rio de Janeiro : Interciência: PETROBRAS, 2002.

       Apêndices
       Inclui Bibliografia
       ISBN 85-7193-073-2

       1. Mecânica dos fluidos. 2. Fluidos. 3. Reologia. 4. Engenharia mecânica. 5. Engenharia do petróleo. I. PETROBRAS. II. Título.

02-1739   CDD 620.1064
                                                               CDU 621.01

É proibida a reprodução total ou parcial, por quaisquer meios, sem autorização por escrito da editora.

Editora Interciência Ltda.
Rua Verna Magalhães, 66 - Engenho Novo - RJ - 20.710-290
Tels.: (0xx21) 2241-6916/2581-9378 - Fax: (0xx21) 2501-4760
e-mail: editora@interciencia.com.br

Visite nosso site: www.editorainterciencia.com.br

Impresso no Brasil - Printed in Brazil

Dedicatória

A MEUS PAIS

Idel, pelas lições de honestidade e perseverança;
Alaide, pelo carinho, dedicação e vigília constantes.

A MEUS FILHOS

Carlos, por permitir que eu participe um pouco da sua vida e por dividir comigo alguns dos seus momentos;

Edelweiss, pela razão de simplesmente existir;

Luís Enrique, por propiciar-me experiências jamais imaginadas, pela sua alegria inocente e contagiante;

Romenya que, com seus 2 anos de idade, renova-me de esperanças e expectativas em viver novas aventuras.

À MINHA ESPOSA

Tatiane, por dividir comigo os seus mais sublimes momentos de alegria e tristeza; pela possibilidade de sonharmos juntos novos sonhos.

A MEUS MESTRES ESPIRITUAIS

Em especial à minha mestre yogui, Ivone Canuto, que me fez enxergar outras dimensões além-matéria, com paciência e quietude, porém com determinação nos momentos precisos.

Agradecimentos

A Petróleo Brasileiro S.A. – Petrobras, Recursos Humanos/Universidade Petrobras, por incentivar e tornar possível a publicação deste compêndio, além de acreditar e investir no potencial dos seus técnicos.

A todos os colegas da empresa, que contribuíram e acrescentaram os seus conhecimentos, fosse através de artigos, palestras ou discussões nos seminários, eventos e cursos.

A todos os meus mestres acadêmicos de colégio, graduação, especialização e pós-graduação que, nos bancos e corredores das escolas, Universidades e Petrobras, também somaram com suas idéias, pensamentos e ações.

A todos os meus alunos e ex-alunos, em especial aos participantes dos cursos de engenharia de petróleo, química de petróleo e técnica de fluidos, pois foram eles os artesãos que, ao longo destes últimos vinte anos, ajudaram-me a construir este conhecimento, cuja publicação está sendo agora formalizada.

A Nancy de Souza Andrade, pelo grande auxílio na digitação dos textos, tabelas e figuras e pela paciência durante estes dois últimos anos, tempo de duração desta publicação.

Aos profissionais da Petrobras, Átila Fernando Lima Aragão, André Leibsom Martins e Marcos Antônio Rosolen pela avaliação técnica do conteúdo.

Apresentação

O engenheiro José Carlos Vieira Machado tem sido um obstinado na busca do conhecimento nas questões relacionadas à reologia, à química dos fluidos e às questões ambientais na indústria de petróleo.

Sua longa experiência como profissional destacado na área, e seu trabalho como instrutor dos profissionais da Petrobras, vêm sendo consolidados em diversos artigos e apostilas de sua autoria.

Entre as suas áreas de interesse profissional destaca-se a reologia dos fluidos, tema da maior relevância pela sua importância para a qualidade dos poços, custos e produtividade.

Tal obstinação não tem sido menor na difusão desse conhecimento acumulado para diversos técnicos da Petrobras. Prova disso é o livro que aqui apresento, consolidando uma longa experiência como professor/instrutor e pesquisador do tema.

Da forma como o livro está estruturado, atende a dois públicos distintos, aqueles que pretendem se iniciar no assunto e aqueles que, conhecedores do tema, aqui encontram uma consolidação didática desse conhecimento. Assim, o livro é útil a todos os profissionais que lidam ou pretendem lidar com o tema na indústria de petróleo.

O autor está de parabéns pelo resultado alcançado, o que é uma conseqüência inevitável do conhecimento acumulado ao longo de sua vida profissional.

O Recursos Humanos, através da Universidade Petrobras, sente-se honrado em co-editar a publicação deste livro, *Reologia e Escoamento de Fluidos*, uma iniciativa que busca estabelecer uma bibliografia de consulta permanente para seus profissionais, bem como retornar à sociedade o investimento e a confiança depositados em suas atividades.

José Lima de Andrade Neto
Diretor-Gerente de Recursos Humanos
Petróleo Brasileiro S/A – Petrobras

BR
PETROBRAS

Prefácio

Este compêndio foi idealizado há cerca de vinte anos. Sua semente foi plantada nos primeiros cursos para engenheiros e químicos de petróleo, que comecei a lecionar no início da década de 80, e que continuo até hoje. Portanto, ele reflete os conhecimentos adquiridos e transmitidos ao longo destas duas últimas décadas.

Nos dois primeiros capítulos, descrevem-se conceitos básicos sobre o comportamento dos líquidos viscosos ideais e não-Newtonianos, com ênfase nos problemas que possam ser visualizados pelo lado externo de seu envoltório físico. O detalhe do que se passa no interior do sistema não serão, muitas vezes, incluído na análise devido à complexidade do desenvolvimento matemático. Pelo mesmo motivo, não é abordado, também, a maioria dos balanços diferenciais de energia, massa e força, envolvendo fluxo e quantidade de movimento. O leitor que desejar se aprofundar no assunto poderá consultar algumas das referências citadas no final.

O termo balanço global será usado para descrever os balanços que visualizam o processo pelo lado externo do envoltório do sistema. Em algumas situações, entretanto, será quase impossível abandonar o detalhe do que se passa no interior do envoltório. Nestes casos, descreveremos balanços para um pequeno volume de controle. Como exemplo, podemos citar a distribuição de velocidades no interior do envoltório cilíndrico de um líquido, determinada através de análise diferencial, e a determinação da velocidade média de fluxo, que pode ser obtida por balanço global. Em resumo, ênfase maior será dispensada ao balanço global, devido à sua relativa simplicidade e ao seu valor na solução de muitos problemas da engenharia.

No terceiro capítulo, são abordados alguns princípios e procedimentos para a medida da viscosidade e dos parâmetros reológicos de fluidos líquidos, considerados puramente viscosos, dando-se ênfase aos viscosímetros mais usuais da indústria do petróleo. O quarto capítulo introduz conceitos e princípios novos sobre reometria, úteis para medir parâmetros visco-elásticos, através de viscosímetros oscilatórios ou reômetros, cujo estado do conhecimento ainda está em pleno desenvolvimento. O entendimento e domínio dos parâmetros reológicos, considerando os fluidos como visco-elásticos, ainda estão em fase embrionária, por isso estes parâmetros não têm sido usados para descrever o comportamento dos fluidos.

O quinto e sexto capítulos mostram aplicações do conhecimento da reologia de fluidos na engenharia do petróleo, abordando os cálculos relativos à viscosidade e densidade equivalente do fluido, perda e aumento de pressão originados pelo escoamento, mudanças no tipo de fluxo, e avaliação da capacidade de transporte de partículas sólidas pelo fluido.

Adotou-se o sistema internacional de unidades (SI) ao longo de todo o texto. Entretanto, a edição de algumas equações práticas e tabelas estão no sistema inglês usual da tecnologia do petróleo. Nestes casos, ao final da equação ou da tabela aparecem descrições e fatores para conversão das unidades.

No final foram adicionados também:

a) uma extensa lista de exercícios;
b) um apêndice com demonstrações de algumas das equações que aparecem no corpo do texto, tabelas de equações e de conversões de unidades; e
c) uma bibliografia de referência.

José Carlos Vieira Machado
Eng° Químico e Químico de Petróleo
Mestre em Química Ambiental
jmachado@petrobras.com.br

Simbologia e Nomenclatura

Símbolo	Significado
a, b, c e d	Constantes de equações
A, B e C	Constantes de equações
¢	Concentração
D	Diâmetro de tubo
D_b	Diâmetro de bola ou esfera
D_e	Diâmetro equivalente de fluxo
D_i	Diâmetro externo de tubo interno para anular
D_o	Diâmetro interno de tubo externo para anular
D_P	Diâmetro equivalente de partícula sólida
∂_v	Variação infinitesimal de velocidade
∂_y	Variação infinitesimal de distância
e	Distância entre placas ou cilindros (e = $r_2 - r_1$) ou "gap"
Ev	Eficiência volumétrica
f	Fator de fricção de Fanning
F	Força ou esforço
F_g	Força gel ou de gelificação de fluido
G	Módulo de elasticidade ou de Young
G*	Módulo complexo
G'	Módulo de armazenamento
G"	Módulo de cisalhamento ou de perda
g	Aceleração da gravidade
G_0 ou G_i	Gel inicial, tensão gelificante obtida após 10 segundos
G_{10} ou G_f	Gel final, tensão gelificante obtida após 10 minutos
G_{30}	Gel a 30 min, ou tensão gelificante após 30 min de repouso
Gh	Gradiente hidrostático

(continua)

Simbologia e Nomenclatura

(continuação)

Símbolo	Significado
h, H	Altura
J*, J	Compliança complexa, compliança
k	Constante de mola de torção
K	Índice de consistência
K_a	Índice de consistência determinado para espaço anular de tubos
K_p	Índice de consistência determinado com viscosímetro tubular
K_v	Índice de consistência determinado com viscosímetro rotativo
L ou ΔL	Comprimento longitudinal ou horizontal
M	Massa
n	Índice de comportamento ou de fluxo
N	Número de rotações ou velocidade de rotação. Número de cursos por minuto
NH_e	Número de Hedstrom
Np	Número de plasticidade
NR	Número de Reynolds
NRs	Número de Reynolds de queda de partículas
NRe	Número de Reynolds equivalente
NRc	Número de Reynolds crítico
P, ΔP	Pressão, queda de pressão
Pd	Pressão dinâmica ou de circulação
Pe	Peso
Ph	Pressão hidrostática
Q, q	Vazão de escoamento ou fluxo
r, r_1, r_2, R	Raios de círculos
r_c, r_p	Raio do cone do viscosímetro cone-placa, placa-placa
R_t	Razão de transporte
S	Área da superfície na direção de cisalhamento ou ortogonal a este
t, Δt	Tempo, variação de tempo
T	Temperatura
T_x	Taxa de penetração

(continua)

Simbologia e Nomenclatura

(continuação)

Símbolo	Significado
T_q	Torque no eixo cilindro interno do cone ou da placa do viscosímetro rotativo
V	Volume
v	Velocidade pontual de fluxo
$\bar{v}$	Velocidade média de fluxo ou de escoamento
v_a	Velocidade média de fluxo no anular
v_c	Velocidade crítica
v_t ou v_r	Velocidade de transporte ou de remoção de sólidos
v_{max}	Velocidade máxima de fluxo
v_q, v_s	Velocidade de queda e de sedimentação
w	Largura de um elemento de fluido numa fenda retangular
x	Distância no eixo horizontal
y	Distância no eixo vertical
α	Ângulo geométrico no plano considerado
β	Relação entre os raios dos cilindros do viscosímetro rotativo ($\beta = r_2/r_1$)
δ	Ângulo de mudança de fase
ε	Rugosidade absoluta
$\in$	Termo corretivo para efeitos cinéticos terminais
ψ	Função do viscosímetro rotativo
γ	Taxa de deformação ou de cisalhamento
γ^*	Deformação de sólido elástico
γ_b	Taxa de cisalhamento à parede do cilindro interno
γ_c	Taxa de cisalhamento no cone do viscosímetro cone-placa
γ_p	Taxa de cisalhamento na placa do viscosímetro placa-placa
γ_{max}	Taxa de deformação ou de cisalhamento máxima no movimento oscilatório
γ_w	Taxa de cisalhamento à parede do tubo
λ	Tempo de relaxação definido por (μ/G)
μ	Viscosidade dinâmica ou Newtoniana
μ_a	Viscosidade aparente

(continua)

Simbologia e Nomenclatura

(continuação)

Símbolo	Significado
μ_e	Viscosidade equivalente ou efetiva
μ_p	Viscosidade plástica
μ^*	Viscosidade complexa
μ'	Viscosidade dinâmica
μ''	Viscosidade de armazenamento
μ_∞	Viscosidade infinita ou a altas taxas de cisalhamento
ρ	Massa específica ou densidade absoluta do fluido
ρ_a	Massa específica do fluido no anular
ρ_s, ρ_p, ρ_c	Massa específica de sólido, de partícula sólida e cascalhos
ρ_b	Massa específica de bola
ρ_d	Densidade equivalente ou dinâmica
σ	Tensão de deformação
θ	Deflexão ou leitura do viscosímetro rotativo
τ	Tensão cisalhante ou de deformação
τ_b	Tensão cisalhante no cilindro interno do viscosímetro
τ_c	Tensão cisalhante no cone do viscosímetro
τ_L ou τ_ℓ	Limite de escoamento do fluido de Bingham
τ_{max}	Tensão máxima em movimento oscilatório
τ_o	Limite de escoamento real
τ_p	Tensão cisalhante na placa de viscosímetro placa-placa
τ_w	Tensão cisalhante na parede do tubo
ν	Viscosidade cinemática
ΔL	Variação ou aumento do comprimento
ΔP	Variação ou queda de pressão
Δt	Variação de tempo
Δy	Variação finita da distância
ΔV	Variação no volume
Γ	Tensão superficial
η	Fator de geometria definido por $(D_o - D_i)/2$
χ	Fator de geometria anular (D_i/D_o)
φ	Relação entre D_{max}/D_o
ϖ	Velocidade angular

Sumário

Dedicatória V
Agradecimentos VII
Apresentação IX
Prefácio XI
Simbologia e Nomenclatura XIII

Capítulo 1 – Fundamentos 1
    1.1 – Introdução 1
        1.1.1 – Deformação, elasticidade e fluxo 2
        1.1.2 – Corpo elástico ideal 3
        1.1.3 – Fluido viscoso ideal 6
        1.1.4 – Comportamento viscoelástico 10
    1.2 – Regimes de Escoamento 13
        1.2.1 – Fluxo laminar 14
        1.2.2 – Fluxo tampão 15
        1.2.3 – Fluxo turbulento 16
    1.3 – Mudança no Tipo de Fluxo 18

Capítulo 2 – Classificação dos Fluidos Viscosos 21
    2.1 – Introdução 21
    2.2 – Fluidos Newtonianos 22
    2.3 – Fluidos Não-Newtonianos 24
        2.3.1 – Modelo de Bingham ou plástico ideal 25
        2.3.2 – Modelo de Ostwald de Waale 26
        2.3.3 – Modelo de Herschell–Buckley 30
        2.3.4 – Modelo de Casson 31
        2.3.5 – Modelo de Robertson-Stiff 32
    2.4 – Fluidos Dependentes do Tempo 33

Capítulo 3 – Viscosimetria **39**
    3.1 – Introdução 39
    3.2 – Fatores que Afetam a Viscosidade 41
    3.3 – Condicionantes e condições de contorno 44
    3.4 – Viscosímetros 46
        3.4.1 – Viscosímetro de bola 48
        3.4.2 – Viscosímetro tubular ou de tubo-capilar 50
        3.4.3 – Viscosímetro capilar de vidro 57
        3.4.4 – "Viscosímetro" de orifício 62
        3.4.5 – Viscosímetro rotativo 63
        3.4.6 – Outros viscosímetros 90
    3.5 – Análise e Interpretação 91
    3.6 – Seleção de Viscosímetros 92

Capítulo 4 – Reometria **95**
    4.1 – Introdução 95
    4.2 – Testes oscilatórios ou dinâmicos 97
    4.3 – Parâmetros viscoelásticos 99
    4.4 – Curvas reológicas de testes oscilatórios 102
    4.5 – Comparação dos parâmetros viscoelásticos 108

Capítulo 5 – Escoamento Através de Tubos e Anulares **111**
    5.1 – Introdução 111
    5.2 – Sistema de Circulação 113
        5.2.1 – As bombas 114
        5.2.2 – A coluna 115
        5.2.3 – O fundo do poço 116
        5.2.4 – O espaço anular 117
    5.3 – Escoamento no Interior de Tubos 117
        5.3.1 – Escoamento laminar 117
        5.3.2 – Mudança de fluxo 119
        5.3.3 – Escoamento turbulento 123
        5.3.4 – Escoamento transitório 126
    5.4 – Escoamento Anular 128
        5.4.1 – Diâmetro equivalente 128
        5.4.2 – Escoamento laminar 131
        5.4.3 – Escoamento turbulento 135
        5.4.4 – Escoamento transitório 137

		5.4.4 – Escoamento transitório 137
	5.5 –	Exemplos de Cálculos 138
		5.5.1 – Viscosidade equivalente para o modelo de potência 138
		5.5.2 – Perda de pressão ou perda de carga 145
		5.5.3 – Pressão de circulação 146
		5.5.4 – Densidade equivalente de circulação 148
		5.5.5 – Pressão aplicada a um fluido gelificado 150

Capítulo 6 – Transporte de Sólidos 155

    6.1 – Introdução 155
    6.2 – Velocidade de Sedimentação ou de Queda 157
    6.3 – Velocidade e Razão de Transporte 164
        6.3.1 – Poços verticais 164
        6.3.2 – Poços inclinados e horizontais 165
    6.4 – Influência dos Parâmetros Reológicos 168
    6.5 – Influência de Outros Parâmetros 175
        6.5.1 – Perfil de velocidade 175
        6.5.2 – Densidade do fluido 177
        6.5.3 – Taxa de penetração 178
        6.5.4 – Alargamento do poço 180
    6.6 – Aplicações Simplificadas 181

Exercícios 191

Apêndice A – Fluxo Laminar em Tubo e Anular Circular 219

Apêndice B – Fluxo Laminar entre Cilindros Concêntricos 225

Apêndice C – Fluxo Estacionário entre Placas Paralelas Circulares 227

Apêndice D – Equações de Determinação de Parâmetros Reológicos com Viscosímetro Fann mod. 35A 233

Apêndice E – Método Prático Simplificado para Cálculo de Perda de Carga no Espaço Anular 239

Apêndice F – Tabelas das Principais Equações 243

Apêndice G – Tabelas de Conversão de Unidades 252

Referências 255

Capítulo I

Fundamentos

1.1 – Introdução

Rheologia é a ciência da deformação e do fluxo da matéria. Ela é um ramo da física relacionada com a mecânica dos corpos deformáveis. A etmologia da palavra ***rheologia*** tem raiz e vai buscar significado nos vocábulos gregos **rheo** = deformação e **logia** = ciência ou estudo. Portanto, ***reologia*** é a ciência que estuda como a matéria se deforma ou escoa, quando está submetida a esforços originados por forças externas. Neste contexto, considerando que a matéria pode ser classificada como sólida, líquida ou gasosa, a deformação de um sólido pode ser caracterizada por leis que descrevem a alteração de seu volume, tamanho ou forma, enquanto o escoamento de um fluido, líquido ou gás, é caracterizado por leis que descrevem a variação contínua da taxa ou grau de deformação em função das forças ou tensões aplicadas.

Muitas das teorias da reologia se fundamentam em modelos idealizados, baseados em equações diferenciais de primeira ordem, cujo conceito admite que as constantes nestas equações não mudam quando ocorrem mudanças nas suas variáveis. Existem, entretanto, várias exceções aos modelos ideais, denominados de sistemas anômalos, que são tratados individual, matemática ou experimentalmente, sendo inclusive mais comuns que os sistemas ideais. Embora a teoria da reologia, qualitativa ou quantitativa, trate o fenômeno da deformação como reversível, a irreversibilidade está muitas vezes presente. As propriedades reológicas de uma substância, por vezes, mostram-se dependentes do tempo ou variam com a continuidade da deformação. Essas variações ocorrem sejam o fenômeno reversível ou irreversível.

Primeiramente, a reologia estava relacionada apenas à deformação de corpos coesos. Entretanto, a teoria tem sido estendida ao estudo e compreensão da fricção entre sólidos e escoamento de substâncias pulverizadas e particuladas, e de sistemas coloidais. A ruptura de sólidos e líquidos em fragmentos ou gotas é freqüentemente considerada, assim como efeitos reversos, tais como coesão de partículas e adesão de superfícies. Muitos dos fenômenos reológicos podem ser entendidos e explicados sob a ótica da teoria molecular aplicada a fenômenos coloidais e interfaciais.

Apesar de muitos problemas em reologia, relativos a fluidos, já estarem solucionados, muito ainda há por se fazer, principalmente no que se refere à variação da fluidez em relação ao tempo de fluxo. Outro segmento ainda inexplorado é o da viscoelasticidade, uma teoria que considera o material como parcialmente elástico e viscoso, necessitando uma melhor compreensão e correlação dos parâmetros do material. Alguns estudos já têm sido conduzidos para interpretar os parâmetros viscoelásticos e sua relação com os parâmetros viscosos e de escoamento. Nas duas últimas décadas considerável avanço foi obtido na teoria molecular do fenômeno reológico e nas aplicações de engenharia, envolvendo o fluxo de fluidos não-Newtonianos e a deformação de materiais viscoelásticos.

Como a maioria dos estudiosos de reologia possui um conhecimento razoável em química, é compreensível que sejam encontrados muitos trabalhos suportados por resultados experimentais de laboratório e pela teoria molecular. Entretanto, sob a ótica da engenharia, acreditamos que é necessário ter um tratamento fenomenológico confiável do ponto de vista macroscópico, antes de racionalizar em uma base microscópica.

Na indústria de petróleo, os conhecimentos básicos de reologia irão auxiliar na análise do comportamento reológico dos diversos tipos de fluidos empregados nas etapas de perfuração e produção de poços, e transporte e refino do petróleo. Entre outras aplicações, a definição dos parâmetros reológicos, por sua vez, permitirá que se estime as perdas de pressão por fricção também denominada de perdas de carga, a capacidade de transporte e sustentação de sólidos, além de especificar e qualificar fluidos, materiais viscosificantes, petróleo e derivados.

Por último, é de fundamental importância que sejam utilizados equipamentos confiáveis e calibrados, além de métodos e procedimentos certificados, na caracterização reológica e determinação dos parâmetros reológicos dos fluidos utilizados, com o fim de se obter resultados com alto grau de repetibilidade e reprodutibilidade, ou seja, próximos da realidade e confiáveis. A determinação exata das propriedades reológicas, seguida de análise e interpretação coerente, irão conduzir a processos mais otimizados, em qualquer segmento tecnológico relacionado com a engenharia do petróleo: prospecção e perfuração de poços, produção, refino ou transporte de petróleo.

1.1.1 – Deformação, elasticidade e fluxo

A deformação de um corpo pode ser dividida em dois tipos:

a) deformação espontânea e reversível, conhecida também como *elasticidade;* e
b) deformação irreversível, conhecida como *fluxo* ou *escoamento*.

O trabalho usado na deformação de um corpo perfeitamente elástico é recuperado quando o corpo retorna ao seu estado original não deformado, enquanto que o trabalho usado para manter o escoamento é dissipado como calor e não é mecanicamente recuperado. A elasticidade corresponde à energia mecanicamente recuperável, e a viscosidade ou resistência friccional corresponde à energia mecânica convertida em calor. Devido à similaridade entre resistência viscosa e fluxo, e a fricção entre superfícies sólidas, a resistência viscosa é muitas vezes chamada de fricção interna.

Cisalhamento é um importante termo de deformação em reologia. Ele pode ser visualizado como um processo de deslizamento relativo entre placas planas, infinitas e paralelas, como um pacote de folhas finas de papel, empilhadas. O deslizamento relativo dessas folhas é um caso especial de deformação laminar. Porém, outros tipos de deformação laminar são encontrados. Fica claro, portanto, que a deformação laminar é um processo de mudança de posições relativas das partes de um corpo. Em muitos casos, é possível a deformação ocorrer sem um conseqüente aumento de volume ou mudança de forma do corpo. Em geral, é esta deformação que é denominada de cisalhamento ou deformação viscosa nos estudos de escoamento ou fluxo de fluidos. O cisalhamento é definido em termos de taxa de deformação, que é uma mudança na velocidade de fluxo em relação a uma distância ortogonal em relação à direção de fluxo. A taxa de deformação usual, registrada nos experimentos viscosimétricos, é um valor determinado na parede dos instrumentos.

A deformação elástica é usualmente expressa em função da força ou tensão de deformação aplicada, a qual pode ser definida de um modo elementar como deformação relativa. Então, no caso de uma haste sendo puxada na direção do seu eixo longitudinal, o esforço aplicado está relacionado a uma mudança no comprimento ($\Delta L/L$); e, no caso de um corpo sujeito a uma pressão hidrostática uniforme, o esforço está a uma mudança no volume ($\Delta V/V$).

1.1.2 – Corpo elástico ideal

Um corpo elástico ideal é definido como um material que se deforma reversivelmente quando um esforço é aplicado, recuperando seu volume e forma original, imediatamente após o alívio. A deformação resultante é proporcional à tensão aplicada. A razão entre a tensão e a deformação relativa é denominado de módulo de elasticidade. Portanto, os *sólidos elásticos* ideais, quando submetidos a uma tensão, reagem através de deformação espontânea e reversível, conhecida também como *deformação elástica*. A energia de deformação se recupera integralmente quando o sistema de forças aplicado é retirado.

No caso de uma haste tensionada na direção do seu eixo longitudinal, por exemplo, considerando a deformação apenas unidirecional, a elongação seria a variação relativa do seu comprimento inicial, isto é $\Delta L/L$. Neste caso, a deformação elástica pode ser expressa em termos de elongação, definida de modo elementar como deformação relativa. No caso de um corpo com deformação isométrica bidimensional, a deformação poderia ser dada em termos da variação $\Delta L/\Delta x$ ou $\Delta L/\Delta y$. Veja os modelos de deformação de corpos sólidos, considerados como elásticos ideais na figura 1. Caso a tensão se aplique a um corpo tridimensional anisométrico, a deformação acontecerá nas três dimensões, e a resposta ao fenômeno pode ser representada matematicamente por um tensor, cuja abordagem foge ao propósito deste compêndio.

Três constantes são necessárias para descrever o comportamento reológico de um cristal cúbico. Para um corpo completamente isotrópico, somente duas constantes independentes são necessárias. Entretanto, quatro constantes, correspondentes aos tipos comuns de deformação, são amplamente empregadas e divulgadas nos compêndios de engenharia:
    a) o módulo de Young, definido como a relação entre tensão normal e a variação no comprimento relativo resultante;

b) o módulo de rigidez, definido como a relação entre a tensão tangencial e a variação no ângulo de extensão resultante;

c) o módulo de mistura, definido como a relação entre a mudança da pressão hidrostática e a variação de volume resultante; e

d) o módulo de Poisson, definida como a relação entre a contração lateral e a variação de comprimento, sob tensão simples. Muitos materiais de uso comum já foram caracterizados em laboratórios de mecânica e têm estas constantes tabeladas para aplicação em engenharia.

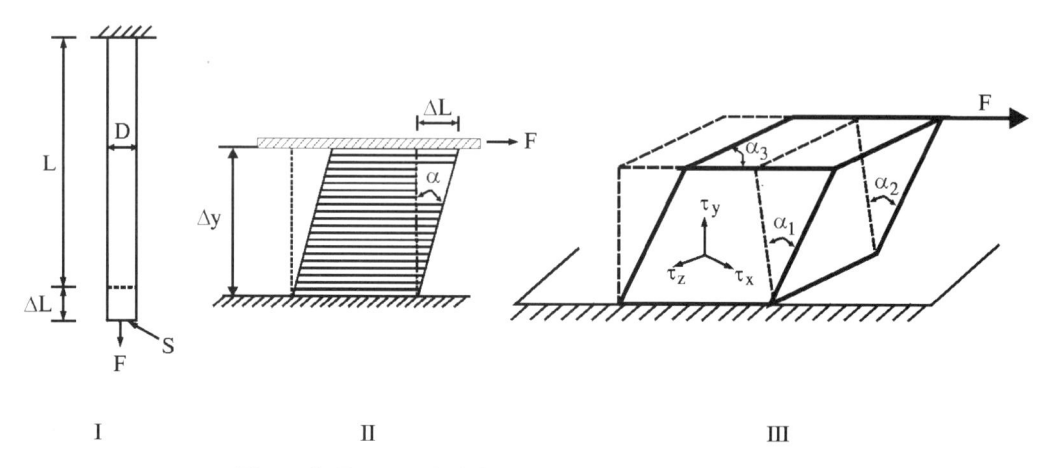

Figura 1. Esquema de deformação de um corpo sólido ideal:
I – linear cilíndrico; II – planar; e III – tridimensional.

Para materiais não-isotrópicos que exibem uma simetria unidirecional predominante, tais como madeira e *nylon*, as propriedades elásticas são descritas em termos de cisalhamento de Young e da teoria de mistura através de uma única direção. A equação de estado de interesse no estudo do comportamento reológico de materiais visco-elásticos, que descreve a deformação elástica para esses corpos, pode ser descrita por:

$$\sigma = G\left(\frac{\Delta L}{L}\right) \quad \sigma = G\left(\frac{\Delta L}{\Delta y}\right) \quad \text{ou} \quad \sigma = G\left(\frac{\partial L}{\partial y}\right) \tag{1.1}$$

onde σ é a tensão de deformação, **G** é o módulo de Young, **L** é o comprimento linear, **ΔL** é a deformação, e **y** é a distância na vertical. Definindo a deformação como γ^*, então a equação 1.1 pode ser reescrita como:

$$\sigma = G \ \gamma^* \tag{1.2}$$

O módulo de Young (**G**), da equação 1.2, é uma grandeza ou característica do corpo *sólido* que está correlacionada, principalmente, com a sua natureza físico-química, ou, mais especificamente, com a magnitude das ligações interatômicas ou intermoleculares. Ele define a resistência do sólido contra a deformação.

Segundo a equação 1.1, um sólido elástico ideal responde à aplicação de uma tensão através de uma deformação linearmente proporcional à força aplicada, que permanece enquanto a tensão é mantida. A razão entre a tensão e a deformação é a medida da elasticidade do sólido. Com a retirada da tensão de deformação, o corpo deformado retorna ao seu estado de forma original, anterior à aplicação da tensão. A interação entre forças e deformações é completamente reversível. Daí, então, uma mola metálica espiralada ser usada como exemplo excelente para caracterizar um sólido elástico ideal. A tensão e a magnitude da deformação estão linearmente relacionadas neste modelo.

Um corpo elástico ideal pode ser interpretado através do modelo de mola. Fixemo-la, portanto, entre duas extremidades, sujeita a uma deformação oscilatória. Um terminal, que está ligado a um eixo pivotado, pode ser girado completamente através de um sistema circular, enquanto a outra extremidade fixa permite comprimir ou estirar a mola. O modelo físico está esquematizado conforme ilustração da figura 2. Este mostra, portanto, como uma mola pode se deformar, sujeita a esforços oscilantes. Quando a tensão é máxima, a deformação também é máxima. O mesmo acontecendo com a situação de mínimos das funções.

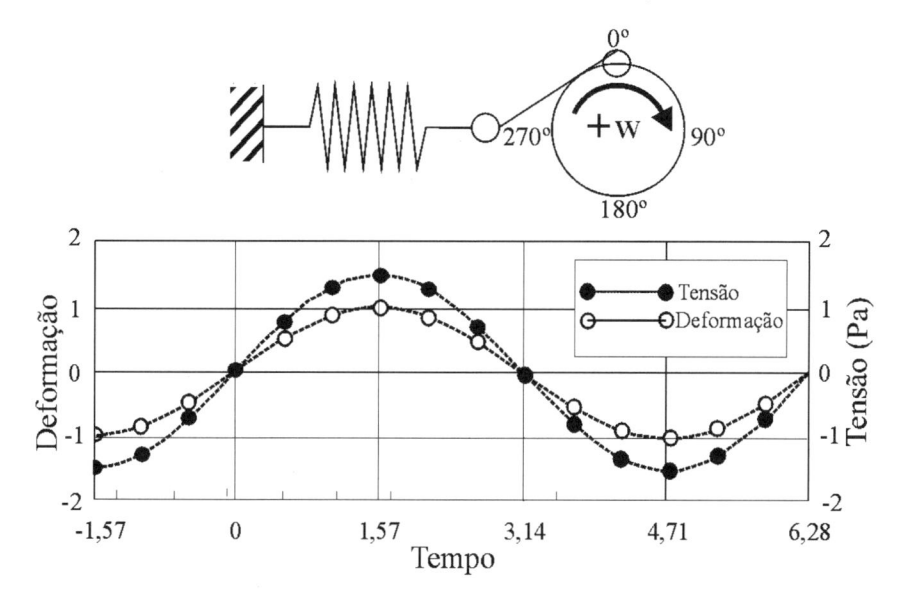

Figura 2. Teste dinâmico de tensão e deformação de um sólido elástico representado pelo modelo mola. Extraída de Schramm, A Practical Approach to Rheology and Rheometry, 1994. Reproduzida com permissão de Thermo Haake GmbH.

Se ω é a velocidade angular e γ_{max} é a deformação máxima experimentada pela mola, então, a deformação como função do tempo pode ser descrita pela equação:

$$\gamma^* = \gamma_{max} \, \text{sen} \, (\omega t) \tag{1.3}$$

Combinando as equações 1.2 e 1.3, a equação da tensão será:

$$\sigma = G \, \gamma_{max} \, \text{sen} \, (\omega t) \quad \text{ou} \quad \sigma = \sigma_{max} \, \text{sen} \, (\omega t) \tag{1.4}$$

O diagrama e gráfico da figura 2, mostra e define o comportamento ideal de um corpo elástico, de acordo com os princípios da mecânica clássica. Deste modelo físico, podemos inferir que tanto a tensão como a deformação é uma função periódica senoidal do tempo e que ambas estão em fase, isto é, quando a deformação está no máximo, a tensão também está.

1.1.3 – Fluido viscoso ideal

Os fluidos viscosos ideais se deformam contínua e irreversivelmente, sob a ação de um sistema de forças, sendo esta deformação também conhecida por *escoamento*. Portanto, corpos considerados idealmente viscosos exibem escoamento, onde a taxa de deformação é uma função da tensão. Um corpo viscoso ideal não pode sustentar uma tensão, uma vez que esta é aliviada por intermédio do escoamento. Obviamente, materiais extremamente viscosos podem exibir força elástica por período de tempo considerável, período este curto em comparação com o tempo de escoamento pleno. Isto quer dizer que um certo material pode ser considerado como um corpo elástico ideal para um curto período de tempo e como um fluido viscoso ideal para longos períodos de tempo. A energia de deformação se dissipa no seio do fluido viscoso, sob a forma de calor, isto é, não será recuperada ao se retirar o esforço. Portanto, para manter um fluido em regime de escoamento, deve-se adicionar energia ao sistema de forma contínua.

A deformação viscosa é geralmente expressa em função de taxa de cisalhamento, que é a relação entre a variação da velocidade de escoamento e a distância entre camadas ou partículas discretas de fluido. A resistência de um fluido contra qualquer mudança posicional de seu elemento volumétrico é a responsável por outra grandeza física, equivalente ao módulo de Young, conhecida por *viscosidade ou coeficiente de viscosidade*. Enquanto a parcela de energia recuperável mecanicamente, para o caso dos corpos sólidos elásticos ideais, corresponde à energia devido à sua elasticidade, o *escoamento viscoso ou de fricção* corresponde à conversão de energia mecânica em calor, para o caso dos fluidos ideais.

Tomemos agora por modelo duas placas planas paralelas, infinitas, afastadas uma da outra pela distância y, conforme mostra a figura 3. O espaço entre elas está preenchido com um fluido viscoso. A placa inferior está fixa, enquanto a superior se desloca a uma velocidade constante, provocando uma variação de velocidade, em regime estacionário laminar, no interior do fluido. A camada de fluido próxima da placa inferior está parada, enquanto a camada próxima da placa superior se move com a mesma velocidade da placa.

A diferença entre um sólido e um fluido ideal está justamente na resposta ou comportamento de ambos, quando submetidos a um esforço. Enquanto um sólido elástico sofre uma deformação proporcional à tensão aplicada, um fluido sofre um cisalhamento contínuo, isto é, suas camadas escoam com velocidades que variam com a distância entre elas. Tal fluido é caracterizado pela relação proporcional ou linear entre a tensão e a magnitude da taxa de cisalhamento. Esta deformação cisalhante é mantida mesmo após a retirada da tensão.

A discussão detalhada dos conceitos de tensão cisalhante e taxa de cisalhamento tornam-se importantes neste momento, para que possamos entender melhor o fenômeno do cisalhamento, a definição de viscosidade e a descrição física e matemática dos tipos de fluido adiante.

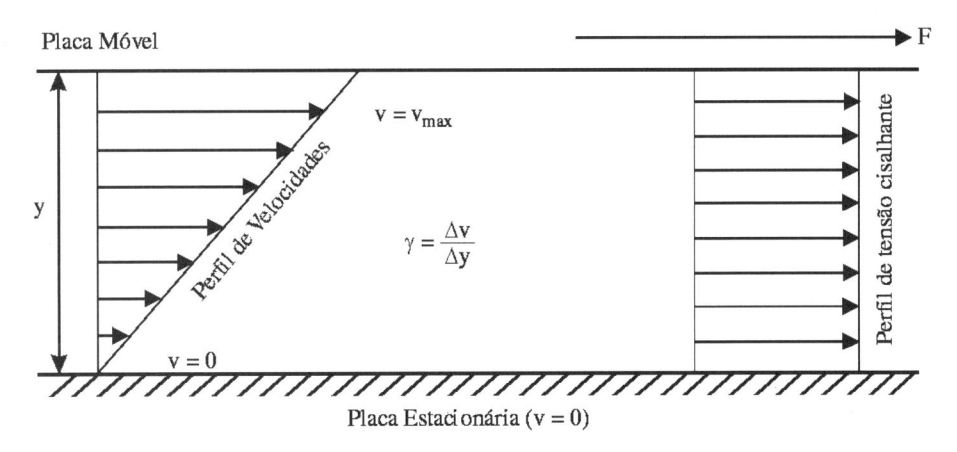

Figura 3. Fluido viscoso entre placas, cisalhado por uma força aplicada na placa superior.

Tensão de cisalhamento é a força por unidade de área cisalhante, necessária para manter o escoamento do fluido. A resistência ao escoamento é quem solicita esta tensão, que pode ser expressa por:

$$\tau = \frac{F}{S} \tag{1.5}$$

onde **F** é a força aplicada na direção do escoamento e **S** é a área da superfície exposta ao cisalhamento. A dimensão física da tensão de cisalhamento é, portanto, $M.L^{-1}.T^{-2}$. E as suas unidades usuais são o N/m^2 ou pascal (Pa), $dina/cm^2$ e lbf/ft^2, nos sistemas internacional (SI), c.g.s. e inglês, respectivamente.

A ***taxa de cisalhamento***, definida como o deslocamento relativo das partículas ou planos de fluido, está relacionada com a distância entre eles. A taxa de cisalhamento é também denominada de ***grau de deformação*** ou ***gradiente de velocidade*** e pode também ser definida através de uma expressão matemática que relacione a diferença das velocidades entre duas partículas ou planos vizinhos com a distância entre eles, como a seguir:

$$\gamma = \frac{\Delta v}{\Delta y} \tag{1.6}$$

onde **Δv** é a diferença de velocidade entre duas camadas de fluido adjacentes e **Δy** é a distância entre elas. A dimensão da taxa de cisalhamento é T^{-1} e a sua unidade mais comum é o s^{-1}.

Para os fluidos viscosos ideais, a tensão de cisalhamento é proporcional à taxa de cisalhamento, onde a constante de proporcionalidade é, por definição, a ***viscosidade dinâmica*** do fluido, conforme explicita a expressão a seguir:

$$\tau = \mu \left(\frac{\Delta v}{\Delta y} \right) \tag{1.7}$$

Uma vez que **μ**, definida pela equação 1.7, é realmente uma viscosidade média em **Δy** e a curva de **v** como função de **y** nem sempre será uma linha reta, a equação 1.7 ficará mais completa se usarmos a definição de derivada. Onde γ é, por definição, a taxa de cisalhamento, definida por ∂v/∂y.

$$\tau = \mu \left(\frac{\partial v}{\partial y} \right) = \mu \gamma \tag{1.8}$$

Da equação 1.8, podemos definir a **viscosidade dinâmica** de um fluido como a relação entre a tensão de cisalhamento e a taxa cisalhante.

$$\mu = \frac{\tau}{\gamma} \tag{1.9}$$

Da expressão acima resulta que a dimensão física da viscosidade dinâmica é $M.L^{-1}.T^{-1}$. As unidades decorrentes da equação 1.9 são kg/(m.s) ou Pa.s, g/(cm.s) ou dina.s/cm² (poise) e lbf.s/ft², nos sistemas SI, c.g.s. e inglês, respectivamente. A unidade mais usual, entretanto, é o centipoise (cP = poise/100), submúltiplo do poise, definida por 0,01 g/(cm.s), derivado do sistema c.g.s. No sistema internacional de unidades (SI), a unidade de viscosidade é o Pa.s. Mas, a unidade de viscosidade mais empregada neste sistema é o milipascal.segundo (ou mPa.s), cuja relação com o cP é unitária, isto é, 1 mPa.s é igual a 1 cP.

Como a viscosidade é uma propriedade do fluido, da equação 1.9, pode-se inferir que para aumentarmos o grau de deformação de um certo fluido é necessário aumentarmos a força aplicada. Ao compararmos dois fluidos diferentes, cisalhados com a mesma força, sob as mesmas condições, verificaremos que aquele com viscosidade mais elevada apresentará menor grau de deformação. Veja valores de viscosidades para algumas substâncias e materiais na tabela 1.

TABELA 1
Valores típicos ou ordem de grandeza da viscosidade, em mPa.s ou cP, de substâncias e materiais a 20 ºC e 1 atm

Substância ou Material	Viscosidade	Substância ou Material	Viscosidade
Ar	10^{-3}	Creme de leite, sucos, sangue	10^1
Etano, neon	10^{-2}	Azeite de oliva e lubrificantes	10^2
Éter	10^{-1}	Glicerina	10^3
Água	1,0	Mel	10^4
Mercúrio	1,5	Asfaltos e betumens	10^5–10^8

Outra grandeza útil é a viscosidade do fluido dividida pela sua massa específica, conhecida por **viscosidade cinemática**. A sua dimensão física é $L^2.T^{-1}$. Então a sua unidade no sistema c.g.s é o cm²/s, conhecida por stoke (St). Sendo o centistokes (cSt = 0,01 St = mm²/s) a unidade mais empregada. No sistema SI a sua unidade é o m²/s.

$$\nu = \frac{\mu}{\rho} \tag{1.10}$$

onde ν é a viscosidade cinemática e ρ é a massa específica do fluido.

A viscosidade cinemática se mostra importante e útil, uma vez que engloba duas propriedades importantes do fluido: a viscosidade dinâmica que define a resistência do fluido em escoar ou cisalhar, e a densidade ou massa específica que define o potencial piezométrico de escoamento. Outro aspecto muito importante se refere ao fato que muitas equações, originadas de deduções, considerando as situações de contorno impostas aos modelos físico-matemático da mecânica do contínuo, trazem, implicitamente, a viscosidade cinemática no seu conteúdo. Outra aplicação útil da viscosidade cinemática se refere à medida indireta desta grandeza, através do escoamento espontâneo provocado por um desnível ou coluna piezométrica do líquido. Neste caso, mede-se diretamente o tempo de escoamento do fluido através de um tubo cilíndrico, de dimensões conhecidas. Em seguida, transforma-se este tempo medido em viscosidade cinemática, através da sua multiplicação por um fator constante, dependente da geometria, sistema de unidades e aspectos construtivos do instrumento, denominado de viscosímetro capilar de vidro. Veja descrição detalhada no capítulo 3 – Viscosimetria.

Um líquido ideal pode ser interpretado através do modelo do amortecedor hidráulico. Neste, um pistão está imerso em um fluido viscoso dentro de um cilindro. O pistão pode se movimentar através de um sistema de eixo pivotado, comparado ao modelo de mola da figura 2. É bastante substituir a mola por um amortecedor hidráulico, conforme ilustração da figura 4. A força agindo sobre o pistão e a sua taxa de deslocamento, definida pela viscosidade do fluido, estão linearmente relacionadas, de acordo com a equação 1.8.

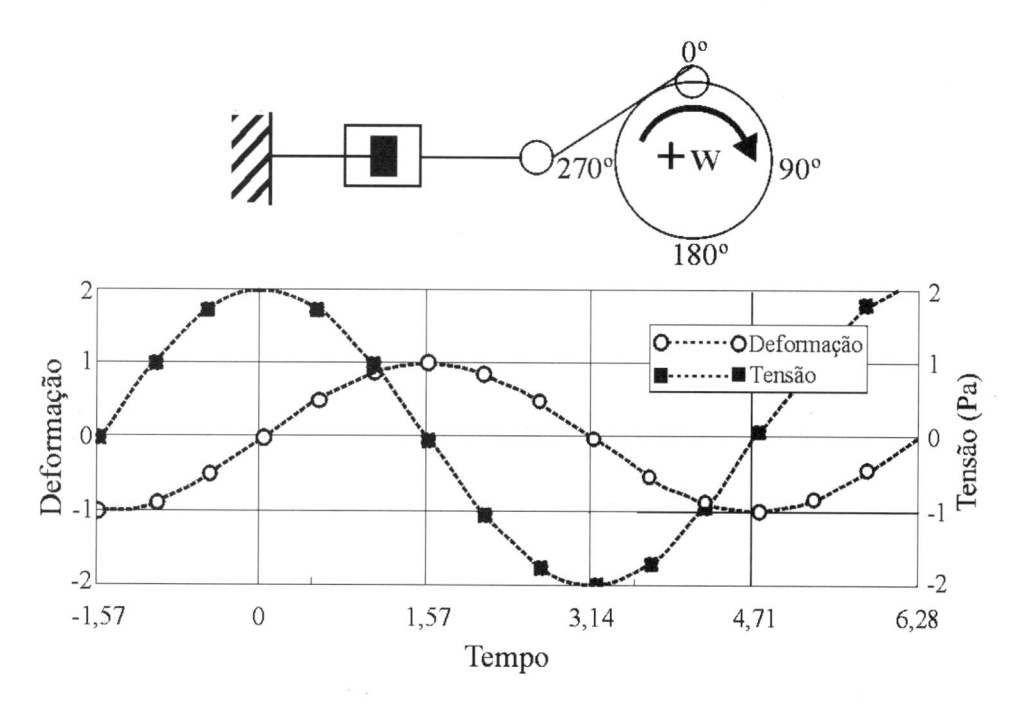

Figura 4. Teste dinâmico de tensão e deformação de um fluido viscoso, considerando o modelo de amortecedor hidráulico. Extraída de Schramm, A Practical Approach to Rheology and Rheometry, 1994. Reproduzida com permissão de Thermo Haake GmbH.

Quando a curva de tensão de deformação está no seu ponto de máximo, a taxa de deformação é zero. Quando a curva de tensão está decrescendo, passando pelo valor zero, a deformação está crescendo e atinge o seu valor de máximo.

Quando o modelo da mola é substituído pelo modelo amortecedor-pistão, a variação de taxa de cisalhamento em função do tempo é descrita pela equação a seguir, que representa também a equação diferencial do comportamento ideal de um fluido puramente viscoso.

$$\gamma = \partial \gamma / \partial t = \varpi \, \gamma_{max} \, \cos(\omega t) \tag{1.11}$$

A combinação das equações 1.8 e 1.11, resulta em:

$$\tau = \mu \, \varpi \, \gamma_{max} \, \cos(\omega t) \tag{1.12}$$

Pela figura 4 e equação 1.12, torna-se evidente que a variação da tensão aplicada e deformação resultante é uma função periódica co-senoidal, e a resposta de tensão no amortecedor encontra-se defasada de 90° da resposta de deformação. Isto pode ser melhor compreendido através da definição de um ângulo de mudança de fase, δ, onde a deformação registrada está à frente da tensão imposta. Daí, a equação 1.12 pode ser reescrita da seguinte forma:

$$\tau = \mu \, \omega \, \gamma_{max} \, sen(\omega t + \delta) \tag{1.13}$$

Portanto, uma resposta em fase na deformação para uma tensão aplicada é denominada de "resposta elástica". Enquanto que uma resposta da deformação, defasada de 90° da tensão, é denominada de "resposta viscosa". Se o ângulo de mudança de fase está situado na faixa $0 < \delta < 90°$, então, a resposta é dita "viscoelástica".

1.1.4 – Comportamento viscoelástico

Em geral, as equações diferenciais descrevendo efeitos combinados de viscosidade e elasticidade são compostas de três termos básicos:

a) um elástico, envolvendo deformação;

b) um viscoso, envolvendo taxa de deformação; e

c) um inercial, envolvendo aceleração.

Daí, do ponto de vista reológico apenas, as propriedades mecânicas dos materiais são descritas em termos de componentes elástica, viscosa e inercial. A palavra '**viscoso**', muitas vezes, não se refere a um valor de viscosidade, mas é usado como termo genérico para descrever o fenômeno associado ao escoamento do fluido. Obviamente, quando a deformação é produzida de forma infinitamente lenta, não haverá nenhuma contribuição viscosa. Por outro lado, se um fluxo contínuo, estacionário e uniforme é estabelecido, a uma taxa de cisalhamento constante, então não haverá nenhuma contribuição elástica e o fenômeno pode ser interpretado como inteiramente viscoso.

A *viscoelasticidade* é um ramo da mecânica do contínuo que aumentou de importância com a crescente introdução de certos materiais, tais como a borracha, silicone, plásticos, argilas e tintas, cujo comportamento não é explicado nem pela teoria da elasticidade nem pela teoria de escoamento dos fluidos puramente viscosos, isoladamente. A viscoelasticidade trata, portanto, da modelagem de materiais que não se ajustam à classificação convencional de líquido viscoso ou sólido elástico, apresentando um comportamento dual.

O desenvolvimento teórico da viscoelasticidade aborda a combinação em série, paralelo, ou associações destas, considerando modelos ideais. A partir da relação tensão/deformação, são feitas deduções matemáticas que resultam em equações onde aparecem comportamento e parâmetros típicos dos fluidos viscoelásticos. Duas teorias simples consideram o problema do comportamento viscoelástico dos fluidos. A primeira, desenvolvida por **Kelvin-Voigt**, combina os modelos de mola e amortecedor, descritos anteriormente, através de um arranjo paralelo, tal como ilustra a figura 5.

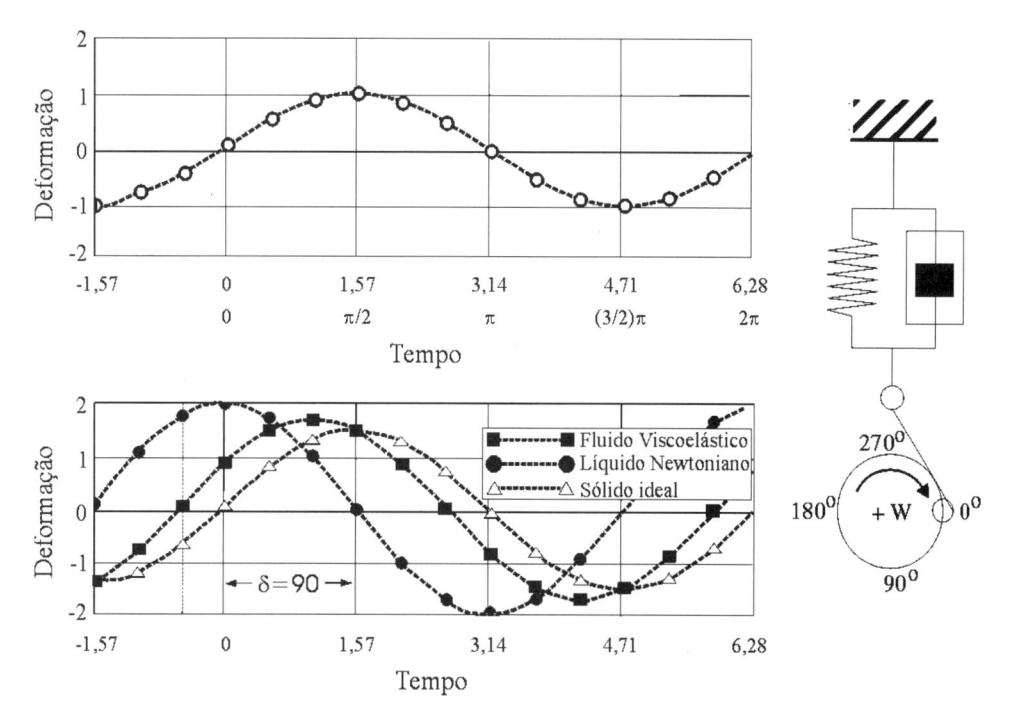

Figura 5. Testes oscilatórios com: a) fluido viscoelástico considerando o modelo de Kelvin-Voigt; b) líquido Newtoniano; e c) sólido elástico ideal. Extraída de Schramm, A Practical Approach to Rheology and Rheometry, 1994. Reproduzida com permissão de Thermo Haake GmbH.

A tensão total é a soma das tensões parciais de cada componente, enquanto as deformações são iguais. Daí, somando as tensões parciais atribuída a cada comportamento, elástico e viscoso, ou seja, somando as equações 1.2 e 1.8, a equação de estado representativa do comportamento viscoelástico para o modelo Kelvin-Voigt é:

$$\tau = G\,\gamma^* + \mu \cdot \left(\frac{\partial y}{\partial t}\right) \tag{1.14}$$

E, combinando as equações 1.3, 1.13 e 1.14, resulta na equação de deformação senoidal a seguir:

$$\tau = G\, \gamma_{max}\, \text{sen}\, (\omega t) + \mu\, \omega\, \gamma_{max}\, \text{sen}\, (\omega t + \delta) \qquad (1.15)$$

A resposta de tensão nesse modelo geral, que conjuga os dois modelos mais simples, é dada pela soma das parcelas de contribuição dos dois modelos, sendo elástica quando $\delta = 0$ e viscosa quando $\delta = 90°$.

A segunda teoria, também conhecida como de **Maxwell**, combina o amortecedor com a mola arranjados em série, de forma que a tensão total e a tensão em cada parcela são iguais e a deformação total é a soma das deformações. Veja a figura 6.

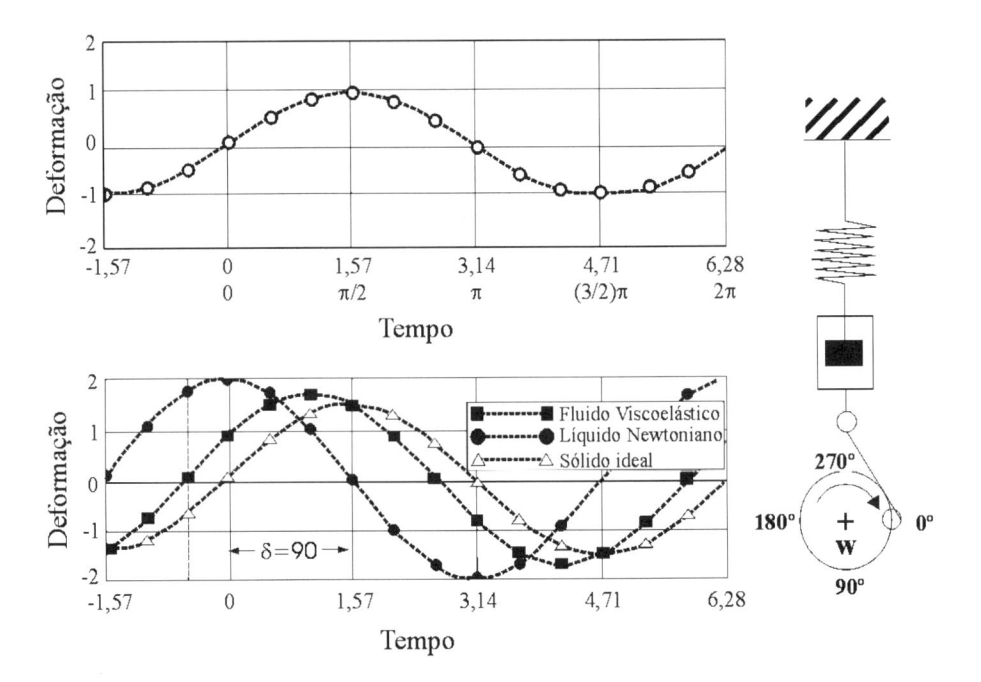

Figura 6. Testes oscilatórios com: a) fluido viscoelástico, considerando o modelo de Maxwell; b) líquido Newtoniano; e c) sólido elástico ideal. Extraída de Schramm, A Practical Approach to Rheology and Rheometry, 1994. Reproduzida com permissão de Thermo Haake GmbH.

A equação de estado para o modelo é:

$$\left(\frac{1}{G}\right)\left(\frac{\partial \tau}{\partial t}\right) + \left(\frac{\tau}{\mu}\right) = \frac{\partial \gamma}{\partial t} \qquad (1.16)$$

Introduzindo a forma senoidal da função deformação, resulta na equação:

$$\left(\frac{1}{G}\right)\left(\frac{\partial \tau}{\partial t}\right) + \left(\frac{\tau}{\mu}\right) = \omega\, \gamma_{máx}\, \cos(\omega t) \qquad (1.17)$$

Cuja solução da equação diferencial acima, resulta em:

$$\tau = \left[\frac{(G \lambda^2 \omega^2)}{(1 + \lambda^2 \omega^2)}\right] \text{sen}(\omega t) + \left[\frac{(G \lambda \omega)}{(1 + \lambda^2 \omega^2)}\right] \cos(\omega t) \qquad (1.18)$$

Na equação 1.18, o termo $\lambda = \mu/G$ é definido como **tempo de relaxação**. Como no modelo anterior de Kelvin-Voigt, a resposta da tensão para uma deformação senoidal consiste de duas partes que contribuem com a função seno, elástica ($\delta = 0°$) e função cosseno, viscosa ($\delta = 90°$).

A maioria dos corpos reais não se comporta nem como sólidos nem como líquidos ideais. Apenas poucos líquidos, tais como água, álcool, gasolina, etc., de amplo emprego industrial, comportam-se como ideal. Um grande número de líquidos, de emprego atual, apresentam comportamento reológico que se situa entre o líquido e sólido ideal, ou seja, são parcialmente viscosos e elásticos, sendo denominados, portanto, de *viscoelásticos*. Quando a deformação é conduzida a uma taxa de cisalhamento infinitamente pequena, a componente viscosa pode, às vezes, ser desprezada, uma vez que as características elásticas predominam. Quando o escoamento contínuo está plenamente estabelecido, a componente elástica pode ser desprezada, e o efeito viscoso prevalecerá. Em muitos casos de líquidos puros ou misturas de baixa concentração do soluto, ocorre que a componente elástica é muito pequena quando comparada à componente viscosa, sendo possível desprezá-la em muitas aplicações práticas sem, contudo, cometer erros grosseiros.

A tabela 2 faz um resumo comparativo entre as características fundamentais de comportamento de um sólido elástico, fluido viscoso e fluido viscoelástico, apresentando inclusive as equações de estado para cada modelo físico.

1.2 – Regimes de Escoamento

Na teoria clássica do escoamento de fluidos são conhecidos dois regimes: o *permanente* e o *transiente* ou *transitório*. No regime permanente, também conhecido como estado estacionário, o escoamento é perfeitamente estável e a velocidade do fluido em um dado ponto não varia com o tempo. O outro regime, transiente ou transitório, apresenta uma velocidade pontual variável com o tempo. A passagem de um estado estacionário para outro, também estacionário, é intermediado por um regime transiente, que pode ser caracterizado pelo tempo de resposta às modificações do escoamento em diferentes estados estacionários. Na engenharia, as equações da mecânica clássica, deduzidas para regime estacionário, são amplamente conhecidas e aplicadas. Entretanto, as equações para o regime transiente não estão bem estabelecidas e são pouco usuais.

Portanto, os diversos ramos da engenharia, que estuda o escoamento de fluidos, se refere a dois tipos de fluxo: *laminar e turbulento*. A existência destes foi demonstrada experimentalmente por Reynolds, que mostrou que um fluido escoando em um tubo circular de diâmetro pequeno ou com baixa velocidade o faz em escoamento laminar, também chamado de escoamento viscoso. Em altas velocidades ou através de tubo de grande diâmetro, o escoamento se torna turbulento.

TABELA 2

Resumo das características e equações de estado de sólido elástico, fluido viscoso e fluido viscoelástico

Sólido elástico ideal	Fluido viscoso ideal	Fluidos viscoelásticos
A tensão aplicada é armazenada sob forma de energia e depois convertida (reversível) em energia mecânica.	A tensão aplicada é dissipada irreversivelmente, sob forma de energia calorífica.	Fluido com comportamento misto (viscoso e elástico), com energia parcialmente dissipada e acumulada.
O parâmetro de medida principal é a deformação elástica. $$\left(\gamma^* = \frac{\Delta L}{L}\right)$$ A resposta é expressa sob forma de elongação ou deformação elástica.	O parâmetro de medida principal é o gradiente de velocidade. $$\left(\gamma = \frac{\partial v}{\partial y}\right)$$ A resposta é expressa sob forma de cisalhamento contínuo.	Os parâmetros de medidas podem ser tanto a tensão aplicada como a deformação.
Sua equação de estado ou de tensão é expressa por: $$\sigma = G \gamma^*$$	Sua equação de estado ou fluxo: $$\tau = \mu \gamma$$	A equação de fluxo é resultado das somas das parcelas elástica e viscosa do fluido. $$\tau = G\gamma + \mu\,(\delta v/\delta t)$$ $$\tau = G\gamma_{max}\,sen(wt) + \mu\omega\gamma_{max}cos\,(wt)$$
Em testes oscilatórios, o modelo de mola é expresso por: $$\gamma^* = \gamma_{max}\,sen\,(\varpi t)$$ $$\sigma = G\,\gamma_{max}\,sen\,(\varpi t)$$ A tensão e deformação estão em fase, isto é, $\delta = 0°$.	Em testes oscilatórios, o modelo de amortecedor é demonstrado pelas expressões: $$\gamma = w\,\gamma_{max}\,cos\,(\varpi t)$$ $$\tau = \mu\,w\,\gamma_{max}\,cos\,(\varpi t)$$ A tensão está defasada de 90°, i. e, o ângulo de fase (δ) é 90°.	Fluido com ângulo de defasagem (δ), entre as curvas de tensão e de deformação com o tempo, entre 0° e 90° (0° < δ < 90°).

1.2.1 – Fluxo laminar

No ***escoamento laminar*** as camadas de fluido se deslocam através de linhas de corrente, retas ou curvas, paralelas à direção do escoamento, sem que ocorra mistura macroscópica. É sabido ainda que a distribuição de velocidades é parabólica no interior de tubos circulares, quando se atinge o estado estacionário, conforme ilustra a figura 7. A velocidade é máxima no eixo axial e nula à parede do tubo. A distribuição de tensão é linear ao longo da seção do tubo, sendo máxima na parede e nula no centro.

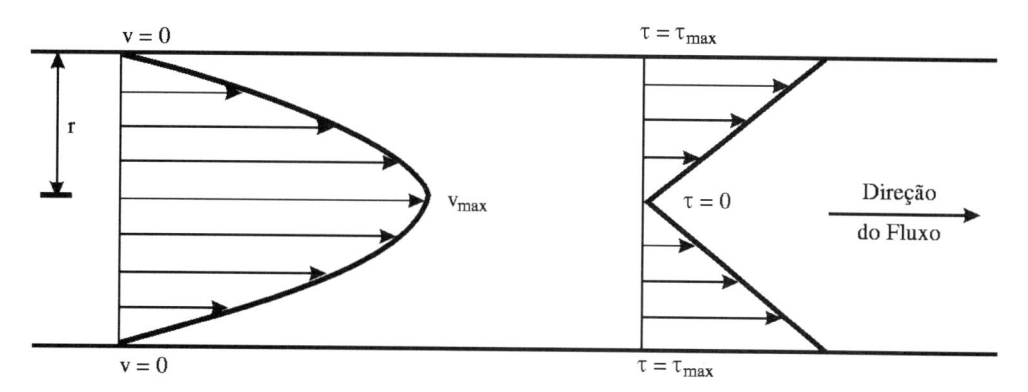

Figura 7. Distribuição de velocidades e tensões em fluxo laminar no interior de tubo circular de seção uniforme.

Se observarmos atentamente a equação 1.8, veremos que a mesma define um fluxo de quantidade de movimento, isto é, a tensão de cisalhamento pode ser redefinida em termos de quantidade de movimento por unidade de área x tempo, na forma ($M.L.T^{-1}/L^2.T$). A movimentação ao acaso das moléculas da camada com velocidade mais elevada permite a passagem de algumas destas para a camada de velocidade menor, sem contudo haver mistura macroscópica entre as massas do líquido. Isto faz com que as moléculas de maior velocidade aumentem a velocidade das moléculas de menor velocidade ao colidirem. De modo similar, a camada mais lenta tende a freiar a camada mais rápida. Esta troca de moléculas produz um transporte de quantidade de movimento paralela ao gradiente de velocidades e uma certa força por unidade de área é requerida para vencer o atrito entre as camadas. A força necessária para manter o gradiente de velocidade em regime laminar aumenta com o aumento da viscosidade do fluido.

1.2.2 – Fluxo tampão

O *escoamento tampão* pode ser definido como um caso particular do escoamento laminar, no qual não existe deslizamento relativo entre as camadas de fluido numa certa região. Este escoamento pode ser visualizado quando pressionamos o conteúdo de uma pasta de silicone de dentro de seu invólucro ou tubo. No escoamento tampão existe deslocamento relativo próximo às paredes do recipiente, mas a região central do fluido se move como um corpo sólido, sem apresentar deslocamento relativo no centro. O escoamento tampão, em princípio, só deve acontecer em fluidos não-ideais que possuam uma tensão limite para iniciar o cisalhamento, isto é, possuam tensão limite de escoamento finita e diferente de zero. Este tipo de escoamento, normalmente, acontece em misturas pastosas de sólido em líquido, tais como argila, cimento ou calcita fina em água, e polímeros em água, por exemplo.

No *fluxo tampão* de um fluido através de um tubo cilíndrico, como ilustra a figura 8, a velocidade é constante ao longo do raio na região central. O gradiente de velocidade é alto nas vizinhanças da parede do tubo e nulo na região *tampão*. O fluxo tampão só ocorre para fluidos não-Newtonianos, que necessitem uma tensão mínima (limite de escoamento) para causar o deslocamento relativo entre as camadas. Na região tampão a tensão resistiva é superior à tensão gerada pelo sistema de forças aplicado ao fluido. O fluxo tampão acontece em situações de velocidade extremamente baixas ou quando o fluido é altamente resistente ao escoamento.

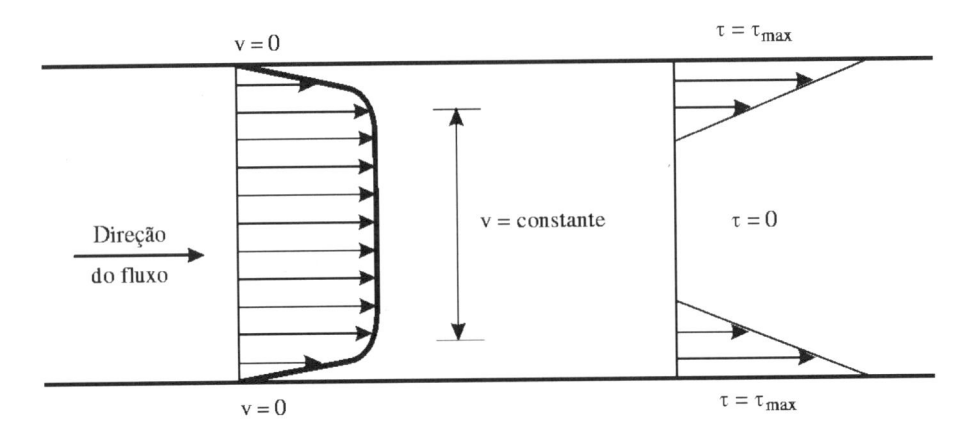

Figura 8. Distribuição de velocidades e tensões de um fluido em fluxo tampão no interior de tubo circular de secção uniforme.

1.2.3 – Fluxo turbulento

O *escoamento turbulento* se caracteriza pelo deslocamento caótico de pequenas massas de fluido ao longo do canal de fluxo. Os turbilhões provocam mistura entre as camadas e mesmo quando o escoamento se encontra plenamente desenvolvido, a velocidade em um ponto oscila em torno de um valor médio. Em fluxo *turbulento*, as partículas ou massas de fluido se movem ao acaso e através de trajetórias acentuadamente curvas. Isto é, as velocidades pontuais mudam em valor e direção a todo instante. Entretanto, como a amplitude das oscilações são pequenas e o deslocamento macroscópico se dá em uma direção definida, então o fluxo turbulento pode ser considerado como permanente em média. A figura 9A ilustra o fluxo turbulento através de conduto cilíndrico, enquanto a figura 9B esboça a variação da velocidade em um ponto, como função do tempo e sugere uma velocidade média, representativa em função destas oscilações.

A relação adimensional, independente do sistema de unidades, que define o regime de fluxo, é conhecida como número de Reynolds (NR):

$$N_R = \frac{\rho D \bar{v}}{\mu} \qquad (1.19)$$

onde ρ é a massa específica do fluido, **D** a dimensão do canal de escoamento e $\bar{v}$ a velocidade média de fluxo.

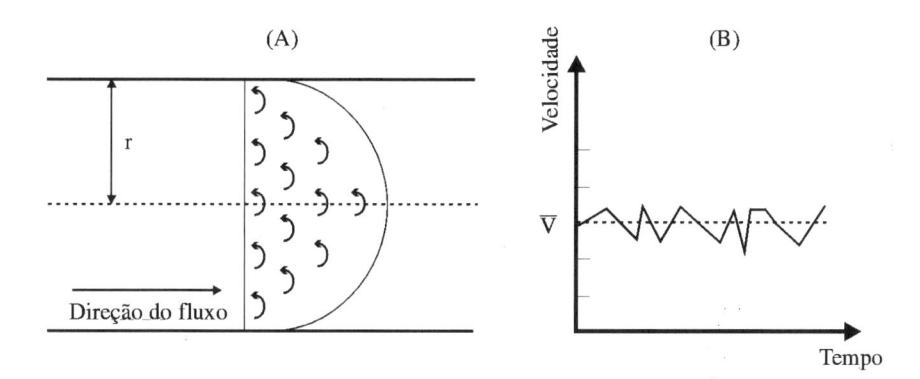

Figura 9. (A) Perfil das velocidades médias em fluxo turbulento, no interior de tubo circular de secção uniforme. (B) Variação da velocidade pontual, em função do tempo para o fluxo turbulento.

O escoamento laminar, para fluidos Newtonianos através de tubos lisos, geralmente acontece quando o número de Reynolds é menor que 2100. A transição do fluxo laminar para o turbulento, na mesma condição, ocorre para número de Reynolds no intervalo de 2100 a 3000. E, acima de 3000, o regime é turbulento.

A expressão 1.19, escrita como função da viscosidade cinemática, relaciona o efeito inercial com o efeito viscoso, como se pode deduzir a seguir.

$$N_R = \frac{D\bar{v}}{v} \qquad (1.20)$$

Da equação 1.20, infere-se que o escoamento tende a ser turbulento quando a velocidade aumenta, ou se a viscosidade do fluido diminui. Para uma determinada velocidade e viscosidade, o fluxo tenderá a turbulento se a dimensão do canal de fluxo aumentar. O raciocínio inverso conduzirá ao escoamento laminar. As forças viscosas superam as inerciais no escoamento laminar, enquanto que no turbulento ocorre o inverso.

A equação 1.8 pode ser adaptada para o escoamento turbulento, apesar da velocidade instantânea em qualquer ponto ser função do tempo. Uma vez que as trocas de moléculas entre camadas somam-se às trocas de massas macroscópicas, então a viscosidade medida usando-se a equação 1.8 ou semelhante para o escoamento turbulento, seria a soma da viscosidade molecular e de uma quantidade chamada viscosidade turbulenta. A componente de viscosidade turbulenta é muito maior do que a molecular e é função da agitação do fluido, não sendo portanto uma propriedade do fluido. A equação 1.8 pode ser reescrita na forma abaixo para definir um fluxo de quantidade de movimento para escoamento turbulento.

$$\tau = (\mu_m + \mu_t)\left(\frac{\partial v}{\partial y}\right) \qquad (1.21)$$

onde μ_m e μ_t são as viscosidades molecular e turbulenta, respectivamente.

1.3 – Mudança no Tipo de Fluxo

A equação 1.19 mostra que é possível mudar o tipo de fluxo variando-se as seguintes grandezas: dimensão do canal de fluxo, velocidade média e viscosidade. Para o caso de qualquer fluido escoando através de um tubo de geometria constante e definida, considerando ainda sua viscosidade constante a uma certa condição de temperatura e pressão, o tipo de fluxo varia em função da velocidade média, definida pela expressão 1.22. Veja a ilustração da figura 10.

$$\overline{v} = \frac{Q}{S} = c\,Q \tag{1.22}$$

onde **Q** é a vazão e **S** é a área da seção transversal à direção do fluxo. Portanto, **c** é uma constante que depende da geometria do canal de fluxo.

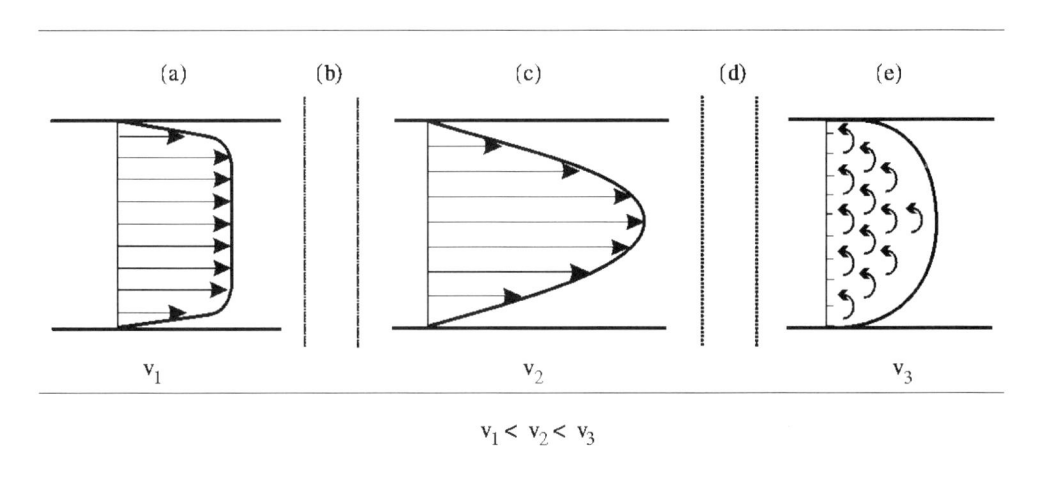

Figura 10. Mudanças do tipo de fluxo como função da velocidade média.

A figura 10 mostra o desenvolvimento do perfil de velocidade com o tempo, variando-se a vazão ou velocidade média, desde o fluxo tampão (a) até o turbulento (e), passando-se pelo fluxo laminar (c) e as transições do tampão-laminar (b) e do laminar-turbulento (d). Convém observar que a figura 10 serve apenas como uma ilustração didática, pois somente os fluidos não-newtonianos desenvolvem fluxo tampão.

No escoamento de fluidos na indústria de petróleo, assume-se os números de Reynolds críticos da tabela 3, para determinar o tipo de fluxo para os fluidos de perfuração e de completação, pastas de cimento, géis de fraturamento, petróleos e derivados. Em relação ao número de Reynolds crítico para o regime tampão, o valor citado é usado somente no deslocamento das pastas de cimento para as operações de cimentação. Este valor pode servir como referência para deslocamento de outros fluidos muito viscosos. Da tabela 3, pode-se inferir, ainda, que, quando o objetivo for manter o fluxo laminar, para fluidos

Newtonianos, o escoamento deve ser praticado com números de Reynolds inferior a 2100. Mas, para garantir o fluxo turbulento, recomenda-se aumentar este número para valores acima de 3000. Entretanto, existem ramos da indústria de petróleo que admite que o escoamento turbulento pode acontecer quando o número de Reynolds ultrapasse valores de até 8000, principalmente, quando se trata do escoamento de fluidos não-Newtonianos.

TABELA 3
Número de Reynolds crítico praticados no escoamento dos fluidos usuais da indústria de petróleo

Nº de Reynolds crítico	Tipo de fluxo	Tipo de fluido
100	tampão (<)	não-Newtoniano
2100	laminar (<)	Newtoniano
3000	turbulento (>)	Newtoniano
3000-8000	turbulento	não-Newtoniano

CAPÍTULO 2

Classificação dos Fluidos Viscosos

2.1 – Introdução

A relação entre a tensão cisalhante e a taxa de cisalhamento define, de certo modo, o comportamento reológico dos líquidos considerados puramente viscosos. A equação matemática entre estas duas variáveis é conhecida como **equação de fluxo**, e a sua representação gráfica é conhecida como **"curva de fluxo"**. Uma curva de fluxo é, portanto, um registro gráfico que mostra como a tensão cisalhante varia em função da taxa de cisalhamento. A figura 11 apresenta curvas de fluxo para alguns tipos de fluidos.

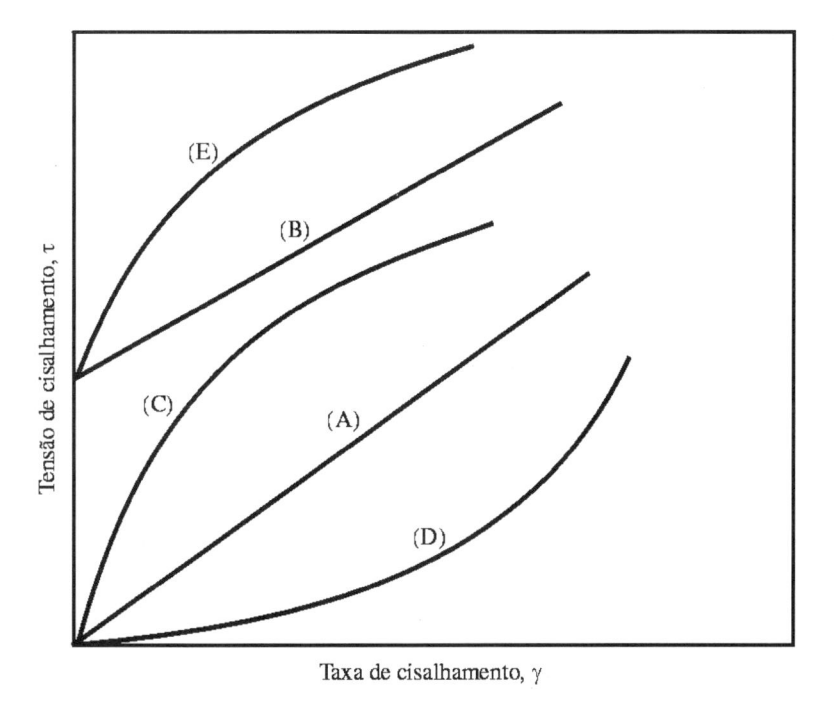

Figura 11. Curvas de fluxo de alguns tipos de fluidos: (A) newtoniano; (B) binghamiano ou plástico ideal; (C) pseudoplástico; (D) dilatante; e (E) pseudoplástico com limite de escoamento.

Os fluidos viscosos, portanto, podem ser classificados em função do seu comportamento de fluxo ou reológico. Este envolve a determinação experimental e análise da relação entre a tensão cisalhante e o gradiente de velocidade ou taxa de cisalhamento, para uma determinada condição de temperatura e pressão.

A curva de fluxo mais simples é a de uma reta interceptando o encontro dos eixos cartesianos, que define o comportamento dos fluidos simples, cujo estudo foi conduzido por Newton. Na figura 11, a curva A se refere a este comportamento.

Fundamentalmente, os fluidos se classificam, de modo abrangente, em *Newtonianos* e *não-Newtonianos*. Todas as outras curvas de fluxo da figura 11, exceto a curva A, se referem a tipos ou modelos de fluidos não-Newtonianos. Observe que a única curva que apresenta a relação de tensão cisalhante com taxa de cisalhamento constante é a curva A. Além das curvas de fluxo, os fluidos viscosos podem ser caracterizados ou definidos através da relação entre a viscosidade e a taxa de cisalhamento, para uma mesma condição de temperatura e pressão. Estas curvas são conhecidas como **"curvas de viscosidade"**. Veja a figura 12.

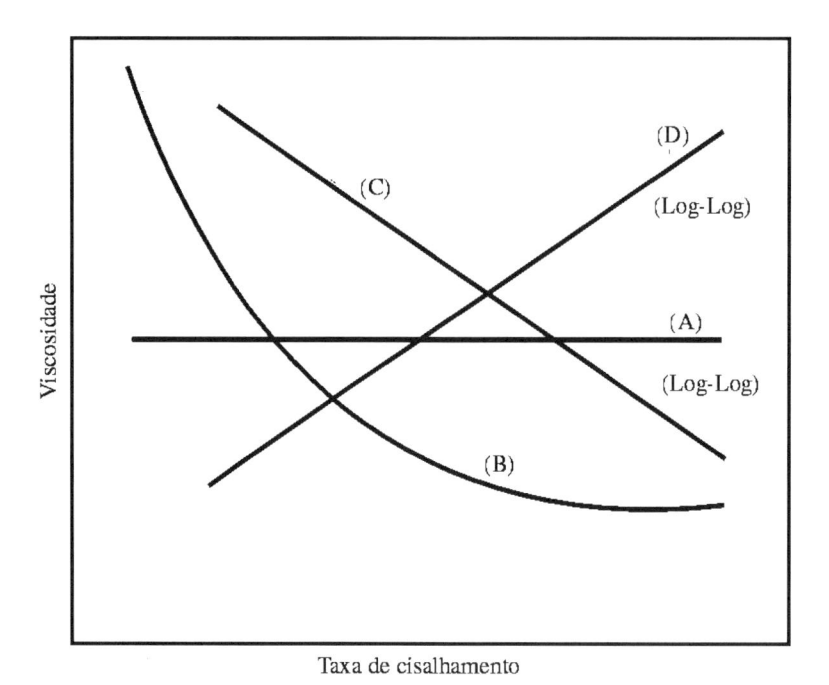

Figura 12. Curvas de viscosidade de fluido: (A) newtoniano; (B) binghamiano ou plástico ideal; (C) pseudoplástico; e (D) dilatante.

2.2 – Fluidos Newtonianos

Newton considerou que a curva equivalente à sua equação 1.8, para um fluido ideal, seria uma linha reta com início na origem dos eixos. Portanto, os fluidos são *Newtonianos* quando a viscosidade só é influenciada pela temperatura e pressão. No escoamento de um fluido Newtoniano, em regime laminar, existe uma proporcionalidade entre a tensão cisalhante e a taxa de cisalhamento. Uma única determinação experimental é suficiente para definir o único parâmetro reológico do fluido Newtoniano. A sua *viscosidade é única e absoluta*, pois a razão entre a tensão cisalhante e a taxa de cisalhamento é constante.

Matematicamente, os fluidos Newtonianos são definidos pela equação:

$$\tau = \mu \gamma \qquad (2.1)$$

que é conhecida como equação de Newton, onde μ, definida por *viscosidade dinâmica absoluta*, é constante e, por conseqüência, a relação τ/γ, também.

A representação gráfica, curva de fluxo ou reograma dos fluidos Newtonianos mostram uma relação linear, conforme ilustra a figura 13A. Portanto, o reograma, em coordenadas cartesianas, de um fluido Newtoniano é linear e passa pela origem, sendo a sua inclinação igual à viscosidade única do fluido. Outra maneira de analisar o seu comportamento é através da relação entre a viscosidade e a taxa de cisalhamento, também conhecida como "curva de viscosidade". Para o fluido Newtoniano, esta relação é uma reta paralela ao eixo das taxas de cisalhamentos, conforme ilustra a figura 13B, uma vez que a sua viscosidade é constante.

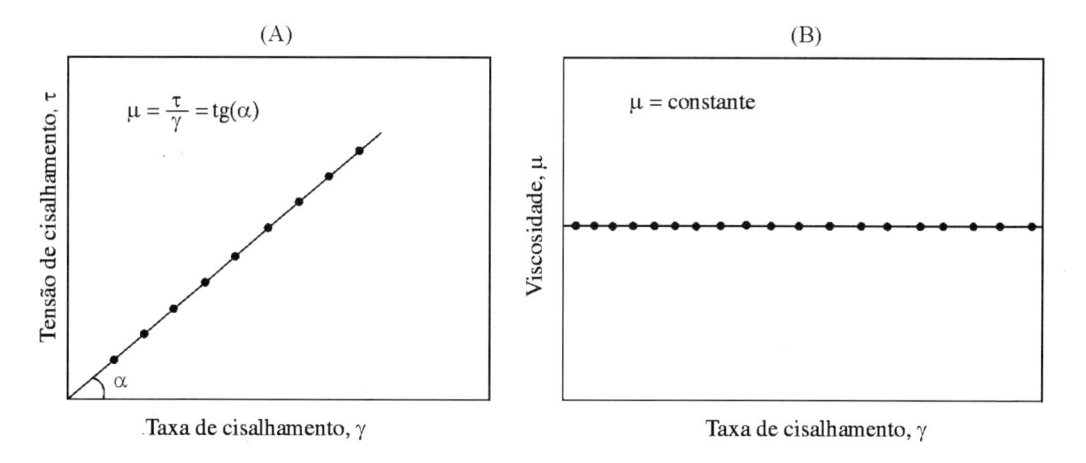

Figura 13. (A) Representação gráfica do fluido de Newton ou modelo Newtoniano. (B) Curva de viscosidade: vioscosidade *versus* taxa cisalhante do fluido de Newton.

De um modo geral, os gases e todos os sistemas homogêneos e monofásicos, compostos de substâncias de baixo peso molecular, ou de misturas destas, comportam-se como fluidos Newtonianos, em regime de escoamento laminar. São exemplos o ar, a água, os óleos "finos" e seus derivados, as soluções salinas, o mel, a glicerina, etc. Existe uma prática de se denominar os fluidos de alta viscosidade como "espesso" ou "grosso", e os fluidos de baixa viscosidade como "fino". Empregando esta nomenclatura, a água é fina e a glicerina pura é grossa, conforme se pode observar na figura 14.

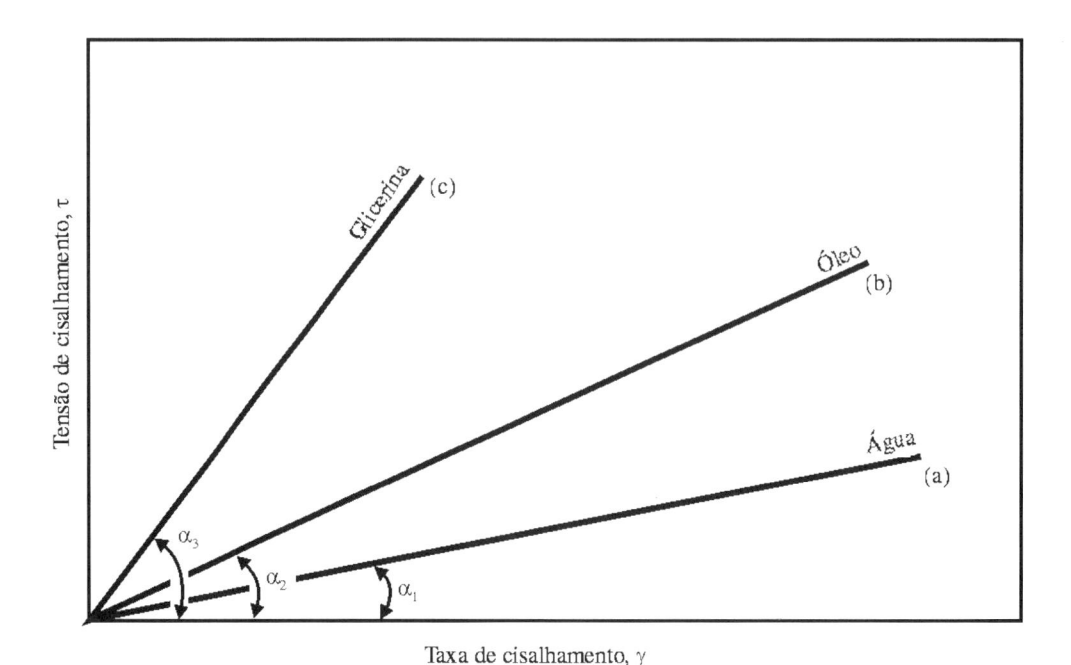

Figura 14. Comparação de fluidos Newtonianos através das suas curvas de fluxo e inclinação destas.

2.3 – Fluidos Não-Newtonianos

Todo fluido, cuja relação entre tensão cisalhante e taxa de cisalhamento não é constante, é denominado de não-newtoniano, considerando ainda a temperatura e pressão constantes e o escoamento laminar. Estes fluidos são classificados conforme o aspecto da curva de fluxo e correlação com alguma equação ou modelo matemático. A viscosidade desses fluidos não é única e varia com a magnitude da taxa de cisalhamento.

Qualquer fluido não-Newtoniano pode ser definido pela relação:

$$\mu_a = \frac{\tau}{\gamma} \qquad (2.2)$$

onde a viscosidade μ_a, variável como função de γ, é denominada de viscosidade aparente, isto é, a viscosidade que o fluido teria se fosse Newtoniano, naquela condição de fluxo. Esta viscosidade só é válida para uma determinada taxa de cisalhamento, isto é, sempre que for citada, esta propriedade deve vir acompanhada da taxa de cisalhamento correspondente.

As dispersões de sólido em líquido são exemplos de fluidos não-Newtonianos, principalmente quando os sólidos interagem com a fase líquida, solvatando-se ou inchando-se. Alguns dos fluidos não-Newtonianos de interesse da indústria de petróleo são as dispersões de argila em água, as emulsões concentradas de óleo em água e água em óleo, as soluções de polímeros, os fluidos gelificados usados nas operações de perfuração e completação de poços, as pastas de cimento, e os petróleos e derivados muito viscosos, os asfaltos e as misturas asfálticas.

2.3.1 – Modelo de Bingham ou plástico ideal

Teoricamente, o modelo de Bingham, fluido Binghamiano ou plástico ideal requer a aplicação de uma tensão mínima, τ_L, denominada de limite de escoamento, para que haja alguma deformação cisalhante. Quando submetidos a uma tensão menor do que τ_L, os fluidos binghamianos, teoricamente, comportam-se como sólidos e, em princípio, só escoariam na forma de *fluxo tampão*. A equação matemática que define o fluido de Bingham é expressa por:

$$\tau = \mu_p \gamma + \tau_L \quad \text{para} \quad \tau > \tau_L \qquad (2.3)$$
$$\gamma = 0 \quad \text{para} \quad \tau \leq \tau_L$$

onde μ_p e τ_L, denominados de *viscosidade plástica* e *limite de escoamento*, respectivamente, são os parâmetros reológicos deste tipo de fluido. Observe que a sua *viscosidade aparente*, definida pela expressão 2.4, não é constante, ou seja, ela é função da taxa de cisalhamento. As figuras 15A e 15B mostram a curva de fluxo e a curva de viscosidade do modelo de Bingham, respectivamente.

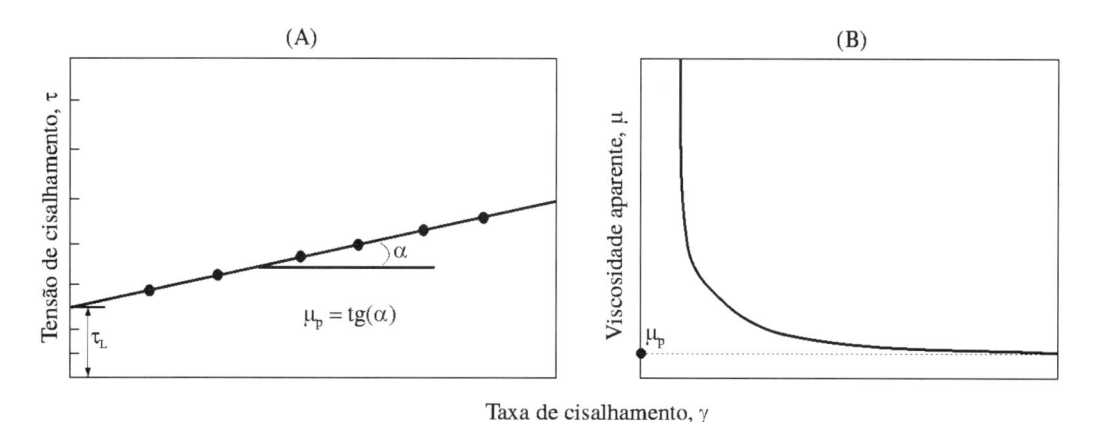

Figura 15. Curvas de fluxo (A) e de viscosidade (B), do fluido binghamiano ou plástico.

A expressão para a **viscosidade aparente** é obtida combinando-se as equações 2.2 e 2.3.

$$\mu_a = \mu_p + \frac{\tau_L}{\gamma} \qquad (2.4)$$

Observe na equação 2.4 que, quando a taxa de cisalhamento tende ao infinito, o segundo membro desta equação tende a zero. Daí o valor da viscosidade aparente deste modelo tende para um valor constante e igual à sua viscosidade plástica. Por isso, em alguns cálculos de engenharia, menos precisos, o valor da viscosidade plástica pode ser usado, quando fluidos de Bingham escoam sob altas vazões.

Um bom exemplo para os fluidos que apresentam comportamento segundo Bingham são as suspensões diluídas de sólido em líquido em geral. As dispersões argilosas de bentonita em água, empregadas como fluido para perfurar poços, e algumas dispersões de calcita em água, são um exemplo particular que se enquadra neste modelo.

Considerando a teoria molecular-coloidal, os parâmetros reológicos do fluido Binghamiano possuem uma interpretação. O atrito entre as partículas dispersas e entre as próprias moléculas do líquido dispersante é o responsável por um dos componentes de resistência ao escoamento – *a viscosidade plástica*, constante análoga à viscosidade do fluido Newtoniano. Enquanto isso, as forças de interação entre as partículas dispersas são consideradas a causa da existência do outro parâmetro viscoso – *o limite de escoamento*, também denominada de **componente eletroviscosa**. É sabido ainda que se a concentração de partículas dispersas aumenta então a viscosidade plástica também aumenta. Enquanto isso, o limite de escoamento aumenta quando as forças interpartículas aumentam, isto é, quando aumenta o potencial iônico do meio, causando um conseqüente aumento das forças eletrostáticas de interação entre as partículas dispersas.

2.3.2 – Modelo de Ostwald de Waale

O modelo de Ostwald ou fluido de potência é definido pela expressão 2.5. Esta não se aplica para todo e qualquer fluido, nem a todo intervalo de taxa de cisalhamento. Entretanto, existe um número razoável de fluidos não-Newtonianos que apresentam comportamento de potência, num largo intervalo de velocidades cisalhantes.

$$\tau = K (\gamma)^n \tag{2.5}$$

Os parâmetros reológicos do fluido de potência são o *índice de consistência*, **K**, e o *índice de comportamento* ou de fluxo, **n**. Enquanto **n** é uma grandeza adimensional, **K** tem dimensão física igual a $F.T^n.L^{-2}$, sendo suas unidades mais usuais o $dina.s^n/cm^2$ (sistema c.g.s.-centímetro, grama, segundo), $Pa.s^n$ (sistema internacional - SI) e o $lbf.s^n/ft^2$ (sistema inglês prático).

A figura 16 mostra algumas curvas de fluxo que seguem a lei da potência definida pela equação 2.5. As curvas **I**, **II** e **III** correspondem ao caso em que **n**, na função de potência, assume valores menores do que um e maiores do que zero. Os fluidos que assim se comportam são chamados de *pseudoplásticos*. As curvas **a**, **b**, e **c** correspondem ao caso em que os valores de **n** são maiores do que um. Os fluidos que assim se comportam são chamados de *dilatantes*. Observe também que quando **n** for igual a unidade, teremos o caso trivial do fluido Newtoniano. Observe que os fluidos ditos pseudoplásticos sempre diminui de viscosidade quando a taxa de cisalhamento aumenta, enquanto que os dilatantes aumentam de viscosidade com o aumento da taxa de cisalhamento.

A equação 2.5, em coordenadas logarítmicas, irá produzir uma reta $\log \tau = \log K + n . \log(\gamma)$, cuja inclinação determinará o valor de **n**. O valor de **K** será definido no ponto de interseção do eixo vertical com a reta, quando $\gamma = 1$. Normalmente, a interpretação reológica dos parâmetros do modelo de potência é processada através de uma curva obtida em papel para gráfico log-log, ou através de modelagem em escala de valores logarítmicos. Veja o que ilustra a figura 17A.

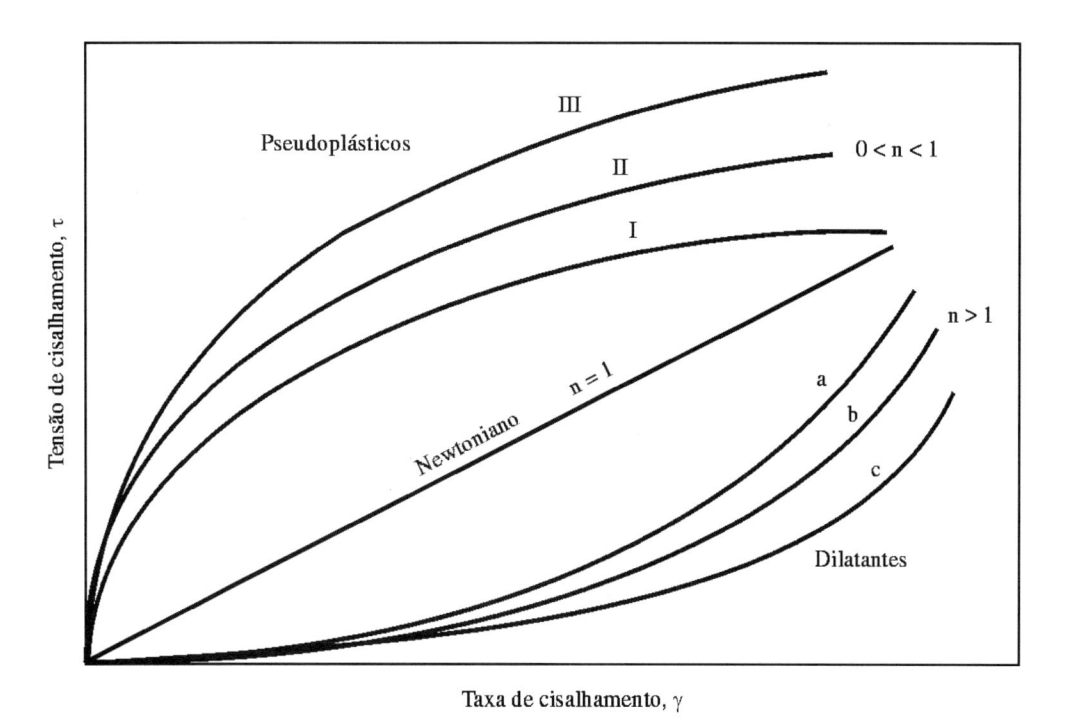

Figura 16. Curvas de fluxo do fluido de Ostwald ou de Potência: I, II, III pseudoplásticos com $0 < n < 1$; *a, b, c*, dilatantes com $n > 1$.

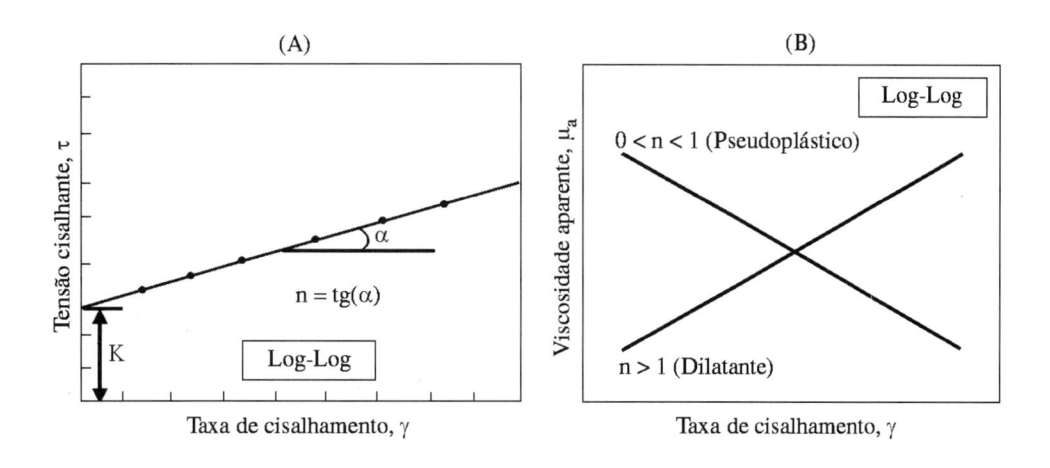

Figura 17. Curvas de fluxo (A) e de viscosidade (B) para fluidos que seguem a lei de potência, em escala logarítmica.

Outra maneira de interpretar o comportamento do fluido de potência consiste em analisar a variação de sua viscosidade aparente com a taxa de cisalhamento, conforme ilustra a figura 17B. Observe que a combinação das equações 2.2 e 2.5 geram a equação 2.6.

$$\mu_a = K\,(\gamma)^{n-1} \tag{2.6}$$

O índice de comportamento, **n**, indica fisicamente o afastamento do fluido do modelo Newtoniano. Se o seu valor se aproxima de um, então o fluido está próximo do comportamento newtoniano. Enquanto isso, o valor do índice de consistência, **K**, como o próprio nome o diz, indica o grau de resistência do fluido diante do escoamento. Quanto maior o valor de **K**, mais "consistente" o fluido será. Observe, por comparação das equações 2.1 e 2.5, que os parâmetros μ e **K**, a menos do índice **n**, são similares.

Um grande número de fluidos não-Newtonianos se comportam como **pseudoplásticos**, isto é, $0 < n < 1$. As emulsões e as soluções de polímeros ou de macromoléculas lineares são os exemplos mais típicos da indústria de petróleo. Já os fluidos **dilatantes**, cujo $n > 1$, são pouco freqüentes. Algumas pastas dentifrícias, dispersões de polímeros ou resinas e algumas pastas de cimento podem apresentar comportamento dilatante.

Muitos fluidos exibem **pseudoplasticidade**, isto é, apresentam um decréscimo acentuado de viscosidade quando a taxa de cisalhamento é aumentada. Industrialmente este decréscimo de viscosidade se manifesta em diversas aplicações, tais como, por exemplo:

a) aumento da velocidade de fluxo de fluidos (alimentos, fármacos, petróleo, etc.) através de estreitamento de tubos e capilares,

b) espalhamento mais rápido de tintas, espumas, lubrificantes, através de orifícios das pistolas de *spray*;

c) escoamento descontrolado de pastas; e

d) misturamento intenso em processos de misturas.

Isto pode significar que para uma certa força ou pressão, maior quantidade de massa de fluido pode escoar, ou menor quantidade de energia pode sustentar o escoamento a uma certa vazão. Tecnicamente, portanto, fluidos que 'afinam' quando a vazão (ou taxa de cisalhamento) aumenta, são denominados **pseudoplásticos**. Muitos materiais líquidos, tais como suspensões, dispersões e emulsões, de grande importância comercial, pertencem a este grupo.

Os sistemas pseudoplásticos, apesar da aparência homogênea, na verdade possuem partículas dispersas com formas irregulares, tais como filamentos, placas planares e gotas. Por outro lado, as partículas dispersas das dispersões argilosas e poliméricas, apresentam ainda uma alta tendência à interação coulômbica e/ou esteárica. Em repouso, estes materiais mantêm uma certa ordem interna irregular, sendo caracterizados, portanto, por uma alta resistência interna contra o fluxo, isto é, a sua alta viscosidade. Com o aumento da taxa de cisalhamento, muitas partículas dispersas, lineares ou laminares alinham-se na direção do fluxo, isto é, paralelamente na direção da força que o sustenta. Este alinhamento entre partículas (ou moléculas) facilitam o deslizamento em fluxo, reduzindo a viscosidade. Quando as partículas dispersas são esféricas, elas podem se deformar, diminuir o diâmetro em uma certa direção, ortogonal ao fluxo, facilitando o escoamento através de tubos e estreitamentos. No caso de um agregado de partículas, este pode se desfazer e provocar um escoamento mais rápido, sob uma taxa de cisalhamento mais intensa.

O "afinamento" de muitos materiais líquidos se manifesta reversivelmente, isto é, eles recuperam a sua viscosidade original alta, quando o cisalhamento é reduzido ou cessado. Teoricamente, as partículas retornam ao seu estado natural de interação não orientada em relação à força de cisalhamento. As gotas readquirem sua forma esférica e os agregados se reagrupam devido ao movimento browniano.

Os fluidos pseudoplásticos, quando investigados à luz do seu comportamento reológico, apresentam duas regiões com tendência a viscosidade constante. Veja a figura 18. No intervalo I, de baixas taxas de cisalhamento, o fluido se comporta similar ao modelo Newtoniano, apresentando uma viscosidade definida, independente da taxa de cisalhamento. Aí, o movimento browniano mantém todas as moléculas e/ou partículas ao acaso, independentemente dos efeitos inerciais de orientação por cisalhamento. No próximo trecho II, a viscosidade decresce exponencialmente. Um novo fenômeno acontece: a força de cisalhamento supera as forças do movimento browniano, de modo que a taxa de cisalhamento induz uma orientação da partícula e/ou molécula. No trecho III, de altas taxas de cisalhamento, o estado de quase perfeita orientação já foi alcançado e o fluido tende, assintoticamente, a um valor de viscosidade constante e definido, novamente.

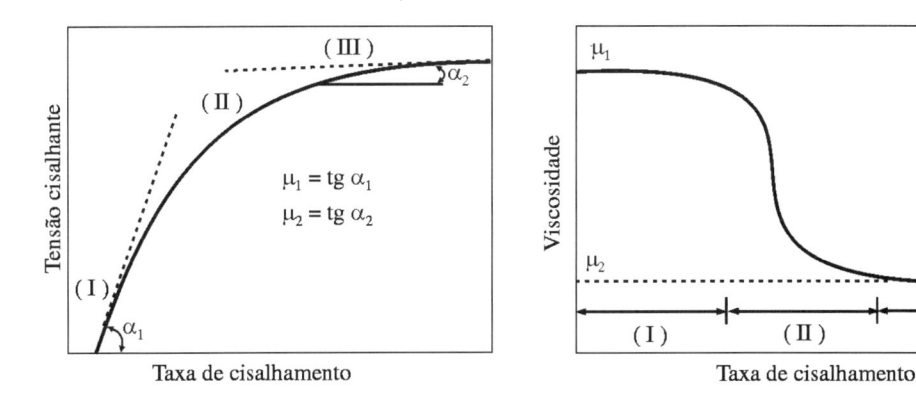

Figura 18. Curvas de fluxo e de viscosidade de fluidos pseudoplásticos. Extraída de Schramm, A Practical Approach to Rheology and Rheometry, 1994. Reproduzida com permissão de Thermo Haake GmbH.

O fluido dilatante, ao contrário dos fluidos pseudoplásticos, apresenta comportamento de viscosidade crescente com o acréscimo da taxa de cisalhamento. A dilatância nos líquidos é muito raro. O comportamento dilatante ou a dilatância é manifestada, por exemplo, em suspensões concentradas de partículas de PVC misturadas com líquidos plastificantes, empregadas na formação de plastisóis. Alguns plastisóis, empregados na cobertura do substrato de PVC, tornam-se tão viscosos e "espessos", com a velocidade de aplicação, que causam a quebra da película de revestimento. Nas suspensões concentradas ou pastas, as partículas estão densamente empacotadas e a quantidade de dispersante (ou solvente) é suficiente, apenas, para preencher os espaços vazios entre as partículas. A baixas taxas de cisalhamento, o dispersante lubrifica as superfícies das partículas e permite uma fácil mudança posicional. Então, a suspensão ou pasta comporta-se como um líquido viscoso. Em altas taxas de cisalhamento, as partículas dispersas ocuparão maior número de posições por intervalo de tempo, causando um ligeiro acréscimo de volume. Neste caso, a quantidade de dispersante (ou solvente) é insuficiente para ser distribuído entre todas as partículas dispersas. Uma vez que a quantidade de dispersante não é suficiente para preencher todos os espaços interpartículas e mantê-las lubrificadas, então o sistema se torna mais viscoso.

2.3.3 – Modelo de Herschell-Buckley

Também conhecido como fluido de potência com limite de escoamento ou fluido de potência modificado, este tem três parâmetros reológicos. Por isso mesmo, é denominado de modelo a três parâmetros. A equação que o define é:

$$\tau = K\,(\gamma)^n + \tau_0 \quad \text{para} \quad \tau > \tau_0 \tag{2.7}$$

$$\gamma = 0 \quad \text{para} \quad \tau \leq \tau_0$$

Este tipo de fluido é uma extensão do fluido de Ostwald, ao qual se adiciona um novo parâmetro, τ_0, denominado de *limite de escoamento real*. A curva de fluxo que o representa está ilustrada na figura 19. Uma maneira de se determinar todos os três parâmetros deste modelo consiste em primeiro estimar o valor de τ_0 por extrapolação, através do gráfico de τ x γ em coordenadas cartesianas, depois então, determinar os valores de **K** e **n** através de um gráfico de $(\tau - \tau_0)$ x γ, em coordenadas logarítmicas.

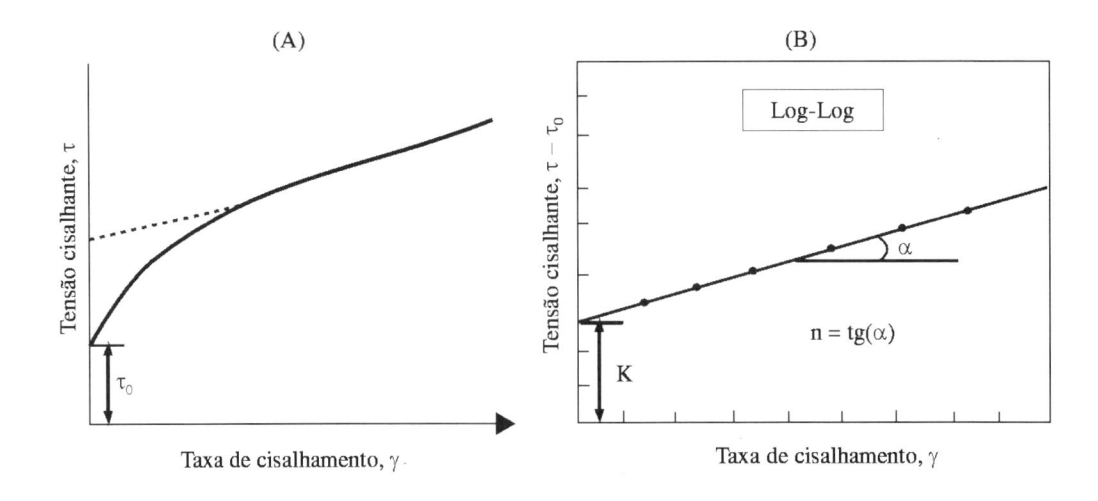

Figura 19. Curvas de fluxo (A) e de viscosidade (B) do fluido de potência, com limite de escoamento ou modelo de Herschell-Buckley.

Como o leitor já deve ter observado, o modelo de Herschell-Buckley é mais completo do que os anteriores, uma vez que a sua equação engloba três parâmetros, além do que, os modelos comentados anteriormente (Newton, Bingham e Ostwald) podem ser analisados como casos particulares deste.

Plasticidade, em reologia, é um termo bastante empregado para definir o comportamento de fluidos pseudoplásticos com limite de escoamento, que obviamente, coincide com a definição da equação 2.7.

Fluido plástico, portanto, sob o aspecto reológico, pode ser classificado como líquido ou sólido. Em geral, são dispersões que em repouso pode formar uma rede estruturada interpartículas ou intermoléculas, devido a forças de atração polares e/ou forças de van der Waals. Estas forças restringem a mudança posicional de um elemento de volume e confere ao sistema uma estrutura semi-sólida de alta viscosidade.

Quando a força externa aplicada sobre o sistema é menor que a força equivalente que forma a rede, então ocorre apenas uma deformação elástica no sistema. Somente quando a força externa for maior do que a força da rede é que esta se desfaz e provoca uma mudança de posição irreversível num elemento de volume. A tensão que ultrapassa este ponto é denominada de 'limite de escoamento real'.

Materiais típicos que exibem limite de escoamento real são dispersões de argilas com polímeros, empregadas amplamente na indústria de petróleo como fluidos de perfuração, graxas, pastas de dente, pastas de cimento.

2.3.4 – Modelo de Casson

Empregado para analisar o comportamento reológico dos fluidos de perfuração e comparar os resultados das análises com os de modelos mais usuais, como o de Bingham e de Potência. O modelo de Casson tem sido usado com alguma freqüência em alguns trabalhos do ramo de perfuração de poços. Ele é definido através da equação:

$$\tau^{1/2} = (\mu_\infty \gamma)^{1/2} + \tau_0^{1/2} \quad \text{para} \quad \tau > \tau_0 \quad (2.8)$$
$$\gamma = 0 \quad \text{para} \quad \tau \leq \tau_0$$

onde μ_∞ é a viscosidade limite para altas taxas de cisalhamento e τ_0 é o limite de escoamento.

As figuras 20A e 20B mostram as curvas de fluxo ou reogramas do fluido de Casson. A sua utilização pode conduzir à estimativa da viscosidade de um certo fluido escoando a alta taxa de cisalhamento, maior do que $1000\ s^{-1}$ por exemplo, uma vez que é mais difícil, do ponto de vista prático, fazer determinações laboratoriais nesta condição.

Portanto, considerando a definição de viscosidade aparente e a equação 2.8, podemos chegar à expressão:

$$\mu_a^{1/2} = (\mu_\infty \gamma)^{1/2} + \left(\frac{\tau_0}{\gamma}\right)^{1/2} \quad (2.9)$$

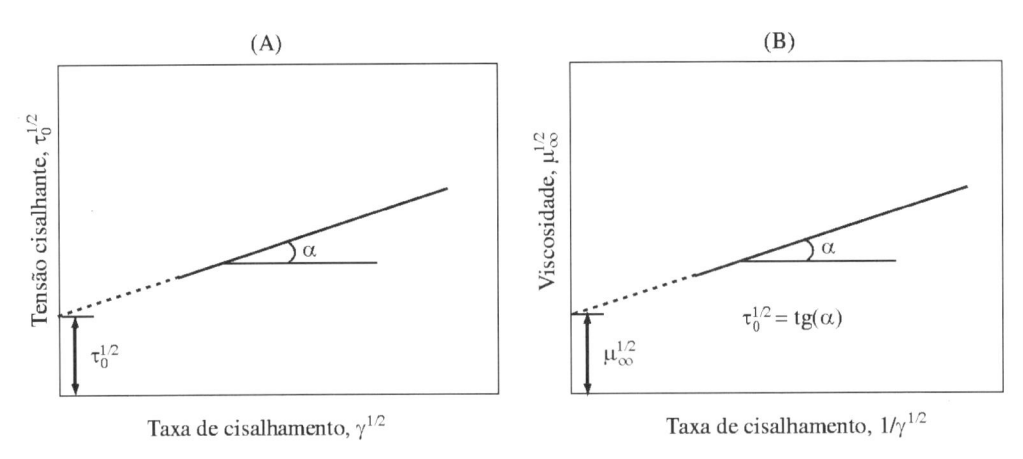

Figura 20. Curvas de fluxo (A) do modelo de Casson, e sua curva de viscosidade (B).

Observe na equação 2.9 que a viscosidade aparente (μ_a) do fluido se confunde com a viscosidade a altas taxas (μ_∞), quando o fluido está submetido a taxas de cisalhamento tendendo ao infinito. Sendo este parâmetro facilmente determinado pelo segmento correspondente ao ponto de encontro da curva de fluxo com o eixo vertical, conforme ilustra a figura 20B. Portanto, observando a equação 2.9 e o gráfico da figura 20B, inferimos que o modelo de Casson pode ser aplicado para avaliar a viscosidade de um fluido escoando a uma taxa de cisalhamento tendendo a infinito. Isto tem aplicação na avaliação da viscosidade de fluidos escoando através de orifícios ou "jatos" de brocas, empregadas na perfuração de poços.

2.3.5 – Modelo de Robertson-Stiff

Este modelo é semelhante ao modelo de potência, com a introdução de um termo corretivo para as taxas de cisalhamento. A sua equação constitutiva pode ser escrita como:

$$\tau = a\,(\gamma + \gamma_0)^b \quad \text{para} \quad \tau > a\,(\gamma_0)^b \tag{2.10}$$

$$\gamma = 0 \quad \text{para} \quad \tau \leq a\,(\gamma_0)^b$$

O termo γ_0, que aparece na equação 2.10, é entendido como uma correção de taxa de cisalhamento para o fluido, em relação à taxa de cisalhamento para o fluido de Buckley-Herschell.

O modelo de Robertson-Stiff, quando comparado ao modelo de Buckley-Herschell, apresenta a vantagem de produzir equações diferenciais de soluções possíveis e fáceis para emprego nos cálculos de escoamento de fluidos. Entretanto, como desvantagem, possui a dificuldade de interpretação molecular para os seus três parâmetros reológicos, os quais ainda não possuem um significado físico familiar para os seus usuários. A viscosidade aparente para os fluidos que seguem este modelo pode ser determinada por:

$$\mu_a = \frac{a\,(\gamma + \gamma_0)^b}{\gamma} \tag{2.11}$$

A tabela 4, a seguir, fornece um quadro resumido sobre equações de estado, parâmetros reológicos, números de determinações experimentais necessárias para a determinação dos parâmetros reológicos e exemplos para todos os modelos de fluxo abordados neste capítulo.

TABELA 4

Equações, parâmetros reológicos e exemplos de fluidos não-Newtonianos

Modelo	Equação	NDE*	Parâmetros	Exemplos
Newton	$\tau = \mu \gamma$	01	viscosidade dinâmica absoluta	água, soluções, glicerina, mel
Bingham	$\tau = \mu_p \gamma + \tau_L$	02	viscosidade plástica e limite de escoamento	dispersões coloidais concentradas
Ostwald	$\tau = K \gamma^n$	02	índice de consistência e índice de fluxo	dispersões de polímeros e emulsões
Herschell-Buckley	$\tau = K \gamma^n + \tau_o$	03	K, n e τ_o	dispersões de polímeros e/ou argilas
Robertson-Stiff	$\tau = a (\gamma + \gamma_o)^b$	03	a, b e γ_o	
Casson	$\tau^{1/2} = (\mu_\infty \gamma)^{1/2} + \tau_o^{1/2}$	02	μ_∞ e τ_o	dispersões coloidais

* NDE = número mínimo de determinações experimentais.

2.4 – Fluidos Dependentes do Tempo

As abordagens mencionadas antes não consideraram o efeito do tempo sobre a relação tensão cisalhante-taxa de cisalhamento. Entretanto, existem fluidos que apresentam uma dependência da tensão cisalhante com o tempo para uma taxa de cisalhamento constante. Apesar do estudo analítico mais complexo, estes fluidos têm sido estudados experimentalmente e vários avanços têm sido alcançados.

A mecânica dos fluidos classifica os fluidos dependentes do tempo em **reopéticos** e **tixotrópicos**. Eles são **reopéticos** quando a tensão cisalhante ou a viscosidade aumenta com o tempo, mantendo-se a mesma taxa de deformação. Já os fluidos **tixotrópicos** apresentam efeito contrário, isto é, a tensão de cisalhamento ou a viscosidade diminui com o tempo de aplicação de uma certa taxa de cisalhamento.

A **tixotropia** é um fenômeno de grande importância industrial, sendo, inclusive, desejável para muitas indústrias que utilizam ou comercializam certos fluidos que necessitam desta característica. O termo tixotropia é, muitas vezes, utilizado de forma simplificada, para ocultar ou evitar a abordagem complexa da teoria molecular ou da interação entre partículas.

Para fluidos pseudoplásticos, por exemplo, o "afinamento" sob influência da taxa de cisalhamento, atribuído à orientação ou alinhamento das partículas na direção do fluxo, supera o efeito aleatório do movimento Browniano. Assim ocorre, por exemplo, com a maioria das tintas que devem apresentar facilidade de aplicação através de pincel ou rolo, e dificultar o seu escoamento quando aplicada sobre superfície vertical.

A curva de fluxo de um líquido não-Newtoniano, pseudoplástico, sem limite de escoamento, pode mostrar dois caminhos distintos:

a) primeiramente, aumentando-se uniformemente a taxa de cisalhamento durante o experimento; e

b) depois, reduzindo-se uniformemente a taxa de cisalhamento.

Observe que as curvas de fluxo superior (I) e inferior (II) da figura 21A não se sobrepõem. Este fenômeno é conhecido por histerese. A área entre estas duas curvas define a magnitude da tixotropia do fluido. Se as curvas forem coincidentes a tixotropia é nula e o fluido é dito não-tixotrópico.

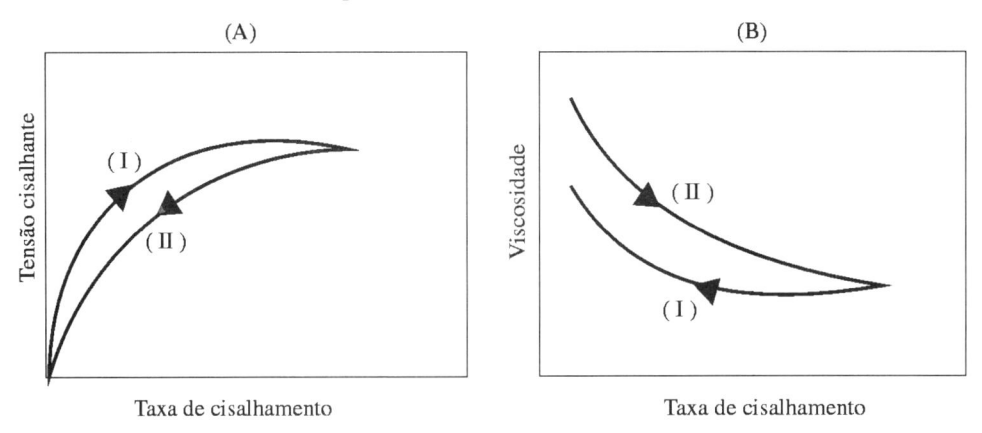

Figura 21. Curvas de fluxo (A) e de viscosidade (B), ascendentes (I) e descendentes (II), em relação à taxa de cisalhamento ou histerese. Extraída de Schramm, A Practical Approach to Rheology and Rheometry, 1994. Reproduzida com permissão de Thermo Haake GmbH.

É comum para muitas dispersões não apenas demonstrar um potencial de orientação das partículas com o repouso, como também deixar claro uma dependência da interação interpartículas com o tempo. A geração de uma estrutura tridimensional, denominada **gel**, suportada por ligações iônicas e pontes de hidrogênio, é a responsável pela elevação da viscosidade do fluido tixotrópico, em repouso ou a baixas taxas de cisalhamento. Esta estrutura pode ser facilmente rompida, uma vez que estas ligações atrativas são fracas. As curvas correspondentes de viscosidade estão na figura 21B. Estas indicam que a viscosidade decresce com o aumento da taxa de cisalhamento, devido ao efeito combinado de rompimento da estrutura **gel** e da orientação entre as partículas. Quando, na segunda parte do experimento (I), a taxa de cisalhamento decresce continuadamente, a viscosidade aumenta muito menos do que reduz no primeiro trecho (II). Existem agora dois valores de viscosidade para a mesma taxa de cisalhamento. A diferença entre eles é influenciada pelo grau de tixotropia do fluido e pela história do cisalhamento.

Na indústria de petróleo, os fluidos de perfuração e as pastas de cimento são exemplos típicos. As dispersões aquosas de bentonita, utilizadas na perfuração de poços, são um exemplo de fluido tixotrópico. Estas aumentam de tensão cisalhante quando são deixados em repouso dando lugar à formação de um *gel*. Porém, elas recuperam a sua fluidez, retornando ao estado *sol*, quando sob condições dinâmicas, caracterizando a tixotropia como um fenômeno isotérmico e reversível, conforme ilustra o esquema a seguir. A área entre as curvas da figura 21A tem dimensão de energia relacionada com a amostra cisalhada, e indica a quantidade de energia necessária para quebrar a estrutura gel do fluido tixotrópico.

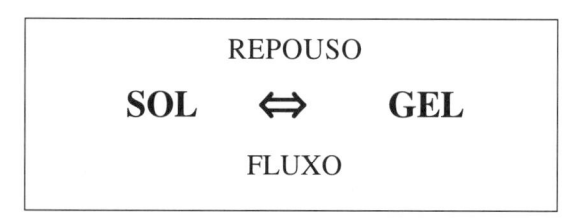

REPOUSO
SOL ⇔ **GEL**
FLUXO

O diagrama anterior e a figura 22 ilustram o comportamento de um fluido de natureza tixotrópica. A curva cheia da figura 22 corresponde ao estado de plena agitação, portanto estado **sol**. As curvas tracejadas correspondem à situação na qual o fluido foi deixado em repouso durante os tempos t_1, t_2 e t_3. A tensão cisalhante para a taxa de cisalhamento igual a zero sobre a curva cheia é conhecida como *limite de escoamento real.*

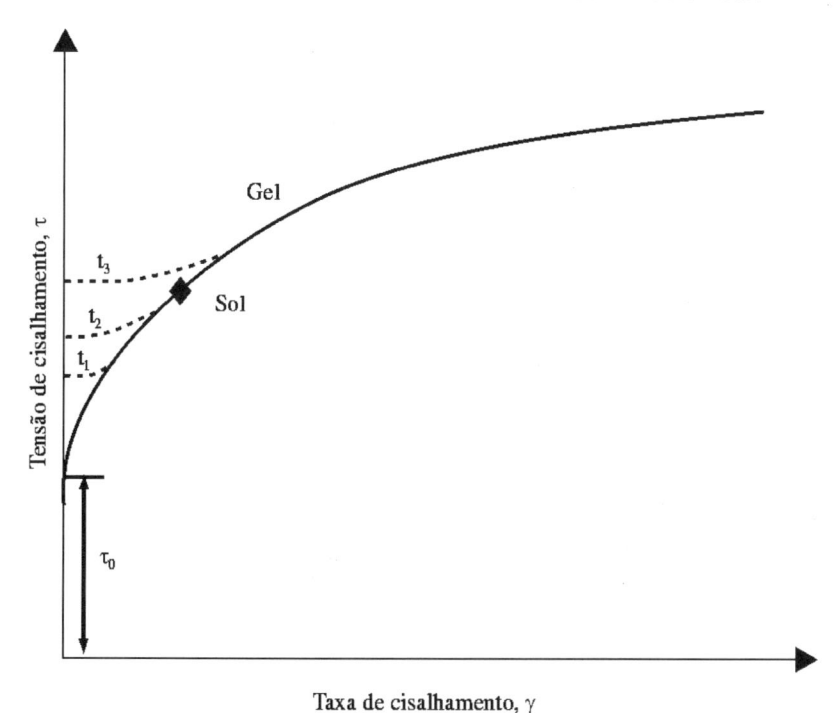

Figura 22. Deslocamento das curvas de fluxo, em função do tempo (t_1, t_2, t_3), para um fluido tixotrópico do tipo água-argila.

Após um tempo qualquer de repouso, a tensão mínima necessária para provocar o escoamento do fluido é superior ao limite de escoamento real. A diferença entre estes dois valores é denominada de *força gel*, que representa a força resistiva desenvolvida pela formação do estado gel durante o repouso. As curvas da figura 22, portanto, permitem avaliar a característica tixotrópica de um fluido através de uma força, que é um parâmetro mais simples de se medir do que a energia. Observando as curvas da figura 22, podemos definir força gel, para um determinado tempo de repouso do fluido, como:

FORÇA GEL = Fg = $\tau_t - \tau_o$ (2.12)

Pode-se observar pelas curvas da figura 23 que a formação e a quebra da estrutura gel é um fenômeno dependente do tempo. As dispersões de argila em água, por exemplo, exibem essa propriedade devido às forças atrativas entre as partículas de argila, intensificadas quando a velocidade de cisalhamento é baixíssima ou quando o fluido é deixado em repouso.

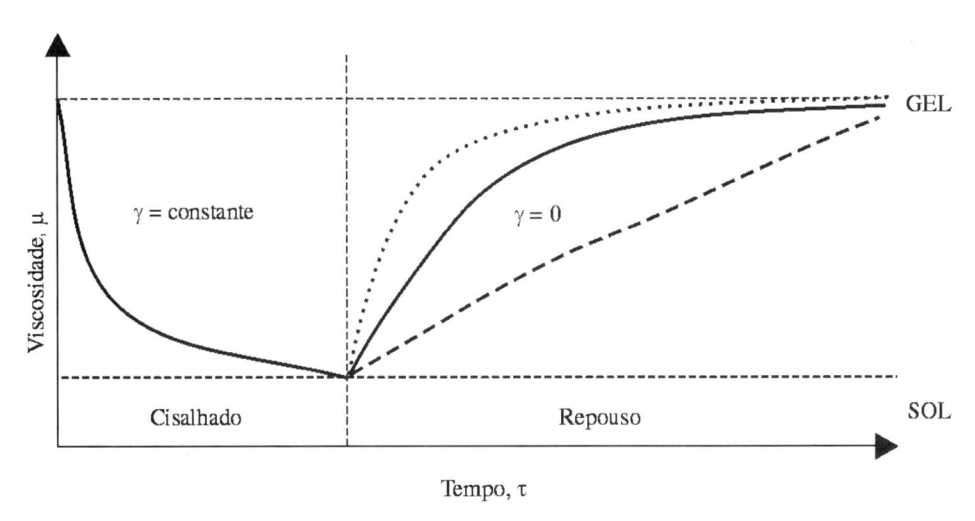

Figura 23. Curvas de viscosidade *versus* tempo, representando o efeito da tixotropia. Extraída de Schramm, A Practical Approach to Rheology and Rheometry, 1994. Reproduzida com permissão de Thermo Haake GmbH.

A figura 23 mostra a variação da viscosidade com o tempo de um fluido tixotrópico. Esta curva mostra duas fases distintas na transformação:
a) primeiro o **gel** se desfaz rapidamente quando é submetido a um cisalhamento constante, transformando-se em **sol**; e
b) depois, recupera-se lentamente, convertendo-se novamente em **gel**.

Quando a estrutura **gel** é rompida, a viscosidade cai exponencialmente com a taxa de cisalhamento até alcançar assintoticamente um valor mínimo, a uma taxa de cisalhamento constante. Este mínimo de viscosidade define o estado sol da dispersão. Qualitativamente, um líquido tixotrópico pode ter seu potencial definido pela sua estrutura **gel** formada, durante um intervalo de tempo de repouso definido.

As curvas da figura 23 mostram também que o estado *gel* pode se transformar em *sol* por cisalhamento, e este retornar ao estado *gel* em condição estática. O tempo necessário para esta transformação depende da natureza do fluido tixotrópico e da temperatura. A estrutura *gel* pode se desfazer em poucos segundos ou minutos, entretanto, a sua completa formação pode, algumas vezes, levar horas.

Os **fluidos reopéticos** são caracterizados por um aumento de viscosidade relacionado com o tempo de duração do cisalhamento. Quando **líquidos reopéticos** são deixados em repouso, eles recuperam sua viscosidade original, isto é, atingem baixos níveis de viscosidade. **Tixotropia e Reopetia** são, portanto, fenômenos que se caracterizam por propriedades de fluxo opostas.

A reopetia pode também ser identificada através da histerese das curvas de fluxo, isto é, por análise do posicionamento das curvas ascendente e descendente, em relação ao acréscimo e decréscimo da taxa de cisalhamento, semelhantes às da figura 21. A histerese, tanto nos fluidos reopéticos quanto nos fluidos tixotrópicos, é definida por um comportamento cíclico entre a variação de viscosidade e o tempo de duração do cisalhamento. **Fluidos reopéticos** mostram um comportamento invertido em relação aos fluidos tixotrópicos. A curva descendente de viscosidade se posiciona acima da curva ascendente. Tixotropia é um fenômeno muito comum dentre os líquidos naturais, enquanto a reopetia é um fenômeno muito raro de acontecer.

Algumas interpretações equivocadas podem surgir durante a análise do comportamento reopético dos fluidos. O aumento da viscosidade com o tempo de duração do cisalhamento pode acontecer devido a outros fenômenos, físicos ou químicos, tais como perda de solvente por evaporação, cristalização ou "cura" do sistema. Em todos estes casos, não se observa reversibilidade no comportamento do líquido, o que descaracteriza o comportamento como reopético, pois a histerese das curvas de fluxo de vários ciclos não são idênticas.

As curvas de fluxo e a magnitude da histerese podem ainda ser influenciadas pela programação de velocidades do viscosímetro, quando este é programável. Se o tempo de duração do cisalhamento escolhido não for suficiente para o fluido alcançar o estado estacionário no estudo da interdependência entre a tensão e a taxa de cisalhamento, então o valor da tensão determinada não corresponderá à realidade, afetando o ciclo de histerese. Para cada amostra, o instrumento de medida (ou viscosímetro) medirá uma tensão correspondente a uma velocidade de cisalhamento definida. Se esta taxa de cisalhamento estiver sujeita a oscilações, em função da programação do viscosímetro, então o valor da tensão, lido após a duração de algum tempo de cisalhamento, pode não corresponder ao valor real. Isto não tem nada a ver com as características e comportamento do fluido testado. Como consequência, as curvas de fluxo podem estar invertidas, no estudo da histerese do fluido.

CAPÍTULO 3

Viscosimetria

3.1 – Introdução

Viscosimetria é um segmento da mecânica dos fluidos que consiste na prática experimental de medir a resposta reológica dos fluidos, considerados puramente viscosos, onde a componente elástica possa ser desprezada. Ela se preocupa com a caracterização de um fluido viscoso através de instrumentos de medida, procedimentos e métodos. Consiste portanto na medida de grandezas físicas, tais como velocidade angular, torque, ângulo de deflexão, tempo, etc., que possam ser transformadas em unidades de tensão e de taxa de cisalhamento, conseqüentemente, de viscosidade, através de equações deduzidas a partir de princípios e leis da mecânica clássica. O estudo culmina com a determinação da viscosidade ou dos parâmetros viscosos considerando-se um certo modelo, ou então, com a construção e interpretação das curvas de fluxo e de viscosidade.

Os instrumentos ou equipamentos usados para medir estas grandezas são denominados de *viscosímetros ou reômetros*. Os reômetros são instrumentos projetados para medir propriedades viscoelásticas de sólidos, semi-sólidos e fluidos, e serão abordados no próximo capítulo. Já os viscosímetros são instrumentos de aplicação mais limitada, uma vez que mede apenas os parâmetros viscosos do fluido, sob cisalhamento contínuo. Neste capítulo abordaremos os fundamentos e os tipos de alguns viscosímetros mais empregados na indústria de petróleo, aplicados na medida de viscosidade ou parâmetros viscosos de fluidos líquidos. Os projetos dos viscosímetros mais simples fundamentam-se em princípios de escoamento através de tubos e cilindros concêntricos. Existe no mercado mundial um número razoável de viscosímetros. Alguns destes, mais modernos, com dispositivos de controle eletrônico, são projetados para registrar ou calcular medidas de torque, taxa de cisalhamento, tensão cisalhante, viscosidade e temperatura.

Os projetos mais usuais dos viscosímetros se baseiam em escoamentos de fluxo permanente laminar, através de geometrias bem definidas, amplamente estudadas e conhecidos da mecânica dos fluidos. Estes escoamentos são:

a) em torno de uma esfera;
b) entre placas planas paralelas;
c) entre cilindros coaxiais;
d) através de tubos de seção circular;

e) entre cone e placa circular; e
f) entre placas circulares.

Veja a figura 24, que ilustra os modelos de geometria de fluxo mais freqüentes nos viscosímetros.

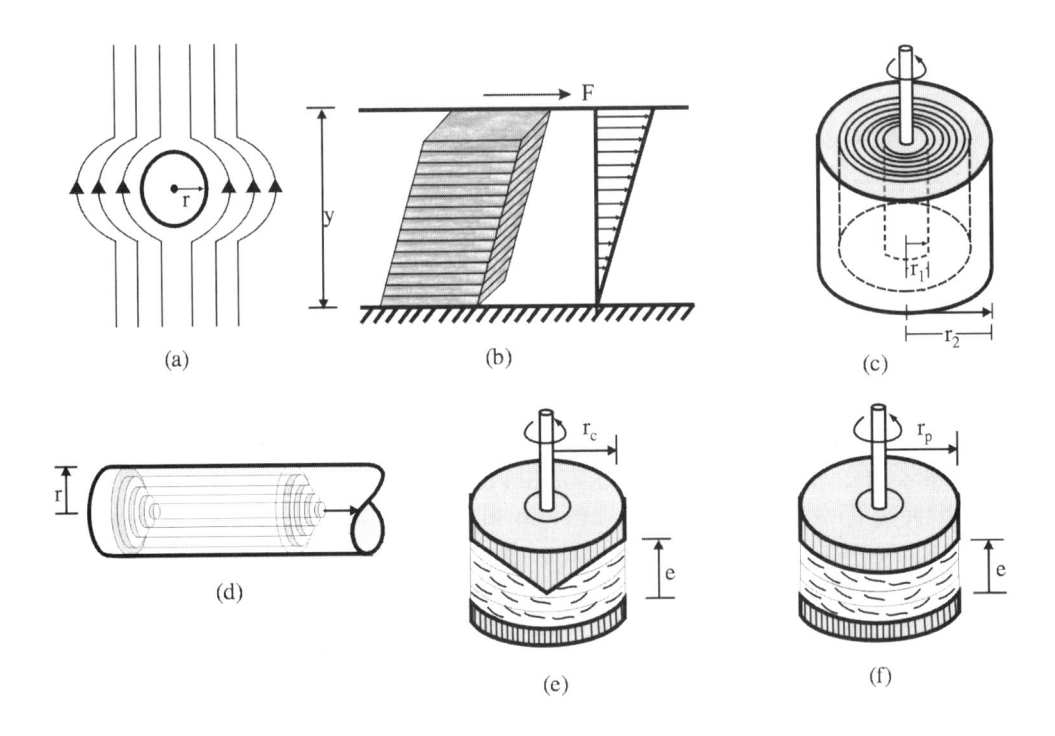

Figura 24. Tipos de geometria de fluxo mais usuais nos projetos dos viscosímetros: (a) em torno de esfera; (b) entre placas paralelas; (c) entre cilindros; (d) interior de tubo; (e) entre cone-placa circulares; (f) entre placas circulares.

O fluxo em torno de uma esfera pode ser obtido quando esta é imersa no interior de um fluido escoando. Gera-se, portanto, diversas linhas de fluxo e curvas suaves em torno da esfera. Poder-se-ia também assumir o fluxo estabelecido de uma esfera em queda no interior de um fluido viscoso, que é o princípio do viscosímetro de bola. Do ponto de vista da mecânica dos fluidos, tanto um modelo quanto o outro resultam nas mesmas equações.

No modelo de fluxo entre placas planas, paralelas e infinitas, assume-se que uma das placas está estacionada, enquanto a outra se move com velocidade constante, impulsionada por uma força.

Condições semelhantes são observadas quando as duas placas paralelas são substituídas por dois cilindros concêntricos, de raios infinitos, separados por um espaço muito pequeno. Este tipo de escoamento é encontrado em processos de cobertura ou impressão de papel e tecidos, através de rolos.

Um fluxo no espaço anular (ou *gap*) entre dois cilindros concêntricos é gerado quando um dos dois cilindros fica estacionário, enquanto o outro gira a uma velocidade angular constante. Este pode ser comparado ao fluxo provocado por duas placas curvas, de curvaturas muito elevada, situadas uma ao lado da outra. Um fluxo semelhante é observado entre rolamentos e em transmissores hidráulicos. Este é o fluxo característico dos viscosímetros rotativos com sensores compostos de cilindros coaxiais.

O fluxo através de tubos e capilares ocorre quando uma diferença de pressão entre dois pontos, denominados entrada e saída, força o líquido a escoar com uma distribuição de velocidade parabólica ao longo da seção transversal do tubo. O deslizamento relativo das camadas cilíndricas de fluido se assemelha ao deslocamento dos tubos de um telescópio. Uma variante deste tipo de fluxo é o escoamento que acontece no interior de canais com geometria retangular, tal como a que ocorre através de fendas retangulares. Quando este modelo é usado em viscosimetria, o canal deve ter uma dimensão pequena quando comparada ao comprimento do tubo, para reduzir os efeitos de entrada e saída do fluido.

O fluxo entre duas placas circulares ou entre um cone e uma placa acontece quando um dos dois está estacionário e o outro gira a uma velocidade de rotação constante. Este tipo de fluxo se assemelha ao deslocamento que acontece em uma pilha de moedas, quando provocamos o deslizamento destas através da aplicação de um torque. Este é o fluxo característico dos viscosímetros com sensores do tipo placa/placa ou cone/placa.

3.2 – Fatores que Afetam a Viscosidade

A viscosidade é a principal propriedade física que descreve a resistência ao fluxo de um líquido. Os principais fatores que afetam a medida da viscosidade (ou dos parâmetros viscosos) são: **natureza físico-química do líquido ou composição do sistema, temperatura, pressão, taxa de cisalhamento, tempo e campo elétrico**. A equação da viscosidade poderia ser montada, portanto, em função dos seguintes parâmetros independentes:

$$\mu = f(C, T, P, \gamma, t, \upsilon) \tag{3.1}$$

onde **C** é a composição do sistema, **T** é a temperatura, **P** é a pressão, γ é a taxa de cisalhamento, **t** é o tempo, e υ é a voltagem.

Ao medir a viscosidade de uma substância ou mistura, é fundamental garantir e preservar a sua natureza físico-química ou composição. Portanto, é imprescindível manter a estabilidade do sistema, isto é, deve-se evitar que ocorram transformações físicas ou químicas que modifiquem a **natureza físico-química** do líquido ou alterem a *composição* da mistura. Algumas substâncias químicas complexas ou misturas, tais como polímeros, macromoléculas ou emulsões, apresentam viscosidade variável em função do tempo para uma certa taxa de cisalhamento, devido à modificação de sua estrutura ou forma durante o movimento. Este incremento da viscosidade com a redução da taxa de cisalhamento é denominado de viscosidade estrutural e estes sistemas exibem, muitas vezes, um acréscimo de viscosidade devido a esta mudança de estrutura ou forma.

A *temperatura* é um parâmetro relacionado com a energia interna da substância ou mistura. A experiência tem mostrado que a viscosidade de um líquido é altamente influenciada por mudanças da temperatura. Um acréscimo de 1°C na temperatura de um óleo mineral, por exemplo, reduz a sua viscosidade em 10%. Um aumento da temperatura provoca uma redução na viscosidade dos líquidos, porém causa um aumento na viscosidade dos gases. A viscosidade dos líquidos incompressíveis varia inversamente com a temperatura absoluta, apresentando um comportamento exponencial conforme a equação estatística proposta por Andrade, semelhante à equação de Arrhenius:

$$\mu = A\, e^{B/T} \tag{3.2}$$

onde μ é a viscosidade dinâmica do líquido, e **A** e **B** são constantes que dependem da natureza de cada líquido, e **T** é a temperatura absoluta.

Eyrin, baseado na equação de Andrade, conceituou a viscosidade como a força ou energia necessária para afastar as moléculas do líquido, criando-se vazios no mesmo. A partir desta idéia, ele propôs a seguinte equação de variação de viscosidade com a temperatura:

$$\mu = A\, e^{(\Delta F/RT)} \tag{3.3}$$

A partir desta expressão, outras equações empíricas foram sugeridas, das quais, as propostas por Amin-Maddox e pela ASTM (American Standard Test Methods), são as mais usuais para especificar produtos líquidos derivados do petróleo:

$$\nu = A\, e^{(B/T)} \quad \text{(Amin-Maddox)} \tag{3.4}$$

$$\log(\log z) = A - B(\log T) \quad \text{(ASTM)} \tag{3.5}$$

onde $z = \nu + 0{,}7 + \sum [e\,(c_i + d_i\,\nu)]$, **A** e **B** são constantes que dependem da natureza de cada fluido, ν é a viscosidade cinemática do fluido, C_i e D_i são constantes que dependem da viscosidade e **T** é a temperatura absoluta em kelvin.

Nos testes para determinação da viscosidade deve-se manter a temperatura constante através de um banho de líquido em fluxo ou de uma célula de controle de temperatura, cuja variação de temperatura, em geral, deve ser mantida em torno de ± 0,1 °C, de acordo com a maioria dos procedimentos padronizados para certificação de produtos.

A *pressão* é um parâmetro que, apesar de influenciar na viscosidade dos fluidos, não é tão experimentado quanto a temperatura. Um acréscimo na pressão provoca uma compressão no fluido, reduzindo a distância intermolecular média e, conseqüentemente, aumentando a resistência ao fluxo. A pressão afeta muito menos a viscosidade dos líquidos do que a temperatura, porque o fator de compressibilidade da sua maioria é baixo quando comparado ao dos gases, principalmente sob pressões inferiores a 6895 kPa

(1000 psi). Por isso, a maioria dos ensaios de viscosidade dos líquidos é conduzida em ambientes abertos, isto é, sob 101 kPa (1 atm ou 14,7 psi) de pressão, desde que as amostras não volatilizem as frações mais leves, alterando-lhes a sua composição. Quando a pressão aumenta, a viscosidade do líquido tende a aumentar devido à redução entre a distância interatômica, intermolecular ou interpartículas. A influência da pressão sobre a viscosidade pode ser expressa por:

$$\mu_2 = \mu_1 \, e^{A(P_2 - P_1)} \tag{3.6}$$

onde μ_2 e μ_1 são as viscosidades para duas condições de pressões, P_1 e P_2, respectivamente, e A é uma constante que depende da natureza do líquido.

Para fluidos aquosos, o efeito da pressão sobre a viscosidade pode ser desprezado para fins de cálculos de engenharia, quando ocorrem variações de pressão da ordem de até 6895 kPa (1000 psi). Entretanto, para fluidos a base de óleo, petróleo ou derivados, a pressão pode influenciar apreciavelmente na viscosidade do sistema, principalmente, quando há uma elevada fração de leves na sua composição química.

Considerando trabalhos de pesquisa ou operacionais que necessitem uma maior exatidão, a viscosidade do fluido deve ser determinada em equipamentos que simulem as condições de temperatura e pressão. Para isso, torna-se imprescindível o emprego de um viscosímetro apropriado. Os ensaios podem ainda serem conduzidos à pressão atmosférica, desde que sejam conhecidas equações de correlação empíricas, semelhantes às equações 3.2 a 3.6, ou gráficos estatísticos, baseados em resultados experimentais. Veja exemplos de curvas de viscosidade em função da temperatura e pressão na figura 25.

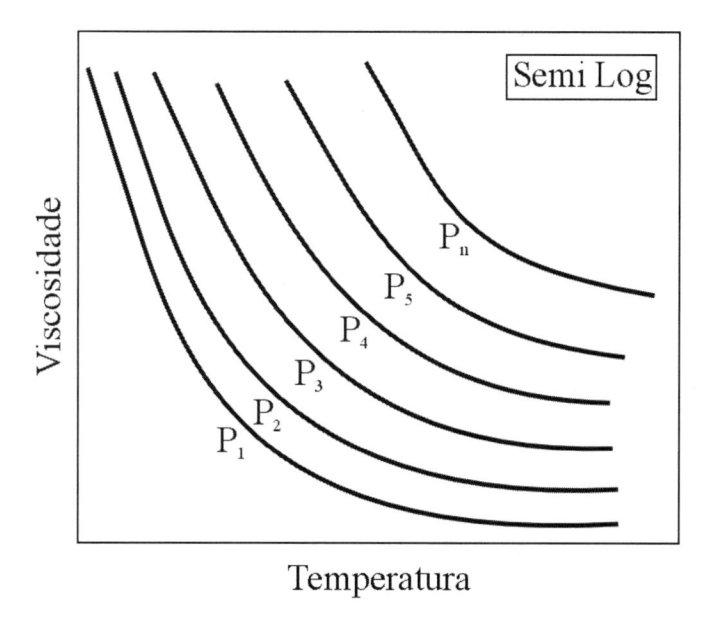

Figura 25. Curvas de variação da viscosidade de líquidos com a temperatura e pressão.

A *taxa de cisalhamento* é um parâmetro que afeta a viscosidade de muitos líquidos. Um acréscimo na taxa de cisalhamento pode causar um aumento ou uma redução na viscosidade do líquido. Estes são denominados de fluidos não-Newtonianos. Para se definir a viscosidade destes, é necessário registrar a *taxa de cisalhamento* do ensaio, ou então, traçar a curva de fluxo para um intervalo definido de taxa de cisalhamento. A viscosidade de um fluido não-newtoniano não é uma propriedade que o caracteriza definitivamente. Estes fluidos precisam ter a taxa de cisalhamento, na qual a viscosidade foi determinada, definida, além da temperatura e pressão.

O parâmetro *tempo* em viscosimetria está associado a mudanças de viscosidade de alguns fluidos, geralmente dispersões, com a história prévia do cisalhamento. Isto é, se o fluido foi cisalhado durante um certo intervalo de tempo ou se permaneceu em repouso, antes do teste sob cisalhamento contínuo e definido. Alguns fluidos podem ter seu comportamento reológico modificado com o tempo de agitação, para uma mesma taxa de cisalhamento. Para estes, é necessário conduzir um experimento que relacione tensão de cisalhamento ou viscosidade com o tempo, semelhante ao que ilustra a figura 23. Além disso, recomenda-se obter os valores de tensão ou de viscosidade, decorrido um certo tempo de agitação (dois minutos, por exemplo, no ensaio da viscosidade dos fluidos de perfuração), a fim de evitar os efeitos tixotrópicos ou reopéticos, quando se deseja construir a sua curva de fluxo.

A *voltagem* influencia a medida de viscosidade de certos fluidos, principalmente dispersões, cuja natureza e magnitude das cargas elétricas das partículas possam ser modificadas por um campo elétrico. Estas dispersões são denominadas de 'fluidos eletro-viscosos'. Elas contém partículas coloidais dielétricas, a exemplo das dispersões aquosas de silicatos de alumínio e argilominerais, cujas partículas são polarizáveis sob a ação de um campo elétrico. Estas dispersões podem ter sua viscosidade modificada, instantânea e reversivelmente, variando de fluido de altíssima viscosidade, à semelhança de um semi-sólido ou gel, a fluido de baixa viscosidade, à semelhança de um sol, em função da mudança do campo elétrico, causado por alterações de voltagem. Os fluidos eletro-viscosos possuem um grande potencial de aplicação, porém sua aplicação em escala comercial e industrial ainda é restrita.

3.3 – Condicionantes e Condições de Contorno

A solução matemática do problema físico de um líquido deformado sob a ação de forças de cisalhamento é obtida após resolver equações diferenciais complicadas, as quais, na maioria das vezes, só podem ser resolvidas de modo particularizado. Isto é, o problema físico só é resolvido quando certas condições são impostas. Estas condicionantes, denominadas matematicamente de condições de contorno, para a medição da viscosidade (ou dos parâmetros viscosos) são:

  a) fluxo laminar;
  b) estado estacionário;
  c) aderência;

d) homogeneização;
e) estabilidade física e química; e
f) inelasticidade.

O cisalhamento aplicado deve causar somente o *fluxo laminar* na amostra ensaiada, uma vez que este tipo de fluxo evita alterações nos volumes de controles entre as camadas de fluido. Sensores sob a forma de misturadores (palheta, roseta, etc.) devem ser evitados nos viscosímetros absolutos, uma vez que eles podem criar fluxo turbulento e misturas entre as massas do fluido. Deve-se evitar também o uso de agitadores no recipiente de medida, onde está o sensor, uma vez que eles também provocam turbulência. O fluxo turbulento consome mais energia do que o laminar. Daí, então, a alteração das condições de fluxo gera erros significativos, superiores a 50%, devido à superposição de redemoinhos e turbulências à corrente inicialmente laminar.

É conveniente proceder a medida decorrido um certo tempo de cisalhamento, com o objetivo de garantir o *estado estacionário*. Observe que na expressão 1.8, conhecida por lei de Newton da viscosidade, a tensão de cisalhamento aplicada é proporcional ao gradiente de velocidade. Esta tensão é aquela necessária apenas para manter um fluxo com velocidade constante. Portanto, a energia adicional necessária para acelerar ou retardar um certo volume de controle não aparece nesta equação, ou em outras equações semelhantes.

Supõe-se que o fluido apresente *aderência* à superfície do corpo ou da parte do instrumento onde está se efetuando a medida, denominado de sensor nos viscosímetros. A tensão deve ser transmitida pelo corpo móvel (cilindro, placa, etc.), através das camadas do líquido. Quando as camadas do fluido não aderem a esta superfície, isto é, quando há deslizamento relativo, então os resultados do ensaio são insignificantes ou imprecisos. Problemas de deslizamento podem ocorrer com graxas e gorduras. Certos cremes, óleos, graxas e emulsões podem apresentar deslizamento sobre a superfície de medida, principalmente quando o instrumento é projetado exclusivamente para medir viscosidade de fluidos aquosos.

É necessário que a amostra reaja ao cisalhamento de forma uniforme, durante o transcurso do ensaio. Quando a amostra é uma dispersão, então as partículas, bolhas ou gotas devem ser pequenas em relação à espessura da camada de líquido cisalhada. Se a amostra é uma mistura de dois ou mais componentes, a sua *homogeneização* pode exigir agitação vigorosa e turbulenta antes do ensaio. No caso de componentes de densidades diferentes, o componente mais pesado tende a sedimentar, deixando o restante da mistura diluída. A viscosidade pode diminuir como conseqüência da variação da composição da mistura. Os materiais ensaiados raramente são homogêneos. Apesar disso, algumas dispersões, emulsões ou suspensões podem reproduzir os resultados dos ensaios, quando seus componentes estão uniformemente distribuídos e assim permanecem durante o transcurso do ensaio. Nesta condição, cada elemento de volume contém a mesma composição e as partículas dispersas são muito pequenas em relação à camada de líquido cisalhada. Todavia, as medições em misturas heterogêneas são críticas em virtude da possibilidade de separação das fases.

A ausência de *variações* de natureza *física* ou *química*, tais como evaporação, endurecimento, degradação e reações químicas, é uma das condições importantes na determinação da viscosidade de uma amostra. Os polímeros e as macromoléculas, por exemplo, podem ter sua estrutura molecular destruída devido ao cisalhamento ou ao aquecimento interno das camadas de fluido. O aumento da temperatura pode também causar o endurecimento ou gelificação de certas dispersões macromoleculares, poliméricas ou argilosas.

A maioria dos viscosímetros é projetada para medir viscosidade pura. Os fluidos são puramente viscosos quando é regido por uma lei simples da viscosimetria. A energia total fornecida à amostra gera um fluxo bem desenvolvido, sendo esta convertida integralmente em energia calorífica. Nas amostras viscoelásticas, uma parcela da energia fornecida é armazenada elástica e temporariamente. A viscosimetria simples pode produzir erros elevados para estes tipos de fluidos. Alguns materiais, entretanto, apresentam uma forte resposta elástica sob a ação de uma tensão cisalhante. Pode-se perceber a existência de uma reação elástica quando, durante a agitação da amostra, esta ascende através do eixo, devido ao aparecimento de forças normais, conforme ilustra a figura 26, principalmente quando a velocidade de agitação é baixa. Quando a componente elástica é relevante, os resultados não podem ser interpretados apenas como viscosidade. Uma vez que a elasticidade é uma propriedade que não pode ser suprimida, as medições de viscosidade de um material com componente fortemente elástica pode ser efetuada na máxima taxa de cisalhamento possível. Deste modo se consegue que as forças normais sejam desprezíveis quando comparadas às forças cisalhantes. Entretanto, alguns instrumentos de medição do componente elástico de um líquido já estão disponíveis no mercado.

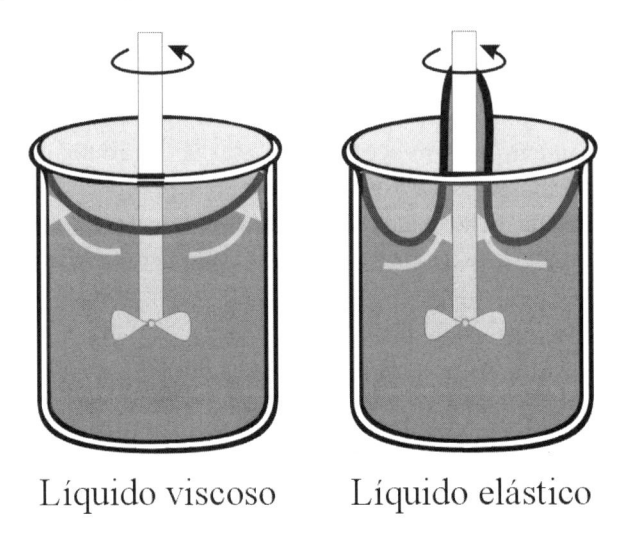

Líquido viscoso   Líquido elástico

Figura 26. Características de líquidos viscoso e elástico sob agitação.

3.4 – Viscosímetros

Os *viscosímetros* são equipamentos projetados e concebidos para medir, ou determinar, a partir de medições, a viscosidade ou os parâmetros viscosos dos fluidos, sob condição de cisalhamento contínuo. Nos capítulos anteriores, mostramos que as equações fundamentais da reologia dos fluidos puramente viscosos necessitam de valores de tensão cisalhante (τ) e de taxa de cisalhamento (γ), para determinar os parâmetros reológicos característicos e a viscosidade. O maior desafio da viscosimetria é construir equipamentos que meçam estas variáveis, ou outras que possam ser convertidas nestas, através de equações mais realistas, precisas e que obedeçam os princípios da mecânica dos fluidos.

Os viscosímetros podem ser absolutos ou relativos. Eles se denominam absolutos quando a determinação da viscosidade se baseia na medida das grandezas físicas absolutas básicas, tais como força, comprimento e tempo, em unidades tais como newton, metro e segundo, respectivamente. A medida absoluta de viscosidade é obtida, portanto, quando:

a) as condições do teste consideram os limites estabelecidos nas condições de contorno; e

b) a amostra esteja sujeita a um comportamento de fluxo que possa ser interpretado matematicamente.

Os viscosímetros relativos se baseiam na medida de uma única grandeza física, como o tempo para o escoamento de um certo volume por exemplo, sem contudo se utilizar de equações paramétricas que transformem este tempo em viscosidade absoluta. Ou então, processam uma medida de viscosidade relativa a um fluido padrão, geralmente Newtoniano, cuja viscosidade é conhecida. O resultado da medição em viscosímetro relativo não pode, portanto, ser transformado em valor absoluto de viscosidade.

Os resultados obtidos através dos ensaios executados com os viscosímetros absolutos devem ser, a princípio, independentes do tipo de viscosímetro e do fabricante. Se este aspecto é importante ao estudar um fluido Newtoniano, ele é imprescindível quando se trata de caracterizar as propriedades de fluidez dos fluidos não-Newtonianos. Daí, os valores de viscosidade absolutos podem ser comparados entre diferentes laboratórios. As diferenças entre os valores de viscosidade de um mesmo fluido, determinados por dois ou mais viscosímetros, são inerentes a erros relacionados com aspectos de projeto dos equipamentos e a erros experimentais de medida ou de leitura.

Para que um viscosímetro possa efetuar medições absolutas de viscosidade é necessário que o perfil de fluxo seja conhecido e esteja bem definido, a tensão cisalhante e a taxa de cisalhamento possam ser calculados e os fatores condicionantes estejam controlados. Os projetos dos viscosímetros mais usuais se baseiam em escoamentos através de geometrias bem definidas:

a) de bola ou esfera;

b) tubular ou tubo-capilar;

c) capilar de vidro;

d) rotativo de cilindros coaxiais;

e) rotativo de cone-placa; e

f) rotativo de placa-placa.

Veja figura 24.

3.4.1 – Viscosímetro de bola

O fluxo de um fluido ao redor de uma esfera rígida é um problema físico de completo entendimento da mecânica dos fluidos. O equipamento que reproduz este modelo é de construção simples. O princípio do projeto se baseia na Lei de Stokes, que relaciona a viscosidade de um fluido newtoniano com a velocidade terminal de queda de uma esfera em queda livre, em escoamento muito lento, isto é número de Reynolds menor que 1 (NRs < 1). Este viscosímetro, entretanto, está limitado ao estudo e caracterização dos fluidos Newtonianos de baixa viscosidade (1 a 20 cP), tais como bebidas e plasma sanguíneo, por exemplo. Os projetos disponíveis não produzem resultados de alta precisão, além de apresentar alguma dificuldade operacional.

A equação, decorrente da lei de Stokes, que representa este modelo de escoamento é:

$$v_q = \frac{\Delta L}{\Delta t} = \frac{g \ (\rho_b - \rho) \ D_b^2}{18 \ \mu} \qquad (3.7)$$

onde v_q é a velocidade de queda da bola, ΔL é o espaço percorrido pela bola, Δt é o tempo de queda da bola, g é a aceleração da gravidade, ρ_b a massa específica da bola, ρ é a massa específica do líquido, D_b é o diâmetro da bola, e μ é a viscosidade do líquido.

Na derivação da equação 3.7 foi assumido que a esfera se move a uma velocidade constante muito pequena, isto é, número de Reynolds inferior a 1, no interior de um fluido dentro de um recipiente de extensão infinita. Uma vez que esta condição ideal não é encontrada nos viscosímetros reais, existe a necessidade de se proceder correções para se calcular a viscosidade absoluta. Estas correções estão relacionadas com três efeitos:

a) de fluxo ou de número de Reynolds finito;
b) de parede, uma vez que a distância entre a esfera e o cilindro não é infinito;
c) de borda, uma vez que a distância entre a esfera e o fundo do cilindro também é finita.

Todas as correções citadas anteriormente devem ser aplicadas quando se deseja determinar a viscosidade absoluta com elevada exatidão, a partir de cilindros e esferas de dimensões conhecidas. Estas correções envolvem equações de correlação complicadas. Entretanto, quando se deseja obter apenas um valor relativo da viscosidade o viscosímetro pode ser calibrado com um líquido Newtoniano de viscosidade conhecida. Então a equação 3.7 pode ser ajustada e simplificada para a forma a seguir.

$$\mu = A \ (\rho_b - \rho) \ \Delta t \qquad (3.8)$$

onde A é a constante do viscosímetro ou fator de calibração do instrumento, dependente dos parâmetros do projeto, e Δt é o tempo de queda entre duas marcas no tubo cilíndrico.

No caso da comparação de fluidos com densidades próximas, a viscosidade de um líquido Newtoniano pode ser obtida, com boa precisão, da equação 3.8 em relação a uma substância padrão, quando a velocidade de queda for inferior a 0,01 m/s (1,0 cm/s).

Apesar deste viscosímetro não ser o mais adequado para conduzir estudos para fluidos não-Newtonianos, bolas de diferentes diâmetros e mesma densidade, ou então bolas de diferentes densidades podem ser empregadas para obter a variação da viscosidade aparente, limitando-se a taxa de cisalhamento na superfície da esfera em um valor máximo igual a 3 v_q/D_b, onde v_q é a velocidade de queda e $\mathbf{D_b}$ é o diâmetro da bola.

Um viscosímetro de bola em queda livre é um equipamento que pode ser projetado e construído em qualquer laboratório, sem necessitar de instrumental sofisticado. Um cilindro de vidro ou de acrílico, graduado, com uma guia de borracha e um tubo de vidro no centro para a inserção de bolas é tudo que é necessário. As bolas podem ser adquiridas no mercado, podendo ser de aço ou de outros materiais com densidades variáveis. Os cuidados operacionais recomendam encher completamente o cilindro e soltar suavemente a bola através de um tubo de vidro. O tempo de queda deve ser medido na metade do comprimento do cilindro para garantir uma velocidade estacionária durante o intervalo de tempo medido.

Um dos viscosímetros de bola disponível para venda no mercado está esquematizado na figura 27, a seguir. Este, de bola rolando sobre a parede é muito similar ao de bola em queda livre. A diferença entre eles consiste na pequena inclinação da vertical para o modelo de bola rolando, enquanto no modelo de queda livre o tubo está verticalizado. Isto evita as variações do afastamento da bola em relação à parede.

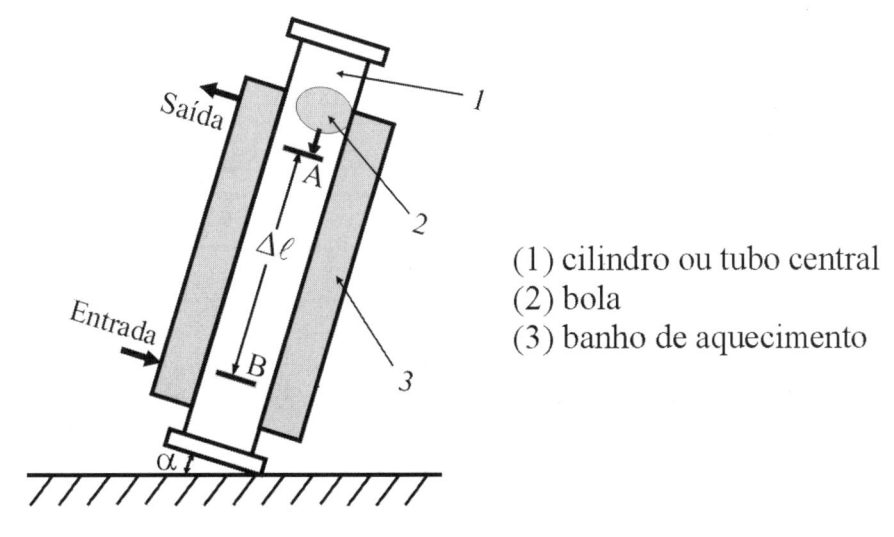

Figura 27. Esquema mostrando o viscosímetro de bola rolando sobre parede. Extraída de Schramm, A Practical Approach to Rheology and Rheometry, 1994. Reproduzida com permissão de Thermo Haake GmbH.

A amostra líquida é colocada no tubo de vidro central (1), ao qual pode ser adaptado um termostato de circulação (3). O conjunto pode estar inclinado até 10° em relação a vertical e possui duas marcas, A e B, afastadas $\mathbf{\Delta L}$. A bola rola sobre a parede do tubo e através do líquido em teste. Mede-se o tempo $\mathbf{\Delta t}$ necessário para a bola percorrer a distância $\mathbf{\Delta L}$. Com o valor do tempo se calcula a viscosidade dinâmica empregando-se a equação 3.8.

Observe que a distância da bola à parede é variável, conseqüentemente, a taxa de cisalhamento também varia ao redor da bola. O viscosímetro da figura 27 está limitado a medidas de viscosidade em fluidos transparentes e Newtonianos. Entretanto, existem projetos mais sofisticados, que introduzem sensores magnéticos para medida de tempo em líquidos opacos, e aceleradores de velocidade da esfera para medir a viscosidade de fluidos mais viscosos.

3.4.2 – Viscosímetro tubular ou de tubo-capilar

Até 1890, quando Couette descreveu um novo método de determinação de viscosidade, baseado no sistema rotativo de cilindros concêntricos, o fluxo através de tubos capilares era a única técnica largamente usada em viscosimetria. O viscosímetro tubular é, portanto, o instrumento mais antigo usado nas medições da viscosidade absoluta dos fluidos.

O método consiste em forçar uma amostra de líquido a escoar através de um tubo de diâmetro pequeno, empregando um pistão, extrusor, bomba de deslocamento positivo, ou qualquer outra fonte de pressão. A resistência da amostra em escoar através do tubo, causa uma queda de pressão entre dois pontos. Estes pontos estão espaçados pelo comprimento ΔL e devem estar localizados a uma distância razoável da entrada e saída do tubo-capilar. Dois transdutores de pressão, instalados nos respectivos pontos, medem a queda de pressão, ΔP. O deslocamento do pistão ou o volume de fluido dividido pelo tempo define a vazão, **Q**. Veja a figura 28. A viscosidade da amostra testada está relacionada, portanto, com as medidas de vazão, queda de pressão e dimensões do tubo.

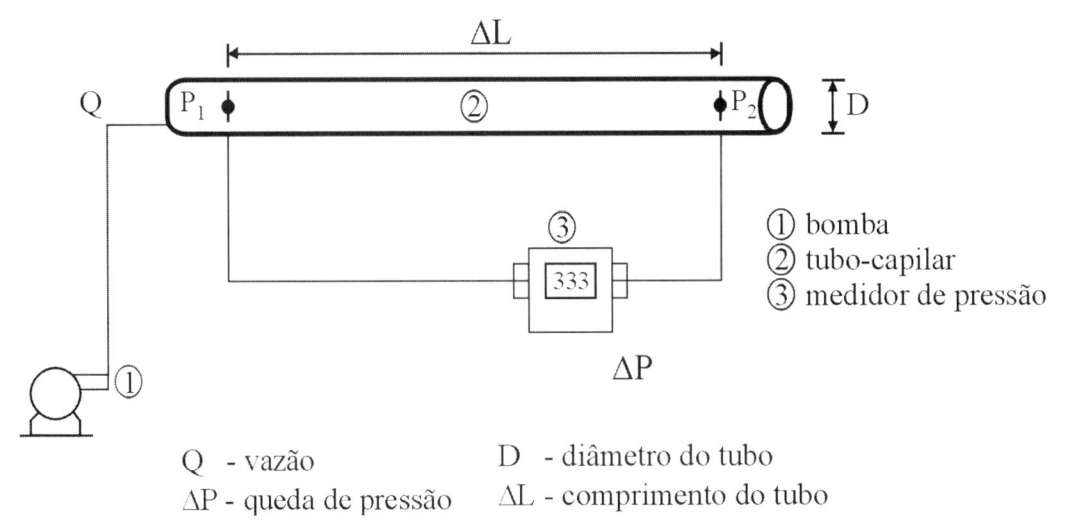

Figura 28. Esquema simplificado de um viscosímetro de tubo-capilar ou tubular.

As principais partes do viscosímetro de tubo-capilar são:
a) reservatório do fluido;
b) fonte de deslocamento ou bomba;

c) tubo de dimensões conhecida;
d) unidade para controle e medida da pressão;
e) unidade para determinar a vazão;
f) unidade para controlar a temperatura.

Este projeto permite a amostra escoar através do tubo, até alcançar o fluxo permanente e laminar, antes do ponto P_1, atenuando os efeitos de entrada. Nos pontos **P_1** e **P_2**, de tomadas de pressão, a energia cinética é idêntica e os efeitos de entrada e saída podem ser negligenciados. Sob estas condições, a tensão cisalhante e a taxa de cisalhamento podem ser calculadas exatamente.

O viscosímetro tubular é simples, exato e científico e pode ser usado no estudo de fluidos Newtonianos e não-Newtonianos, transparentes ou opacos. Ele é indicado ainda no estudo de fluidos de altas viscosidades, uma vez que a sua estrutura mecânica permite operar com pressão elevada.

Do ponto de vista construtivo, o viscosímetro tubular deve ter uma elevada relação comprimento/diâmetro, ou seja, nunca inferior a 50/1, daí ele ser denominado de tubo-capilar. A amostra pode ser impelida por êmbolo, bomba de deslocamento positivo ou efeito pneumático. Os pontos de tomada de pressão devem ser posicionados o mais distante possível da entrada e saída do fluido, a fim de minimizar os efeitos de entrada e saída. As grandezas controladas e medidas no viscosímetro tubular são a vazão (**Q**) e a queda de pressão (**ΔP**), além da temperatura. Os parâmetros construtivos são o comprimento e o diâmetro do tubo.

Uma das vantagens do viscosímetro tubular é a dissipação do calor, gerado por fricção, através da própria amostra. Entretanto, ele apresenta como limitação não poder ser empregado no estudo dos efeitos tixotrópicos ou reopéticos do fluido. A calibração e determinação de fatores corretivos podem ser obtidos através de fluido Newtoniano de viscosidade conhecida.

A tensão cisalhante é calculada a partir das leituras de queda de pressão entre os dois pontos. A expressão para o cálculo, deduzida para o sistema em estado estacionário, através de balanço de forças num volume unitário de controle de um fluido qualquer, é:

$$\tau_w = \left(\frac{D}{4L}\right) \Delta P \quad \text{ou} \quad \tau_r = \left(\frac{r}{2L}\right) \Delta P \qquad (3.9)$$

onde τ_w e τ_r são as tensões cisalhantes, na parede do tubo e a um raio qualquer **r**, **D** é o diâmetro do tubo, **ΔL** é o comprimento entre as tomadas de pressão, e **ΔP** é a queda de pressão no trecho **ΔL**.

Conhecendo-se as dimensões do tubo, a equação 3.9 pode ser simplificada na forma:

$$\tau_w = B_1 \Delta P \qquad (3.10)$$

onde **B_1** é uma constante que depende da definição das dimensões do equipamento, diâmetro **D** e comprimento **ΔL**.

A taxa de cisalhamento na parede do tubo para fluidos não-Newtonianos generalizados pode ser calculada pela expressão a seguir, cuja solução foi desenvolvida por Metzner e Reed.

$$\gamma_w = \left(\frac{3n+1}{4n}\right)\left(\frac{8\bar{v}}{D}\right) = \left(\frac{3n+1}{4n}\right)\left(\frac{32Q}{\pi D^3}\right) \quad (3.11)$$

onde γ_w é a taxa de cisalhamento na parede do tubo, $\bar{v}$ é a velocidade média de fluxo, **n = d (lnτ_w)/d(ln (8v/D))** é definido como índice de comportamento de fluxo generalizado, e **Q** é a vazão. Observe que para o caso particular do fluido Newtoniano, isto é **n = 1**, a expressão 3.11 se simplifica e a taxa de cisalhamento independe do valor de **n**. Ou seja:

$$\gamma_w = \left(\frac{8\bar{v}}{D}\right) = \left(\frac{32Q}{\pi D^3}\right) \quad (3.12)$$

Definidas as dimensões do tubo e o valor de **n**, a taxa de cisalhamento pode, para o fluido Newtoniano ou não-Newtoniano, ser expressa na forma:

$$\gamma_w = B_2 Q \quad \text{ou} \quad \gamma_w = B'_2 \bar{v} \quad (3.13)$$

onde B_2 e B'_2 são constantes que dependem dos parâmetros de construção do equipamento.

Finalmente, a viscosidade absoluta de um fluido Newtoniano ou não-Newtoniano pode ser determinada por:

$$\mu = \frac{\tau_w}{\gamma_w} = \left(\frac{B_1}{B_2}\right)\frac{\Delta P}{Q} = B_3\left(\frac{\Delta P}{Q}\right) \quad (3.14)$$

onde B_3 é uma constante do equipamento, dependente das dimensões do tubo e do sistema de unidades.

A análise e o tratamento dos dados consiste em transformar as medidas de pressão e vazão em tensão e taxa de cisalhamento, respectivamente, usando-se as equações 3.9 a 3.13, determinar as viscosidades correspondentes com a equação 3.14, e construir curvas de fluxo e de viscosidade. A partir daí, analisar o comportamento do fluido. Para fluidos Newtonianos, esta análise e interpretação é bem simples. Entretanto, para fluidos não-Newtonianos, esta análise é mais complexa porque será necessário corrigir todos os valores de taxa de cisalhamento, usando-se a equação 3.11, o que antes se exige uma determinação gráfica ou matemática de **n**, que é o coeficiente angular da reta tangente à curva do gráfico τ_w x **8v/D**, em coordenadas logarítmicas. Quando esta relação é linear, então **n** é igual a uma constante, e teremos o caso particular do modelo de Ostwald ou de potência.

EXEMPLO 1

Os resultados abaixo foram determinados utilizando-se um viscosímetro de tubo de aço com comprimento de 2,109 m (6,92 ft) e 7,06x10^{-3} m (0,278 in) de diâmetro. O fluxo laminar de uma suspensão de carbonato de cálcio, de massa específica 1177,5 kg/m³ (73,5 lbm/ft³), foi criado por uma bomba de vazão variável. Os resultados experimentais de vazão e pressão estão a seguir.

RESULTADOS EXPERIMENTAIS

Vazão Q X 10³ (ft³/min)	Queda de pressão ΔP (psi)
1,674	2,37
8,789	3,73
25,110	5,07
46,040	5,83
84,540	6,94
144,800	8,06
212,600	8,84
260,700	9,74

* 1 ft³/min = 4,72x10^{-8} m³/s; 1 psi = 6,8948 kPa.

a) Determine os valores de n e K_p.
b) Calcule a taxa de cisalhamento na parede do tubo produzida pelos oito valores de tensão cisalhante.
c) Construa uma curva de fluxo absoluta; isto é, trace τ_w x $(-dv/dr)_w$ em coordenadas cartesianas. Posteriormente, determine os valores de n e K, através de um gráfico em coordenadas log-log.

SOLUÇÃO

a) Usando uma equação consistente, a velocidade média pode ser calculada:

$$\bar{v} = \frac{3{,}056 \cdot Q \ (ft^3/min)}{D^2 \ (in^2)} = \frac{3{,}056 \times 10^{-3}}{0{,}278^2} \ (Q \times 10^3), \ \frac{ft}{s}$$

Daí: $\left(\dfrac{8\bar{v}}{D}\right) = \dfrac{8}{(0{,}278/12)} \ \bar{v} = \dfrac{8(12) \ 3{,}056 \times 10^{-3}}{(0{,}278)^3} \ (Q \times 10^3)$

$$\left(\frac{8\bar{v}}{D}\right) = 13{,}655 \ (Q \times 10^3), \ s^{-1} \qquad (3.15)$$

Portanto, cada um dos valores da 1ª coluna dos resultados experimentais multiplicados por 13,655 corresponderá a um valor de $(8\bar{v}/D)$

Usando agora a equação (3.9), determinamos a tensão cisalhante na parede, correspondente a cada valor de queda de pressão:

$$\tau_w = \left(\frac{D}{4L}\right)\Delta P = \frac{(0{,}278/12) \cdot \Delta P \ (psi \times 144)}{4 \times 6{,}92}$$

$\tau_w = 0{,}1205 \ . \ \Delta P, \ \ell bf/ft^2$ \qquad (3.16)
$\tau_w = 5{,}771 \ \ \ . \ \Delta P, \ Pa$

Usando-se as expressões (3.16) e (3.15) calculamos os valores de tensão e taxa de deformação, respectivamente, registrados na tabela abaixo.

RESULTADOS

$(8\bar{v}/D)$ s^{-1}	$\tau_w = (D \cdot \Delta P/4L)$ lbf/ft^2
22,85	0,2856
120,00	0,4495
342,90	0,6109
628,70	0,7025
1154,00	0,8363
1977,00	0,9712
2903,00	1,0652
3560,00	1,1737

* 1 lbf/ft² = 47,88 Pa.

De posse dos resultados acima, construímos o gráfico de τ_w x $(8\bar{v}/D)$ em escala log-log, e determinamos os valores de **n** e **Kp**.

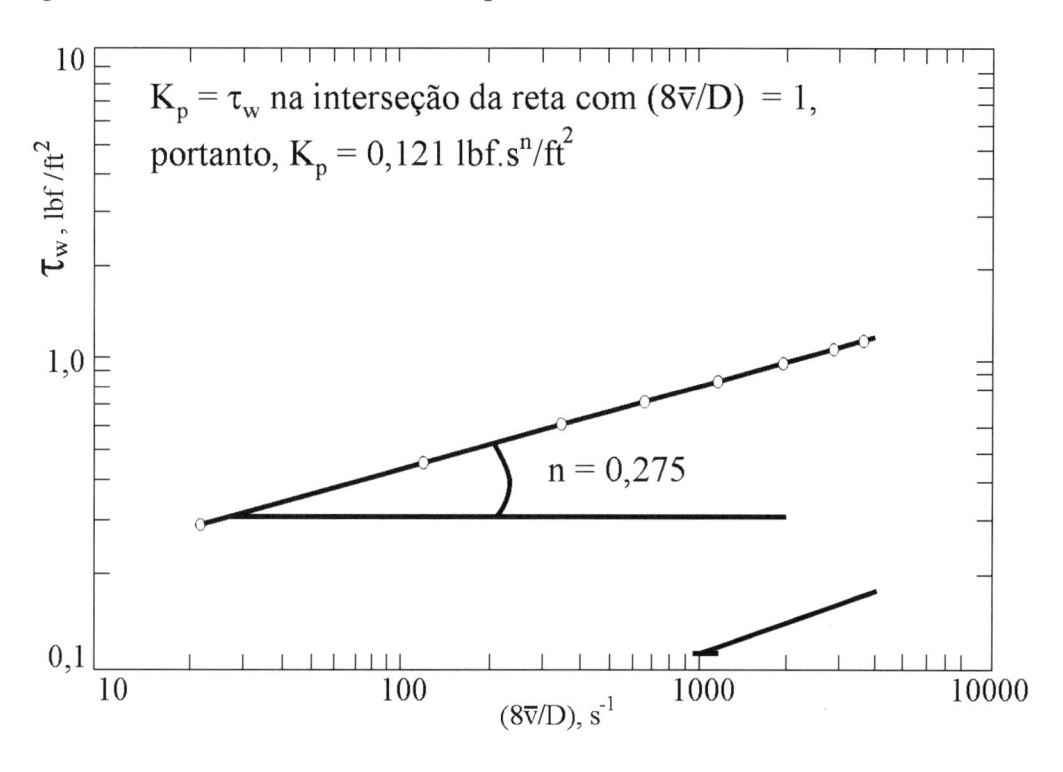

$K_p = \tau_w$ na interseção da reta com $(8\bar{v}/D) = 1$, portanto, $K_p = 0{,}121$ lbf.s^n/ft^2

n = 0,275

(eixos: τ_w, lbf/ft^2 vs $(8\bar{v}/D)$, s^{-1})

b) A taxa de cisalhamento na parede do tubo, corrigida, será calculada através da equação (3.11).

$$\gamma_w = \left(-\frac{dv}{dr}\right)_w = \frac{3n+1}{4n}\left(\frac{8\bar{v}}{D}\right)$$

$$\gamma_w = \frac{3(0{,}275)+1}{4(0{,}275)}\left(\frac{8\bar{v}}{D}\right)$$

$$\gamma_w = 1{,}659\left(\frac{8\bar{v}}{D}\right), \text{ com } \gamma_w \text{ em s}^{-1} \qquad (3.17)$$

Com a expressão (3.17) determinamos a taxa de cisalhamento na parede para cada valor de **(8 $\bar{v}$ /D)**, encontrando os seguintes valores.

$(-dv/dr)_w$, s^{-1}	37,91	199,10	568,90	1043,00	1914,00	3280,00	4816,00	5906,00

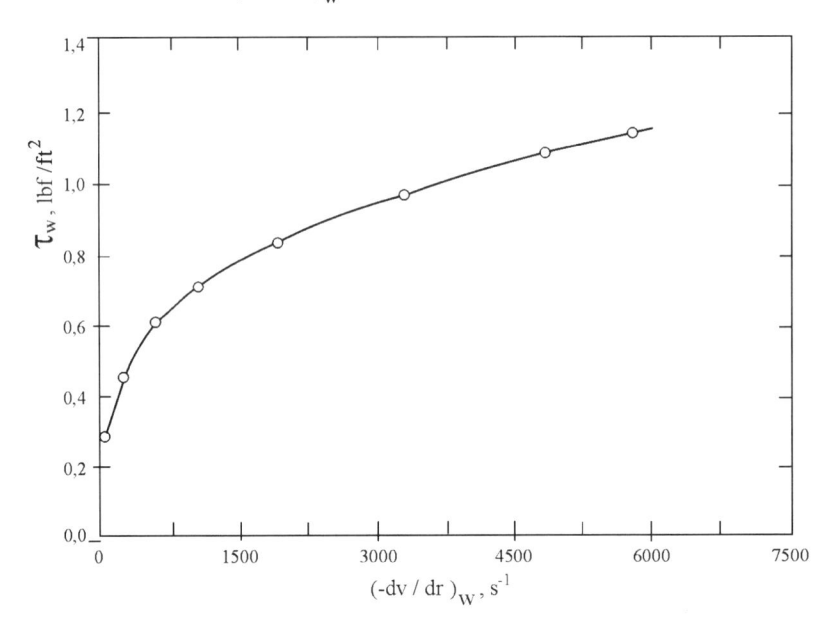

c) Com os valores de $(-dv/dr)_w$, construímos a curva de fluxo.

Considerando estes resultados, uma expressão analítica para o comportamento do fluido em análise pode ser escrita como:

$$\tau_w = 0{,}105\,(\gamma_w)^{0{,}275}, \text{ com } \gamma_w \text{ em s}^{-1} \text{ e } \tau_w \text{ em lbf/ft}^2 \tag{3.18}$$

$$\tau_w = 5{,}027\,(\gamma_w)^{0{,}275}, \text{ com } \gamma_w \text{ em s}^{-1} \text{ e } \tau_w \text{ em Pa}$$

Em coordenadas logarítmicas, τ_w será uma função linear de $(-dv/dr)_w$ com a mesma inclinação de $\tau_w \times (8\,\bar{v}/D)$. Como **n** é constante no intervalo considerado, a equação (3.17) admite que $(-dv/dr)_w$ e $(8\,\bar{v}/D)$ são termos idênticos com um fator de multiplicação igual a $(3n+1)/(4n) = 1{,}659$.

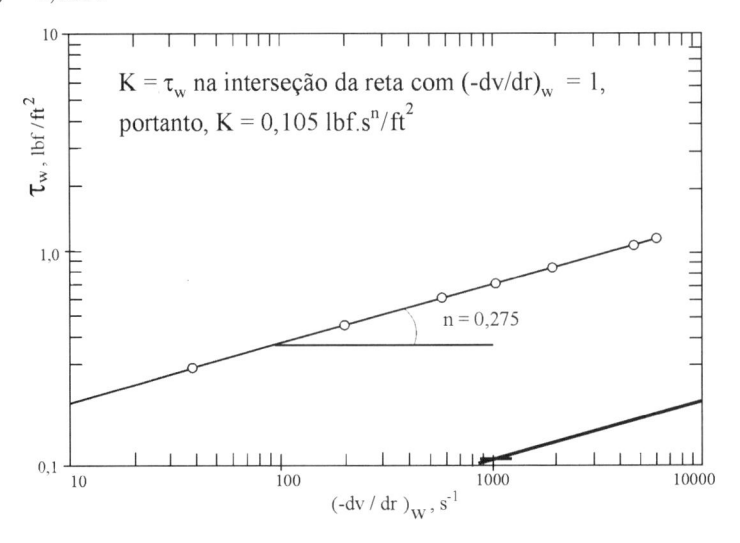

3.4.3 – Viscosímetro capilar de vidro

O viscosímetro capilar de vidro é um caso particular do viscosímetro de tubo-capilar ou tubular, onde o escoamento do fluido é causado por uma coluna do próprio líquido. Eles têm sido largamente usados na determinação da viscosidade de vários fluidos, transparentes ou opacos. A maioria deles Newtonianos. Neles, o peso da coluna do próprio fluido é a força propulsora do escoamento no interior do capilar. O parâmetro viscoso determinado a partir da medida do tempo de escoamento é, geralmente, a viscosidade cinemática. De um modo geral, eles são adequados para ensaios de líquidos Newtonianos, entretanto, alguns desses instrumentos podem ser operados com a aplicação de pressão externa ou vácuo. Neste caso, aumenta-se o intervalo de medida da viscosidade e é possível também, com algumas dificuldades operacionais, estudar o comportamento de fluidos não-Newtonianos.

O princípio dos viscosímetros capilares é derivado do projeto original de Ostwald, que consiste na medida do tempo de fluxo de um volume fixo de líquido, sob a ação da gravidade, através de um capilar com carga hidrostática média reprodutível e a uma temperatura estreitamente controlada. Basicamente, o viscosímetro de Ostwald consiste de um reservatório na forma de bulbo e um tubo capilar, cuja forma usual é em U ou trompa, conforme ilustra a figura 29. Nele, mede-se o tempo para o líquido drenar entre as duas marcas, A e B, no bulbo superior D. No decorrer deste tempo, o líquido escoa através do capilar E, para o bulbo inferior C.

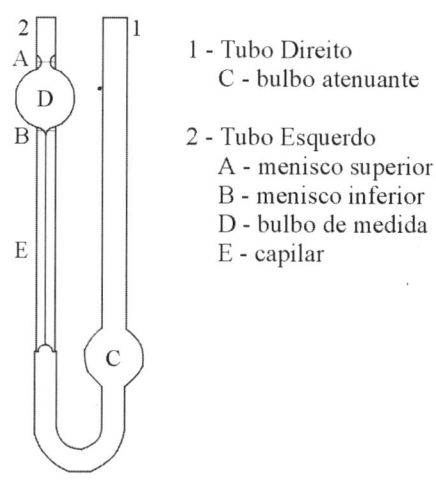

Figura 29. Esquema do viscosímetro de Ostwald.

1 - Tubo Direito
  C - bulbo atenuante

2 - Tubo Esquerdo
  A - menisco superior
  B - menisco inferior
  D - bulbo de medida
  E - capilar

A expressão para determinação da viscosidade cinemática (**n**), a partir de resultados do viscosímetro capilar de vidro, derivada da equação de Hagen-Poiseuille, é:

$$v = \left(\frac{\pi D^4 h.g.t}{128.L.v} \right) - \left(\frac{\in.V}{8\pi.L.t} \right) \qquad (3.19)$$

onde **D** é o diâmetro do capilar, **h** é a altura da coluna hidrostática, **g** é a aceleração da gravidade, **L** é o comprimento do capilar, **V** é o volume do bulbo entre as duas marcas de referência para a medida do tempo, $\in$ é um termo de correção para efeitos terminais, e **t** é o tempo de fluxo.

Após algumas correlações empíricas, Bell e Cannon propuseram a seguinte equação geral, para a determinação da viscosidade cinemática:

$$\nu = C_1 t - \frac{C_3}{t^m} \qquad (3.20)$$

onde o valor de **m** depende principalmente da forma do viscosímetro, sendo igual a +2 para viscosímetros com forma de trompa, e igual a 2/3 para os de seção quadrada. C_1 é uma constante que depende das dimensões do projeto, e C_3 é dependente principalmente das variações de energia na entrada e saída do fluido no capilar (efeitos terminais), conforme se pode verificar observando a equação 3.19. É costume assumir ainda que **m** é igual a unidade para medidas de viscosidade relativa com viscosímetros capilares. Contudo, isto só é uma boa aproximação quando a constante C_3 varia proporcionalmente com o número de Reynolds.

Para um certo viscosímetro capilar em forma de trompa e com todos os seus parâmetros de construção conhecidos, o termo de correção para os efeitos terminais é proporcional ao termo **1/t**, de modo que a equação 3.20 pode ser simplificada para a forma:

$$\nu = C_1 t - \frac{C_2}{t^2} \qquad (3.21)$$

A maioria dos viscosímetros empregados na indústria de petróleo é em forma de trompa, e o termo pode ser negligenciável quando o tempo de fluxo for superior a 200 s. Então, a equação 3.22 a seguir é a simplificação da equação 3.21, para esta condição.

$$\nu = C_1 t \qquad (3.22)$$

Para alguns viscosímetros, principalmente aqueles para ensaios com fluidos de baixíssima viscosidade, a equação 3.22 não se aplica. Como regra geral, pode-se considerar que quando a constante C_1 for igual ou menor do que $5{,}0 \times 10^{-8}$ m²/s² (0,05 cSt/s), o fator de correção para a energia cinética pode ser significativo se o tempo mínimo de fluxo de 200 s não for observado.

O viscosímetro original de Ostwald tem sido modificado de várias maneiras com objetivos diversos, principalmente para reduzir efeitos indesejáveis, aumentar o intervalo de viscosidade e medir a viscosidade de certos líquidos específicos. Alguns destes projetos estão ilustrados na figura 30. Estes viscosímetros têm sido amplamente usados na determinação da viscosidade de fluidos Newtonianos, cujo intervalo de viscosidade oscila entre $3{,}0 \times 10^{-7}$ a $1{,}0 \times 10^{-1}$ m²/s (0,3 a 100000 cSt). Quando eles são operados com aplicação de pressão externa da ordem de 34,5 kPa (5 lbf/ft²), o intervalo de viscosidade medido pode aumentar em até 40 vezes. A taxa de cisalhamento nos viscosímetros capilares pode variar de 1 a 20000 s^{-1}, baseado no tempo de fluxo de 200 a 1000 s. A tensão cisalhante, em geral, situa-se entre 1 a 15 Pa (10 a 150 dina/cm²), no escoamento por gravidade, e entre 1 a 50 Pa (10 a 500 dina/cm²), no escoamento sob pressão.

Os viscosímetros capilares de vidro podem ser reunidos em três grandes classes:
a) Ostwald modificado, para líquidos transparentes;
b) de nível suspenso, para líquidos transparentes; e
c) de fluxo reverso, para líquidos transparentes e opacos.

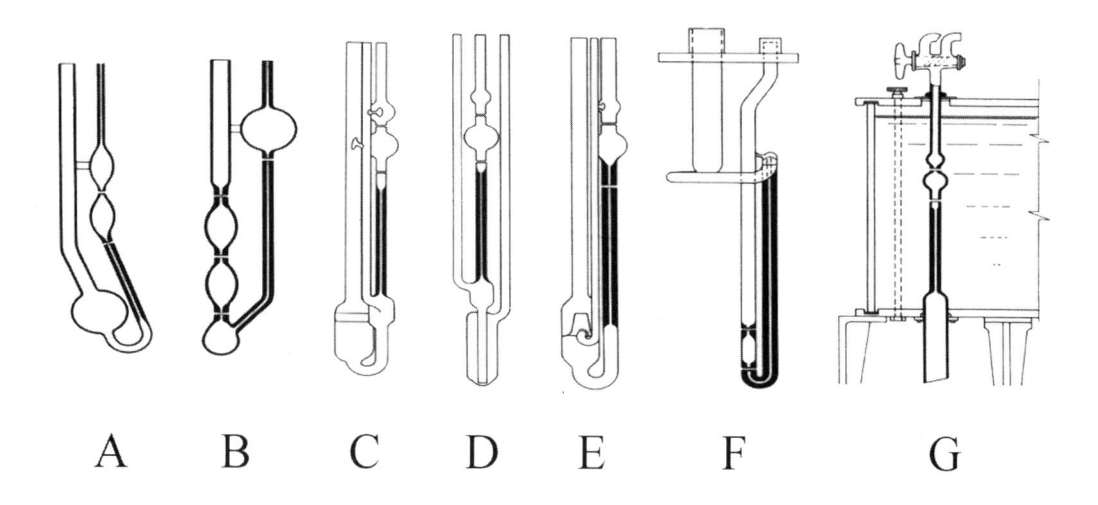

Figura 30. Esquema de vários viscosímetros capilares: Cannon-Fenske para líquidos: (A) transparentes; (B) opacos; (C) Ubbelohde; (D) FitzSimons; (E) Sil; (F) Zeitfuchs; e (G) Atlantic.

A tabela 5 destaca alguns tipos de viscosímetros capilares de vidro mais usados na indústria de petróleo e o seu intervalo de viscosidade cinemática.

TABELA 05
Classes e tipos de viscosímetros capilares de vidro, com destaque para os mais usados na indústria de petróleo.

Classe	Tipo	Viscosidade, cSt*
Ostwald modificado	Cannon-Fenske routina	0,5 a 20000
	Zeitfuchs	0,6 a 3000
	SIL	0,6 a 10000
Nível suspenso	Ubbelohde	0,3 a 100000
	FitzSimons	0,6 a 1200
	Atlantic	0,75 a 5000
	Cannon-Ubbelohde	0,4 a 100000
Fluxo reverso	Zeitfuchs braço transverso	0,6 a 100000
	Cannon-Fenske opaco	0,4 a 20000
	Lantz-Zeitfuchs	60 a 100000

* 1 cSt = 1 mm^2/s = 10^{-6} m^2/s

Os viscosímetros **Ostwald modificado** seguem o projeto básico do viscosímetro de Ostwald, modificando-o para garantir um volume de teste constante. Eles são usados para medir a viscosidade de líquidos Newtonianos até $2,0 \times 10^{-2}$ m^2/s (20000 cSt) e podem ser de volume constante:

a) à temperatura de enchimento, como o Cannon-Fenske routina por exemplo; e
b) temperatura de teste, como o Zeitfuchs e o Sil, por exemplo.

Os viscosímetros de **nível suspenso** permite que o líquido fique suspenso no capilar, enchendo-o completamente. Este artifício garante uma carga hidrostática uniforme da coluna do líquido, independente da quantidade de amostra carregada no viscosímetro, tornando a constante de calibração (C_1 da equação 3.22) independente da temperatura. Eles são recomendados para medir a viscosidade de líquidos newtonianos, transparentes, até da ordem de $1,0 \times 10^{-1}$ m^2/s (100000 cSt).

Os viscosímetros de **fluxo reverso** podem medir a viscosidade de líquidos transparentes ou opacos. Diferentemente dos viscosímetros Ostwald modificado e de nível suspenso, a amostra de líquido escoa através de um bulbo que não foi previamente molhado. Isto possibilita a medida do tempo de fluxo para aqueles fluidos que são opacos.

Cada intervalo de viscosidade cinemática que aparece na tabela 05 se refere a uma série de viscosímetros de mesmo tipo, porém com dimensões diferentes. Todos eles foram projetados para serem usados em experimentos que excedam o tempo de 200 s, com a finalidade de se evitar o trabalho necessário à correção do termo de energia cinética. Alguns tipos, tais como o Cannon-Fenske routina (tamanho 25), o Ubbelohde (0), o Atlantic (0C) e o Cannon-Ubbelohde (25), são especificados para tempos de fluxo superiores a 200 s, isto é, 250, 300, 250 e 250 s, respectivamente. Determinações de viscosidades inferiores a 10^{-5} m^2/s (10 cSt) ou abaixo do tempo de escoamento mínimo especificado, necessitam de correção do termo de energia cinética, o qual pode ser calculado aproximadamente pela equação:

$$\epsilon = 1,66 \left(\frac{V^{3/2}}{L \, (C_1 \, D)^{1/2}} \right) \qquad (3.23)$$

onde ϵ está em cSt.s^2, **V** em cm^3, **L** em cm, e **D** em cm.

Ao utilizar qualquer viscosímetro capilar de vidro, o usuário deve estar consciente de que cada projeto é desenhado para satisfazer determinadas condições impostas. Infelizmente, não há um projeto único para atender todas as peculiaridades operacionais e de especificação dos diversos petróleos e derivados. Algumas considerações a respeito da maioria dos viscosímetros capilares de vidro, exceto os de nível suspenso, são relevantes:

a) a carga hidrostática, responsável pelo fluxo, varia com o tempo;
b) os bulbos são importanes na atenuação da variação da carga hidrostática;
c) as variações da carga hidrostática são irrelevantes para fluidos Newtonianos, desde que o volume de fluido seja constante;

d) as variações de carga hidrostática afetam sensivelmente a medida do tempo para os fluidos não-Newtonianos;
e) a aplicação de pressão externa no ensaio de fluidos não-Newtonianos atenua o erro causado pela variação de carga hidrostática;
f) a carga hidrostática deve ser a mesma em todos os ensaios;
g) a vazão reduz exponencialmente durante o experimento.

A calibração do viscosímetro capilar de vidro pode ser efetuada através da medida do tempo de fluxo de fluidos padrões ou de referência. Para determinar os dois coeficientes da equação 3.21, duas medidas devem ser efetuadas com dois fluidos padrões, cujas viscosidades sejam diferentes em, pelo menos, 1,5 vez. O tempo de fluxo para o fluido de menor viscosidade deve estar em torno de 50 s. As constantes C_1 e C_2 são determinadas resolvendo simultaneamente as equações obtidas pelas substituições das viscosidades e tempos de fluxo dos óleos na equação 3.21. Outra maneira de calibrar um viscosímetro capilar de vidro consiste em comparar as medidas dos tempos de escoamento de dois fluidos com os tempos de escoamento obtidos em um viscosímetro de referência com constante conhecida, calibrado em um laboratório certificado. Os tempos de fluxo dos dois fluidos devem ser diferentes em pelo menos 1,5 vez.

Quando a tensão superficial da amostra difere substancialmente da do líquido de calibração e os dois raios de referência para medida do tempo de fluxo são diferentes, então se faz necessário uma correção, cuja constante é expressa, aproximadamente, por:

$$C_1' = C_1 \left[\left(1 + \frac{2}{gh}\right)\left(\frac{1}{r_s} - \frac{1}{r_i}\right) \cdot \left(\frac{\Gamma_1}{\rho_1} - \frac{\Gamma_2}{\rho_2}\right) \right] \quad (3.24)$$

onde **C'$_1$** é a constante de correção para efeito da tensão superficial, **g** é aceleração da gravidade, **h** é a carga hidrostática média, **r$_s$** é o raio médio do menisco superior, **r$_i$** é o raio médio do menisco inferior, Γ é a tensão superficial, ρ é a massa específica, e os subscritos 1 e 2 são relativos aos valores com o fluido de teste ou de calibração.

A equação 3.24 se aplica a todos os viscosímetros. Entretanto, um número razoável de viscosímetros são projetados para minimizar os efeitos da tensão superficial. As correções mais significativas são encontradas quando o viscosímetro é calibrado com água e usado para óleos. Os viscosímetros calibrados e usados com hidrocarbonetos dispensam este tipo de correção.

A constante de calibração do viscosímetro (C_1 da equação 3.22) é dependente da temperatura para os viscosímetros que são carregados à temperatura ambiente e ensaiados a outra temperatura diferente. Fazem exceção os viscosímetros que tem o volume da amostra ajustado à temperatura do banho e aqueles de nível suspenso.

A equação do fator de correção para o viscosímetro Cannon-Fenske routina, por exemplo, em relação à variação da temperatura é:

$$C_1' = C_1 \left[1 + \frac{4000V(\rho_2 - \rho_1)}{\pi D^2 h \rho_2} \right] \quad (3.25)$$

onde **C'₁** é a constante de calibração considerando o efeito da temperatura, **C₁** é a constante de calibração do viscosímetro quando cheio e calibrado à mesma temperatura, **V** é o volume de teste, **h** é a carga hidrostática média, **r₁** é a densidade do líquido testado à temperatura de enchimento, e **r₂** é a densidade do líquido à temperatura do teste.

O fator de correção para os viscosímetros Cannon-Fenske opaco, considerando o efeito da temperatura, é dada por:

$$C'_2 = C_2 \left[1 + \frac{4000V(\rho_2 - \rho_1)}{\pi D^2 h \rho_2} \right] \quad (3.26)$$

3.4.4 – Viscosímetro de orifício

O viscosímetro de orifício é composto de um tubo ou orifício, geralmente disposto na vertical, com comprimento pequeno quando comparado ao seu diâmetro. Embora existam alguns tipos de viscosímetros de orifício e eles estejam sendo usados em certos segmentos industriais, este tipo de instrumento não se presta para estudos reológicos, uma vez que a correlação entre as características do fluido e as variáveis geométricas não são boas. Como conseqüência, os resultados são inexatos e bastante variáveis.

Como esses equipamentos possuem uma relação relativamente pequena entre o comprimento do tubo e o seu diâmetro, isto é, entre 1/1 a 10/1, é difícil estabelecer as equações de fluxo devido aos efeitos de saída e ao fenômeno de transição. Entretanto, eles têm sido usados na indústria devido à simplicidade e rapidez na operação, tornando-se úteis para determinações relativas de fluidos newtonianos ou não-newtonianos. Para investigações mais qualificadas, entretanto, os resultados medidos são imprecisos e difíceis de serem interpretados.

Como exemplos de viscosímetros de orifícios, disponíveis no mercado, podemos destacar o Saybolt Universal, o Ford e o Funil Marsh, pelos Estados Unidos, o vaso Redwood, pela Inglaterra, o vaso Engler, pela Alemanha, e o Barbey, pela França. Três deles estão esquematizados na figura 31.

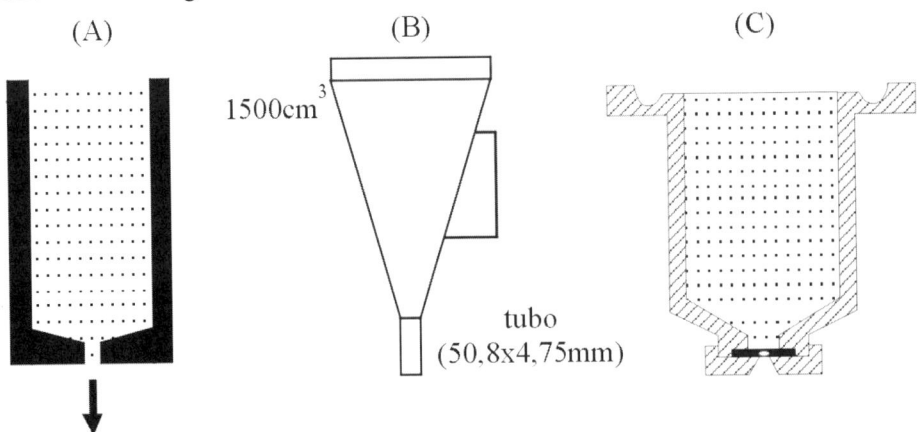

Figura 31. Esquema de três viscosímetros de orifício: (A) Saybolt; (B) Funil-Marsh; e (C) vaso Ford.

A concepção original desses viscosímetros se fundamenta na lei de Hagen-Poiseuille, que estabelece que o tempo de fluxo de um volume fixo de fluido através de um capilar é proporcional à viscosidade do fluido. Infelizmente, os viscosímetros que foram desenvolvidos consistem de capilares curtos ou orifícios. Então, o fluxo nestes equipamentos não obedecem a lei de Hagen-Poiseuille e o tempo de fluxo não apresenta uma relação simples e conhecida com a viscosidade. Uma grande parte da carga hidrostática, isto é, a força que causa o escoamento do fluido, é consumida na entrada do orifício. A perda de pressão devido a este efeito é uma função da razão entre as áreas da seção do copo e do orifício, velocidade do fluido, forma da entrada do orifício, e das propriedades do fluido. A situação se torna mais complicada ainda porque a carga hidrostática varia significativamente durante um experimento. Por isso, as leituras do tempo de fluxo nestes viscosímetros não são comparáveis aos resultados obtidos com os viscosímetros tubulares ou capilares.

Apesar de tudo, os viscosímetros de orifícios têm sido bastante úteis nas indústrias, uma vez que a ordem de grandeza do tempo de escoamento pode indicar uma composição ótima de um determinado fluido, por exemplo. Atualmente, esta medida tem sido usada em alguns segmentos industriais, apenas para correlacionar os resultados obtidos com as propriedades de uma certa amostra, porém nunca para especificar e qualificar materiais.

3.4.5 – Viscosímetro rotativo

O princípio dos viscosímetros rotativos com sensor cilíndrico, cone-placa ou placa-placa, baseia-se na rotação de um corpo cilíndrico, cônico ou circular, imerso em um líquido, o qual experimenta uma força de resistência viscosa, quando se impõe uma velocidade rotacional ao sistema. Esta força é função da velocidade de rotação do corpo e da natureza do fluido. A grande vantagem destes viscosímetros é que as medidas podem ser efetuadas de modo contínuo por longos períodos de tempo, para uma certa condição de tensão e de taxa de cisalhamento. Portanto, outras medidas poderão ser efetuadas na mesma amostra e no mesmo instrumento, sob outras condições. A dependência da viscosidade com o tempo, isto é, a característica tixotrópica ou reopética, pode ser estudada nos viscosímetros rotativos, atributo impossível nos viscosímetros tubulares e capilares.

O viscosímetro rotativo é um equipamento concebido de tal modo que o corpo imerso, em contato com o fluido-teste, pode ser submetido a uma velocidade (ou rotação) ou a uma tensão (ou torque) pré-definida. Portanto, em relação à variável controlada, ele pode ser classificado em dois tipos:

a) de **tensão controlada;** ou

b) de **taxa de cisalhamento controlada**.

No primeiro, impõe-se uma tensão pré-definida e determina-se a taxa de cisalhamento resultante. No segundo, impõe-se uma taxa de cisalhamento e determina-se uma tensão resultante.

Em relação à geometria do sensor, os viscosímetros rotativos podem classificados em três tipos fundamentais:

a) de *cilindros coaxiais*;

b) de *cone-placa*; e

c) de *placa-placa*.

Nos projetos de cilindros coaxiais, obviamente, existem dois cilindros: um externo e outro interno, enquanto que nos projetos de cone-placa ou placa-placa, os dois corpos se posicionam, axialmente, um acima e outro abaixo, isto é, um superior e outro inferior. Do ponto de vista de dedução das equações da viscosimetria, não faz diferença se o corpo que gira é o cilindro interno ou externo, ou a placa ou cone, superior ou inferior.

Quando os sensores são cilíndricos, concêntricos ou coaxiais, existem ainda dois tipos de sistemas:
a) o *Searle;* e
b) o *Couette*.

No sistema Searle, o cilindro interno é que é rotacionado, enquanto no sistema Couette a rotação é imposta ao cilindro externo. Veja os esquemas destes na figura 32.

(I) SISTEMA SEARLE   (II) SISTEMA COUETTE

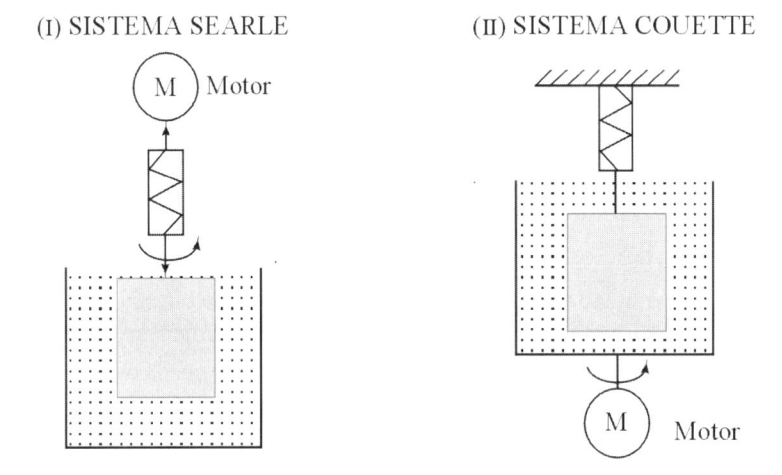

Figura 32. Sistemas (I) Searle, e (II) Couette, para viscosímetros rotativos de cilindros coaxiais. Extraída de Schramm, A Practical Approach to Rheology and Rheometry, 1994. Reproduzida com permissão de Thermo Haake GmbH.

No *sistema Searle*, o cilindro interno gira a uma velocidade definida. O cilindro externo é mantido em repouso. O cilindro interno girando, força o líquido do espaço entre os dois cilindros a escoar. A resistência natural do líquido, cisalhado entre os cilindros, interno e externo, resulta em um torque atuando no cilindro interno que se contrapõe ao torque do motor do equipamento. Um elemento sensível à torque, normalmente uma mola de torção (ou espiralada), deformável, é posicionada entre o motor e o corpo interno. Esta mola possui uma constante de deformação conhecida. A sua deformação resulta, portanto, em uma medida direta do torque ou da tensão cisalhante. Estes sistemas são recomendados quando se deseja um controle de temperatura rigoroso, uma vez que o cilindro externo permanece em repouso durante o teste. Contudo, eles não são recomendados para o teste de líquidos de baixa viscosidade a altas velocidades de rotação, devido à possibilidade de desenvolvimento de fluxo turbulento.

No *sistema Couette,* o cilindro externo é quem gira a uma velocidade definida, provocando um fluxo na amostra do líquido entre os dois cilindros. A resistência do líquido cisalhado transmite um torque ao cilindro interno, que é induzido a girar. Como o cilindro interno está fixo a uma mola de torção (ou espiralada), então esta se deforma até atingir o estado de equilíbrio. Portanto, o torque é medido justamente pela determinação do contratorque que mantém o cilindro interno estático. Os viscosímetros do tipo Couette são mais estáveis do que os do tipo Searle no que concerne à geração de forças centrífugas e, conseqüentemente, turbulência.

Existem diversos fabricantes de viscosímetros de cilindros coaxiais. Certos projetos de tensão controlada podem permitir que o cilindro interno ou externo seja submetido à uma tensão definida (ou torque), enquanto o outro cilindro permanece em repouso, então o que se mede é a velocidade de rotação ou taxa de cisalhamento resultante. Os projetos de taxa de cisalhamento controlada possibilitam ao cilindro interno ou externo girar a uma velocidade rotacional definida, então o que se mede é a tensão cisalhante ou torque resultante. Os modelos mais difundidos no mercado se baseiam neste último princípio, isto é, na pré-seleção de uma rotação definida e leitura de tensão cisalhante ou torque. Entretanto, alguns projetos mais modernos admitem a operação nos dois modos de teste: tensão e taxa de cisalhamento controlada.

a) De cilindros coaxiais

Abordaremos agora o viscosímetro rotativo de cilindros coaxiais, de taxa de cisalhamento controlada, por ser este projeto um dos mais usuais na indústria de petróleo. O primeiro projeto de viscosímetro de cilindros concêntricos foi idealizado por Couette em 1890. Nele, um recipiente cilíndrico externo girava e um corpo cilíndrico interno era suportado por uma mola de torção e repousava num ponto no fundo do reservatório. No sistema idealizado por Searle, diferentemente do de Couette, o cilindro interno era quem girava com uma velocidade constante, conforme está ilustrado na figura 33. A maioria dos viscosímetros rotativos de cilindros coaxiais empregados nos laboratórios de rotina da engenharia de petróleo são do tipo Searle.

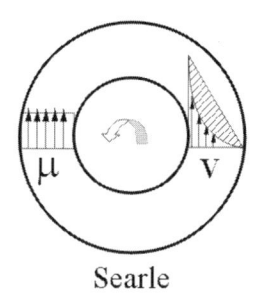

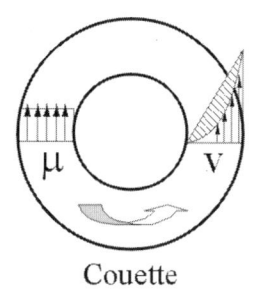

Figura 33. Esquema mostrando os perfis de velocidade e de viscosidade dos viscosímetros de cilindros coaxiais: Searle e Couette.

Os parâmetros de construção ou projeto do viscosímetro rotativo de cilindros coaxiais são o raio do cilindro interno, r_1, o raio do cilindro externo, r_2, a constante da mola de torção, **k**, e a velocidade de rotação, **N,** que é a variável controlada. A grandeza medida diretamente pode ser a deflexão θ, em graus, ou o torque, em N.m, lida sobre uma escala circular (dial) ou através de um monitor digital.

As grandezas calculáveis podem ser a tensão cisalhante, em N/m^2 (Pa), a taxa de cisalhamento, em s^{-1}, e a viscosidade, em Pa.s ou mPa.s (cP).

A expressão para o cálculo da tensão cisalhante, deduzida para qualquer fluido em estado estacionário ou em equilíbrio dinâmico, em função da leitura de deflexão, é:

$$\tau_b = \left(\frac{k}{2\pi r_1^2 H} \right) \theta \qquad (3.27)$$

onde τ_b é a tensão cisalhante na parede do cilindro interno, **k** é constante da mola, r_1 é o raio do cilindro interno, **H** é a altura equivalente de imersão, e **θ** é a deflexão lida no dial ou no monitor digital.

Considerando que todos os parâmetros entre parênteses na equação 3.27 são constantes quando o projeto do viscosímetro está definido, então podemos escrever:

$$\tau_b = A_1 \theta \qquad (3.28)$$

onde A_1 é uma constante que depende dos parâmetros de construção do viscosímetro e das unidades empregadas.

A taxa de cisalhamento pode ser calculada, com boa aproximação para $\beta = r_2/r_1 \leq 1,10$, a partir da velocidade angular aplicada no cilindro externo, pela equação a seguir, desenvolvida por Krieger e Maron.

$$\gamma_b = \Psi \left(\frac{2 r_2^2}{r_2^2 - r_1^2} \right) \varpi \qquad (3.29)$$

onde γ_b é a taxa de cisalhamento na parede do cilindro interno, r_2 é o raio do cilindro externo, r_1 é o raio do cilindro interno, ϖ é a velocidade angular, e **Ψ** é uma função de **β** e **n**, válida para fluidos generalizados, que serve para corrigir as taxas de cisalhamento dos fluidos não-Newtonianos, conforme expressão a seguir:

$$\Psi = \left(\frac{\beta^{2/n}}{n\beta^2} \right) \left(\frac{\beta^2 - 1}{\beta^{2/n} - 1} \right) \qquad (3.30)$$

A função de correção das taxas de cisalhamento (ψ) será tanto mais próxima de um quanto mais próximo da unidade for o valor de **n**. Observe que, quando o fluido for Newtoniano **n = 1**, então a função $\psi = 1$. Daí, a equação 3.29 fica:

$$\gamma_b = \left(\frac{2r_2^2}{r_2^2 - r_1^2} \right) \varpi \quad \text{ou} \quad \gamma_b = \left(\frac{2\beta^2}{\beta^2 - 1} \right) \varpi \tag{3.31}$$

Considerando que a velocidade angular, em rad/s, relaciona-se com o número de rotações por minuto pela expressão $\varpi = (2\pi/60)N$, então a equação 3.31 pode ser escrita da forma:

$$\gamma_b = \left(\frac{4\pi}{60} \right) \left(\frac{r_2^2}{r_2^2 - r_1^2} \right) N \tag{3.32}$$

onde **N** é o número de rotações por minuto. Considerando ainda que todos os parâmetros entre parênteses da equação 3.32 são constantes para um certo projeto, então podemos reescrevê-la:

$$\gamma_b = A_2 N \tag{3.33}$$

onde **A₂** é uma constante que depende de parâmetros construtivos do viscosímetro e das unidades empregadas.

A viscosidade absoluta dos fluidos Newtonianos ou aparente para os não-Newtonianos pode ser calculada pela expressão a seguir:

$$\mu_a = \frac{\tau_b}{\gamma_b} = \frac{A_1 \theta}{A_2 N} = A \left(\frac{\theta}{N} \right) \tag{3.34}$$

A análise do comportamento reológico de fluidos através dos resultados obtidos no viscosímetro rotativo de cilindros concêntricos, pode ser efetuada mediante as transformações das rotações e deflexões, lidas no instrumento, para tensões cisalhantes e taxas de cisalhamentos, respectivamente, através das equações 3.28 e 3.33. As viscosidades podem ser determinadas usando a equação 3.34. A partir destes resultados são construídos reogramas de tensão cisalhante ou viscosidade versus taxa de cisalhamento, os quais permitem inferir sobre o comportamento do fluido.

A precisão dos resultados dos viscosímetros rotativos de cilindros concêntricos depende fundamentalmente de:

a) a razão entre os raios dos cilindros; e
b) os efeitos de borda.

A equação diferencial da taxa de cisalhamento para cilindros coaxiais pode ser aproximada por uma equação linear simples, do tipo $\gamma = v_{max}/(r_2 - r_1)$, exata somente para o modelo de placas planas paralelas e líquidos newtonianos. Entretanto, quando as placas planas são substituídas por cilindros concêntricos, o gradiente de velocidade através do espaço anular ou gap ($e = r_2 - r_1$), torna-se não-linear, conforme ilustração da figura 33. É fácil identificar a velocidade máxima como a velocidade rotacional (ou angular) do cilindro móvel. Quando simplesmente dividimos a velocidade máxima por **e**, para estimarmos uma taxa de cisalhamento média entre os raios r_2 e r_1, sem considerarmos uma equação exata para o cálculo da taxa de cisalhamento à parede do cilindro, então introduzimos um erro. Este erro está indicado pelas áreas hachuradas da figura 33, entre as curvas dos gradientes de velocidades, linear e não-linear.

Quanto mais não-Newtoniano for o fluido, mais o gradiente de velocidade se tornará não-linear. Este erro pode ser atenuado quando o espaço anular ou gap é relativamente pequeno em relação às dimensões dos cilindros, uma vez que o gradiente de velocidade tende a linearizar, isto é, a aproximar-se de uma linha reta. É comum se usar a relação entre os raios dos cilindros, **β = r₂/r₁**, ao invés da diferença entre os raios, **e = r₂ – r₁**, ou *gap*. Esta relação, sempre superior a unidade, introduzirá menores erros, quanto mais próxima estiver de um. Como exemplo, um valor de β = 1,10, para uma mesma velocidade de rotação, já produz um erro de 12% a mais na taxa de cisalhamento, quando comparado com um valor de β = 1,01. Conseqüentemente, os valores das viscosidades diferem em 37%. Uma vez que esta relação é de grande importância na garantia dos resultados da medida de viscosidade de fluidos não-Newtonianos, gerados por viscosímetros rotativos, a maioria dos procedimentos padronizados internacionalmente sugere mantê-la no intervalo: **1,00 ≤ β ≤ 1,10**.

Sensores cilíndricos com um só corpo, isto é, com um cilindro interno pendurado, imerso num líquido em um recipiente de elevada geometria, que considera o raio do cilindro externo tendendo a infinito, produzem os piores resultados, isto é, com os maiores erros. A depender do grau de não-Newtonianidade do fluido, isto é, do valor de **n**, a viscosidade determinada pode superar a real em mais de 200%. Por isso, estes sistemas de sensores são recomendados para medir a viscosidade de fluidos Newtonianos, cuja viscosidade é independente da taxa de cisalhamento. Portanto, para se obter uma medida precisa da viscosidade absoluta de líquidos não-Newtonianos, a seleção de projetos que possuam pequenos valores de β é o critério de qualidade mais importante.

O outro fator que influencia na medida da viscosidade com viscosímetros de cilindros coaxiais são os efeitos terminais ou de borda. O tratamento matemático impõe que o torque a ser medido seja unicamente devido à resistência do líquido que está sendo cisalhado dentro de uma geometria bem definida do anular ou *gap* entre os cilindros. Entretanto, todos os sensores cilíndricos possuem faces de topo e fundo que geram torques adicionais, causados pelo cisalhamento do fluido entre estas faces e o cilindro externo ou o recipiente. Isto se constitue em um erro, equivalente a uma parte ou fração do torque medido. Para minimizar estes efeitos, o projeto deve conceber:

a) anular ou *gap* muito pequeno, isto é, β ≈ 1,01;

b) altura relativa do sensor cilíndrico elevada, isto é, $h/r_1 > 10$;

c) distância do fundo do recipiente para o sensor elevada;

d) atenuação cônica do corpo cilíndrico; e

e) escolha de uma geometria especial, tal como o sensor de duplo anular ou *gap*.

Se o tamanho do *gap* é muito pequeno e a distância da borda do cilindro interno para o fundo do recipiente é cerca de cem vezes maior, então os efeitos de borda podem ser negligenciados. Descreveremos a seguir, apenas como exemplos, dois projetos de viscosímetros rotativos de cilindros coaxiais de uso mais amplo nos campos e laboratórios da indústria de petróleo, fabricados pela Fann Instruments e pela Brookfield.

- *Viscosímetro Fann V. G. Metter mod. 35A*

O viscosímetro Fann 35A está baseado no projeto original da Socony-Mobil Oil Company, cuja intenção era medir as viscosidades aparente e plástica, e o limite de escoamento dos fluidos de perfuração nos campos de petróleo.

Ele é do tipo de taxa de cisalhamento controlada, e o sistema Couette é aplicado aos cilindros, isto é, o cilindro externo é quem gira enquanto o interno fica parado, conforme ilustração da figura 34. Cerca de $3,5 \times 10^{-4}$ m^3 (350 cm^3) de fluido para teste é colocado entre os cilindros coaxiais do viscosímetro com o auxílio de um copo reservatório. O cilindro externo gira a uma velocidade constante, pré-selecionada. Uma força resultante de arraste, função da velocidade de fluxo e viscosidade do fluido, é transmitida pelo fluido e age sobre o cilindro interno. Este está conectado a uma mola de torção através de um eixo, que se apoia na parte superior e gira livre através de um sistema de rolamentos.

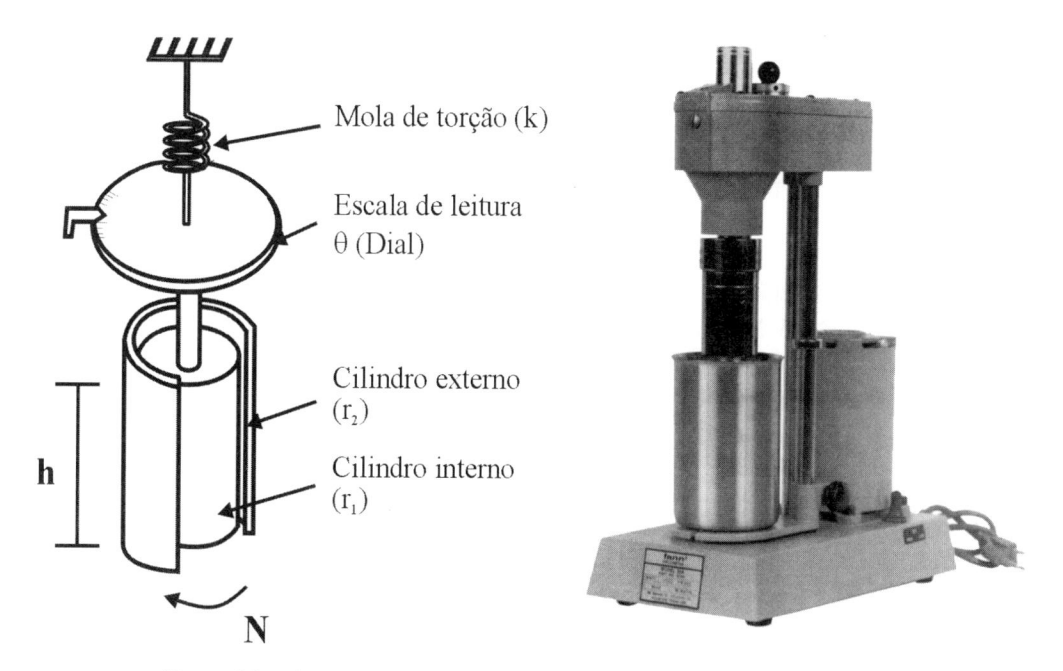

Figura 34. Diagrama esquemático e foto do viscosímetro rotativo de cilindros coaxiais Fan V. G. Metter, modelo 35A.

Os parâmetros de construção ou de projeto mais usuais (combinação geométrica R1-B1) do viscosímetro Fann V. G. Metter mod. 35A, são o raio do cilindro interno,

$r_1 = 1{,}72 \times 10^{-2}$ m (1,7245 cm) e o raio do cilindro externo, $r_2 = 1{,}84 \times 10^{-2}$ m (1,8415 cm). A altura do cilindro interno usado rotineiramente é $3{,}80 \times 10^{-2}$ m (3,8 cm). Veja a tabela 6. A altura equivalente aos efeitos de borda é assumido como $2{,}50 \times 10^{-3}$ m (0,25 cm), resultando numa altura total equivalente de imersão, **h**, igual a $4{,}05 \times 10^{-2}$ m (4,05 cm).

TABELA 6
Dimensões geométricas dos cilindros do viscosímetro Fann 35A.

Cód. do Fornecedor	Raio (cm)	Altura do cilindro (cm)	Área do cil. – cm² x raio-cm
B1	1,7245	3,8	71,005
B2	1,2276	3,8	35,981
B3	0,86225	3,8	17,751
B4	0,86225	1,9	8,876
R1	1,8415		
R2	1,7589		
R3	2,5867		

* 1m = 10^2 cm; 1m² = 10^4 cm². B – código para os cil. internos. R – código para os cil. externos

A mola de torção está presa em dois pontos, superior e inferior, por anéis de fixação ou mandris, ao conjunto dial-eixo, de tal modo que o comprimento efetivo da mola pode variar. Isto permite que se possa fazer ajustes no comprimento da mola, calibrando o instrumento para a constante de trabalho especificada. A mola de torção mais comumente usada é a de código F-1, cuja constante **k** é igual a $3{,}87 \times 10^{-5}$ N.m/grau (387 dina.cm/grau). Existem ainda diversas molas de torção disponíveis e fornecidas pelo fabricante, codificadas por F-0,2, F-0,5, F-2, F-3, F-4, F-5, F-10, cujos valores das constantes são proporcionais aos números que as identificam. Ver tabela 7.

TABELA 7
Parâmetros de especificação das molas de torção do viscosímetro Fann 35A

Código	F0,2	F0,5	F1	F2	F3	F4	F5	F10
Fator	0,2	0,5	1,0	2,0	3,0	4,0	5,0	10,0
dina.cm/grau	77,2	193	386	772	1158	1544	1930	3860

1 N.m = 10^7 dina.cm.

Outras combinações geométricas podem ser obtidas com a aquisição de diversos cilindros externos (R1, R2 e R3) e internos (B1, B2, B3 e B4), disponíveis como acessórios, com a finalidade de ampliar os intervalos de tensão, taxa de cisalhamento e, conseqüentemente, de viscosidade. Veja tabela 8.

TABELA 8
Combinações geométricas dos cilindros do viscosímetro Fann 35A, fatores de conversão para taxa de cisalhamento, relação entre raios e espaço anular

Combinação dos cilindros	Taxa de cisalhamento (s⁻¹/rpm)	$\beta = r_2/r_1$	Anular ou gap (cm)
R1 – B1	1,7034	1,0678	0,1170
R1 – B2	0,37723	1,5001	0,6139
R1 – B3	0,26845	2,1357	0,9793
R1 – B4	0,26845	2,1357	0,9793
R2 – B1	5,41066	1,0199	0,0344
R2 – B2	0,40865	1,4328	0,5313
R2 – B3	0,27589	2,0399	0,8967
R2 – B4	0,27589	2,0399	0,8967
R3 – B1	0,37723	1,5000	0,8622
R3 – B2	0,27052	2,1071	1,3591
R3 – B3	0,23579	3,0000	1,7245
R3 – B4	0,23579	3,0000	1,7245

* 1m = 10^2 cm; 1 rpm = 0,1047 rd/s.

A velocidade de rotação, N, no viscosímetro Fann 35A pode variar conforme os valores 0,31, 0,62, 10,47, 20,94, 31,41 e 62,82 rad/s (3, 6, 100, 200, 300 e 600 rpm) definidos por um sistema de engrenagens e motor. A grandeza medida é a deflexão, em graus, lida sobre uma escala circular (dial), que está marcada em intervalos unitários de 1 a 300°. Existe ainda um sistema pino-batente que impede a escala de girar além dos 300°, evitando torção excessiva da mola.

As grandezas calculáveis são a tensão cisalhante, a taxa de cisalhamento e a viscosidade aparente. A análise do comportamento reológico de fluidos através dos resultados obtidos no viscosímetro rotativo pode ser efetuada mediante as transformações das rotações e deflexões, lidas no instrumento, para tensões cisalhantes e taxas de cisalhamentos, respectivamente, através das equações 3.28 e 3.33. As viscosidades podem ser determinadas usando a equação 3.34. A partir destes resultados são construídos reogramas de tensão cisalhante ou viscosidade versus taxa de cisalhamento, os quais permitem inferir sobre o comportamento do fluido.

As relações numéricas entre tensão e deflexão podem ser obtidas da equação 3.27. No sistema internacional de unidades (SI), esta relação será:

$$\tau_b = \left(\frac{k}{2\pi r_1^2 h}\right) \theta = \left[\frac{3,87 \cdot 10^{-5}}{2\,(3,14)\,(0,017245)^2\,(0,0405)}\right] \theta$$

$\tau_b = 0,51\,(\theta)$, com τ_b em N/m² (Pa) \hfill (3.35)

No sistema de unidades inglês prático, usual nos campos de petróleo, a relação será:

$$\tau_b = 1,067 \cdot (\theta), \text{ com } \tau_b \text{ em } \ell bf/100 \text{ ft}^2 \tag{3.36}$$

Para fluidos Newtonianos, a relação entre a taxa de deformação e a velocidade de rotação pode ser obtida da equação 3.32.

$$\gamma_b = \left(\frac{4 \times 3,14}{60}\right)\left(\frac{1,8415^2}{1,8415^2 - 1,7245^2}\right) N$$

$$\gamma_b = 1,703 \ (N), \text{ com } \gamma_b \text{ em s}^{-1} \tag{3.37}$$

Da equação 3.37, podemos encontrar as taxas de cisalhamento correspondentes para o caso do viscosímetro Fann 35A, com combinação R1-B1, cujos valores estão na tabela 9.

TABELA 9
Taxas de cisalhamentos equivalentes às velocidades de rotação no viscosímetro Fann 35A com combinação R1-B1

Vel. de rotação (N), rpm	3	6	100	200	300	600
Taxa de cisalham. (γ_b), s^{-1}	5,1	10,2	170,3	340,6	511,0	1022,0

* 1 rpm = 0,1047 rad/s

No viscosímetro rotativo Fann não se formam turbulências causadas por forças centrífugas. As faixas de tensão e taxa de cisalhamento estão bem definidas. No caso do modelo 35A com combinação cilindro externo-interno R1-B1 e mola de torção F-1, a taxa de cisalhamento varia de 5,1 a 1022,0 s^{-1}, demonstrada na tabela 9. A constante de torção da mola é calibrada e ajustada pelo operador. Esta calibração pode ser conseguida através de fluidos padrões de referência ou com um acessório de calibração vendido pelo fabricante, denominado de *kit* de calibração. A temperatura pode se elevar durante o teste, uma vez que não há dissipação de calor, exigindo, portanto, o controle da temperatura através de células ou banhos apropriados. O fabricante recomenda que a temperatura máxima de teste seja de 93 °C ou 200 °F.

Além do viscosímetro rotativo Fann modelo 35A, existem outros mais modernos e sofisticados. A Fann Instruments fornece catálogos e manuais onde estão descritos o modelo 35A e outros modelos, tais como os modelos A-37 e o A-38 e o A-70. Os modelos mais modernos trazem um sistema de leitura digital, eletrônica, para os valores de deflexão ou torque, os quais podem ser transformados em tensão de cisalhamento. Além disto, eles operam com motores que possibilitam variar as rotações desde 0,1047 até 104,7 rad/s (1 até 1000 rpm), com incrementos de uma unidade de rpm.

Os pares de deflexão–rotação podem ser determinados diretamente no viscosímetro Fann. Estes valores, quando registrados e plotados em coordenadas cartesianas, já definem o reograma, comportamento e classe do fluido testado. Entretanto, a curva de fluxo construída com os pares da tensão cisalhante (ou viscosidade) *versus* taxa de cisalhamento, ao invés de rotação *versus* deflexão, possibilita uma informação mais clara, científica e precisa, do ponto de vista da mecânica clássica. Como existe uma proporção direta entre as grandezas rotação (N) e taxa de cisalhamento (γ_b); e deflexão (θ) e tensão cisalhante (τ_b) (ver as equações 3.33 e 3.28), concluímos que as funções:

$$\theta = f_1(N) \text{ e } \tau_b = f_2(\gamma_b) \tag{3.38}$$

são idênticas para um mesmo fluido, isto é, têm o mesmo aspecto.

O equipamento, portanto, apesar de ter sido projetado inicialmente para utilização no campo pode servir para estudos mais apurados em laboratórios de pesquisa e de apoio. A determinação imediata das viscosidade aparente, da viscosidade plástica, do limite de escoamento, ou do índice de consistência e do índice de fluxo, torna-o versátil e rápido para a utilização no campo. A construção de reogramas torna o seu uso possível nos laboratórios.

EXEMPLO 2

Os seguintes valores de rotação (**N**) e deflexão (**θ**) foram obtidos através de um viscosímetro rotativo Fann VG Meter, mod. 35 A, com combinação R1-B1 e mola de torção F.1, utilizando um fluido na condição de 25 °C e 1 atm (101,325 kPa).

	Pontos	P_0	P_1	P_2	P_3
Leitura	θ, Grau	14	20	26	29
Rotação	N, rpm	30	175	300	600

* 1 rpm = 0,1047 rad/s

Determinar analítica e graficamente:

a) a viscosidade aparente em cada ponto (P_0, P_1, P_2 e P_3);

b) a viscosidade plástica e o limite de escoamento considerando o fluido como plástico ideal (Binghamiano) no intervalo convencional da API, isto é, {300-600 rpm};

c) a viscosidade plástica e o limite de escoamento considerando o fluido Binghamiano no intervalo: {$P_1 - P_2$};

d) o índice de fluxo (n) e o índice de consistência (K_v) considerando o fluido como de potência (Ostwald) no intervalo convencional da API, isto é, {300 - 600 rpm}.

SOLUÇÃO ANALÍTICA

a) Utilizando-se a expressão D-03 do Apêndice D, determinamos as viscosidades aparentes do fluido para cada taxa de cisalhamento solicitada.

$(\mu_a)_{P_0} = 300 \cdot (14/30) = 140,0$ cP $= 140$ mPa.s

$(\mu_a)_{P_1} = 300 \cdot (20/175) = 34,3$ cP $= 34,3$ mPa.s

$(\mu_a)_{P_2} = 300 \cdot (26/300) = 26,0$ cP $= 26,0$ mPa.s

$(\mu_a)_{P_3} = 300 \cdot (29/600) = 14,5$ cP $= 14,5$ mPa.s

Podemos observar que a viscosidade do fluido varia em cada ponto, sugerindo um comportamento não-Newtoniano pseudoplástico, uma vez que a viscosidade decresce quando a taxa de cisalhamento cresce.

b) Tomando-se as expressões D-14 e D-15 (Apêndice D), podemos determinar a viscosidade plástica e o limite de escoamento deste fluido, forçando a consideração de modelo Binghamiano no intervalo da API, isto é, 300 a 600 rpm.

$\mu_p = 29 - 26 = 3{,}0 \text{ cP} = 3{,}0 \text{ mPa.s}$

$\tau_L = 26 - 3 = 23 \text{ }\ell\text{bf/100 ft}^2 = 110{,}1 \text{ kPa}$

c) Empregando as expressões D-05 e D-09 (Apêndice D), podemos determinar a viscosidade plástica e o limite de escoamento deste fluido, forçando a consideração de modelo Binghamiano no intervalo solicitado.

$$\mu_p = 300 \cdot \left(\frac{26 - 20}{300 - 175}\right) = 14{,}4 \text{ cP} = 14{,}4 \text{ mP.s}$$

$$\tau_L \cong \frac{300 \times 20 - 175 \times 26}{300 - 175} = 11{,}6 \text{ }\ell\text{bf /100 FT}^2 = 55{,}5 \text{ kPa}$$

Os valores de viscosidades plástica e limites de escoamento, determinados nos itens b e c, bastantes diferentes, indicam que o modelo Binghamiano não se adequa muito bem ao fluido em consideração, em todo o intervalo testado.

d) O índice de fluxo e o índice de consistência, no intervalo de 300 a 600 rpm, podem ser calculados usando-se as expressões D-16 e D-17, do Apêndice D.

$$n = 3{,}32 \log\left(\frac{29}{26}\right) = 0{,}157$$

$$K_v = \frac{1{,}066 \, (29)}{1022^{0{,}157}} = 10{,}42 \, \frac{\ell\text{bf} \cdot \text{s}^{0{,}157}}{100 \text{ ft}^2} \quad (49{,}9 \text{ kPa.s}^{0{,}157})$$

SOLUÇÃO GRÁFICA

Item a)

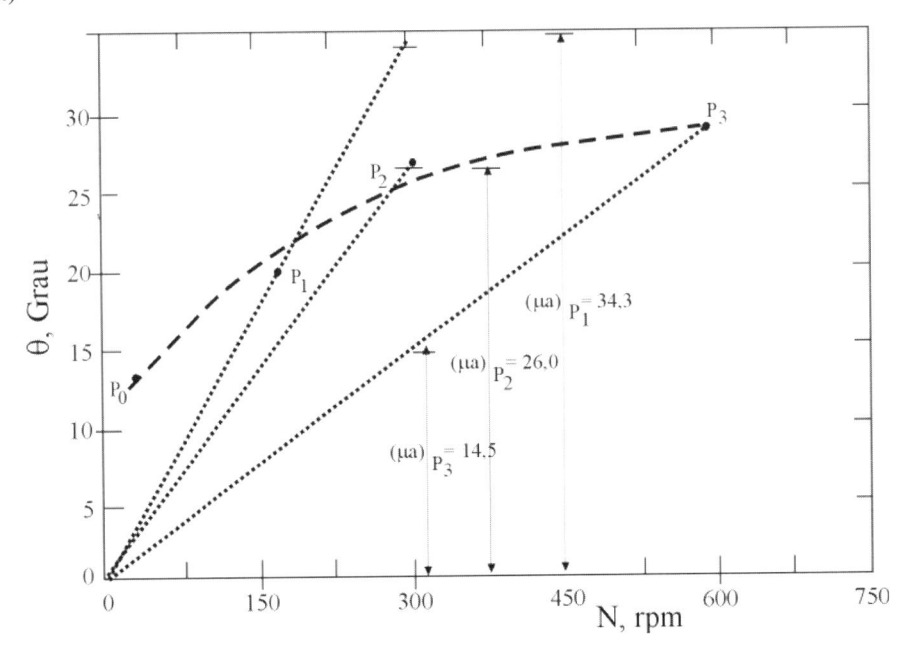

Itens b e c)

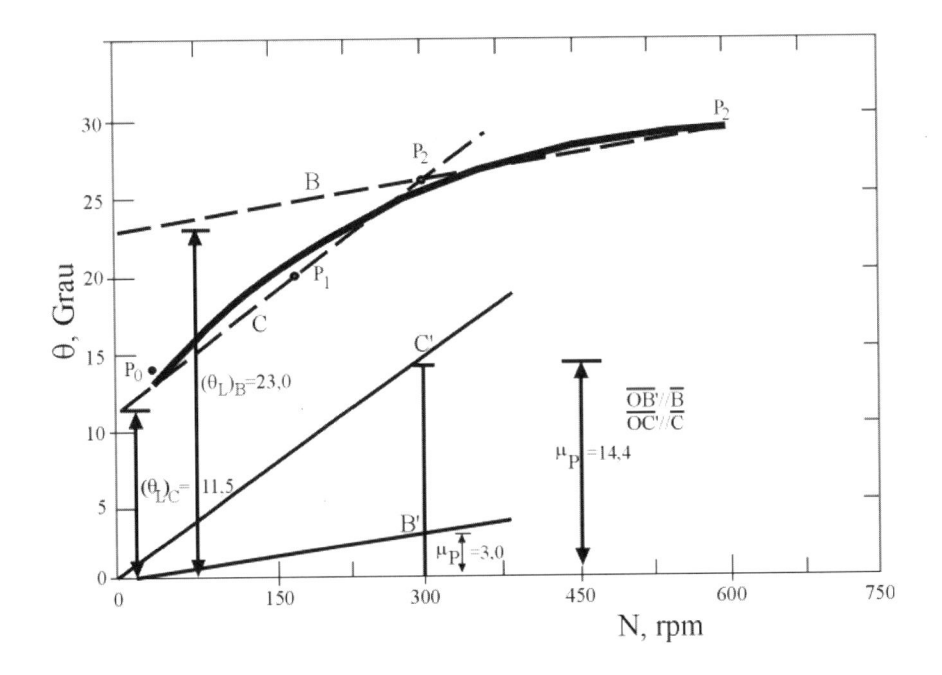

• *Correlação entre Viscosímetro Rotativo e Tubular*

Vimos nas seções anteriores que podemos estabelecer o reograma de um fluido através de um gráfico τ_w x $(8\bar{v}/D)$ ou ΔP x Q, dispondo-se de dados do viscosímetro tubular ou de tubo-capilar. Curva semelhante se obtém quando se plota, por exemplo, τ_b x $2\omega\beta^2/(\beta^2 - 1)$ ou θ x N, utilizando-se os resultados de teste feito com o viscosímetro rotativo de cilindros coaxiais.

Os gráficos da figura 35 mostram as curvas de fluxo de um mesmo fluido testado em dois viscosímetros. As equações que definem o comportamento deste fluido podem ser escritas como:

$$\tau_w = f_1\left(\frac{8\bar{v}}{D}\right) \quad \text{ou} \quad \Delta P = f_3(Q) \tag{3.39}$$

$$\tau_b = f_2\left(\frac{2\varpi\beta^2}{\beta^2 - 1}\right) \quad \text{ou} \quad \theta = f_4(N) \tag{3.40}$$

Sendo que a equação 3.39 representa o escoamento do fluido no viscosímetro tubular (ou tubo-capilar), e a equação 3.40 representa o escoamento do mesmo fluido no viscosímetro rotativo.

Portanto, é possível estabelecer equações que correlacionem o fluxo de um fluido em tubos ou condutos com o fluxo desse mesmo fluido entre cilindros coaxiais do viscosímetro rotativo. De modo que, dado um ponto P numa das funções, podemos encontrar, através de uma equação de correlação pré-estabelecida, o seu correspondente ponto P' na outra função. Veja a figura 35.

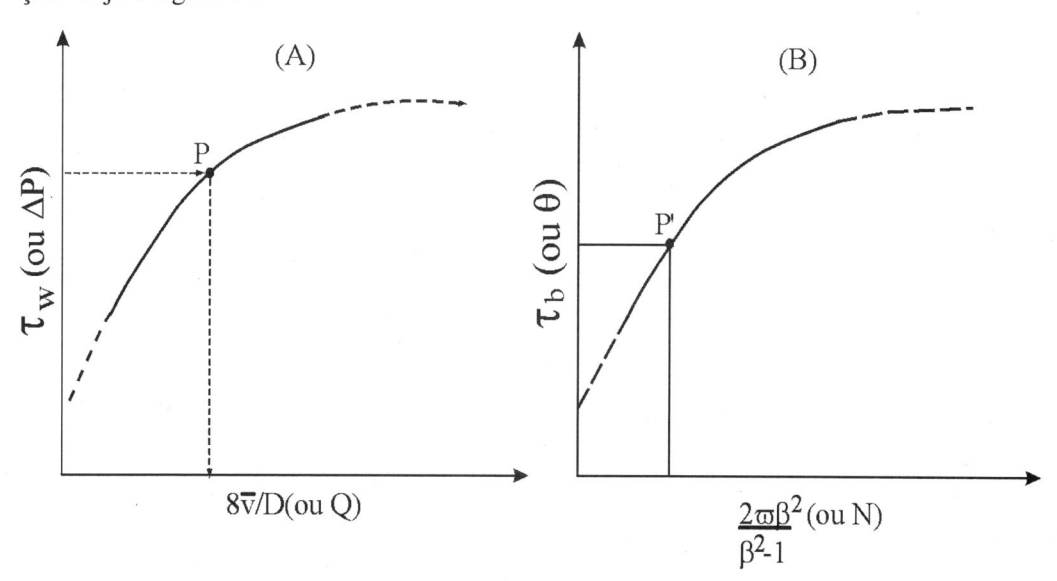

Figura 35. Curvas de fluxo de um fluido obtidas em viscosímetro tubular (A) e em viscosímetro rotativo (B).

Algumas equações de correlação sugeridas, válidas para determinar as velocidades relativas ao fluxo do fluido no vicosímetro Fann 35A, combinação R1-B1 e mola F-1, de cilindros coaxiais, em rpm, como função da velocidade média em tubos, estão representadas por (3.41), (3.42) e (3.43). Com **N** em rpm, **v** em m/s, **D** em m, τ_L em lbf/100ft², e μ em cP.

• Para fluidos que seguem o modelo Newtoniano:

$$N = 0{,}588 \left(\frac{8\overline{v}}{D} \right) \tag{3.41}$$

• Para os fluidos que seguem o modelo Binghamiano:

$$N = 0{,}588 \left(\frac{8\overline{v}}{D} \right) + 0{,}155 \left(\frac{\tau_L}{\mu_p} \right) \tag{3.42}$$

• Para os fluidos que seguem o modelo de potência:

$$N = 0{,}588 \, C \left(\frac{8\overline{v}}{D} \right), \quad \text{onde} \quad C = \frac{1}{\Psi} \left(\frac{3n+1}{4n} \right) \tag{3.43}$$

Outra equação de correlação entre os parâmetros reológicos do fluido de potência está descrita em 3.44, a seguir:

$$\frac{K_v}{K_p} = \left(\frac{4n\Psi}{3n+1} \right)^n \tag{3.44}$$

onde **Kv** e **Kp** são índices de consistências obtidos com viscosímetro rotativo de cilindros concêntricos e tubular, respectivamente, ψ é uma função de **n**, e da relação entre os raios dos cilindros coaxiais do viscosímetro rotativo, β, segundo a equação 3.30. Uma solução gráfica da equação 3.44 está representada na figura 36 para o intervalo 0,1 – 1,0 dos valores de n, com $\beta = 1{,}0678$, que é a relação entre os raios dos cilindros no viscosímetro Fann VG Meter, mod. 35, com combinação R1-B1.

Outra equação matemática de interesse no escoamento de fluidos, correlaciona o índice de consistência do fluido no interior de tubos (K_p) com esse mesmo parâmetro para o espaço anular de tubos (K_a). A função da equação 3.45 corresponde à curva superior da figura 36.

$$\frac{K_p}{K_a} = \left(\frac{9n+3}{8n+4} \right)^n \tag{3.45}$$

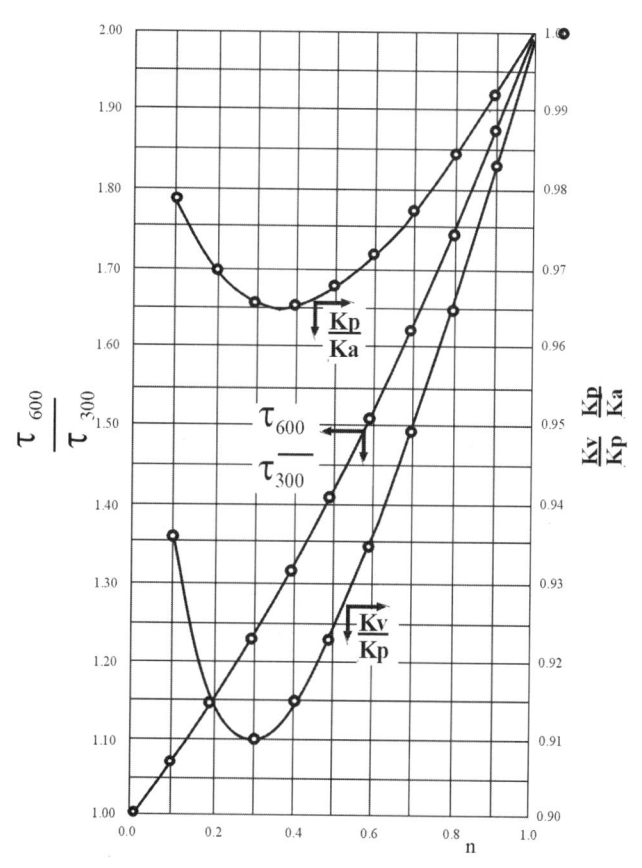

Figura 36. Gráfico de correlação para o interior de tubos, anular e resultados do viscosímetro rotativo de cilindros coaxiais (segundo Savins).

EXEMPLO 3

Um fluido de perfuração, ensaiado num viscosímetro rotativo Fann VG Meter, mod. 35, com combinação R1-B1 e mola de torção F-1, gerou os seguintes resultados:

Rotação (N, rpm)	600	300	200	100	6	3
Leitura (θ, grau)	80,0	51,0	38,0	24,0	3,5	2,5

* 1 rpm = 0,1047 rad/s

Calcule:

a) os valores de n e K_v, considerando os dados obtidos no viscosímetro rotativo, através do gráfico τ_b x (1,703 N), em gráfico log-log;

b) o valor do índice de consistência correspondente ao escoamento em tubo, K_p;

c) os valores de n e K_v, adotando o método convencional API dos dois pontos.

SOLUÇÃO

a) De posse dos valores de **N** e θ registrados pelo equipamento, determinamos as taxas de cisalhamento e as tensões cisalhantes, conforme equações e resultados da tabela a seguir:

N (rpm)	$(dv/dr)_b = 1{,}703N$ (s^{-1})	θ (grau)	$\tau_b = 0{,}01066\theta$ (lbf/ft^2)
600	1022,0	80,0	0,8528
300	511,0	51,0	0,5437
200	340,6	38,0	0,4051
100	170,3	24,0	0,2558
6	10,2	3,5	0,0373
3	5,1	2,5	0,0267

Levamos os valores de τ_b x (1,703N) a um gráfico em escala log-log encontrando os valores:

n = 0,67 e K_v = 0,0082 ℓbf.s^{0,67}/ft^2 (0,393 Pa.s^{0,67})

b) Considerando a figura 36, com o valor de n = 0,67 determinamos a relação:

K_v/K_p = 0,945

Então: K_p = 0,0088 ℓbf.s^{0,67}/ft^2 (0,421 Pa.s^{0,67}).

c) Tomemos as expressões D-16 e D-17 (Apêndice D) para o cálculo de n e K_v pelo método convencional dos dois pontos, sugeridos pela API:

$$n = 3{,}32 \log\left(\frac{\theta_{600}}{\theta_{300}}\right) = 3{,}32 \log\left(\frac{80{,}0}{51{,}0}\right) = 0{,}649$$

$$K_v = \frac{0{,}01067\,\theta_{600}}{1022^n} = \frac{0{,}01067\,(80)}{1022^{0,649}} = 0{,}0095 \ \ell bf.s^{0,67}/ft^2 \ (0{,}455 \ Pa.s^{0,67})$$

Observamos que os valores de índice de fluxo (n) e de índice de consistência (K_v e K_p), determinados nos itens a, b e c são próximos, justificando as correções, apenas quando se deseja informações mais precisas desses parâmetros. Entretanto, para tratamento e controle das propriedades do fluido em operações de rotina, estas correções podem ser consideradas irrelevantes e desnecessárias.

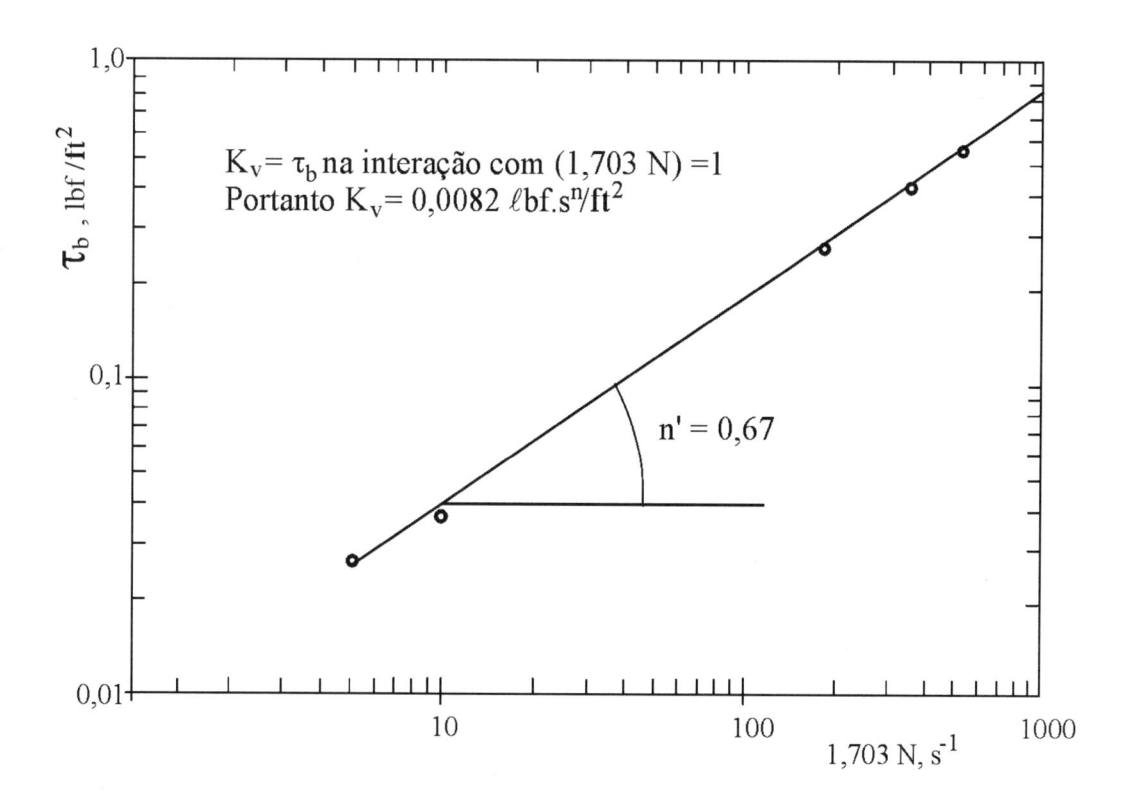

$K_v = \tau_b$ na interação com $(1{,}703\,N) = 1$
Portanto $K_v = 0{,}0082\ \ell bf.s^{n}/ft^2$

$n' = 0{,}67$

- *Calibração do Viscosímetro Fann Mod. 35A*

A obtenção de curvas de calibração do viscosímetro rotativo Fann 35A, pode ser feita de duas maneiras:

a) com fluidos de viscosidades conhecidas, denominados de padrões ou referências, à temperatura e pressão de ensaio; e

b) com acessório ou *kit* de calibração DW3, fornecido pelo fabricante.

Com os fluidos de referência, pode-se comparar os valores de viscosidade ensaiados com os valores informados pelo fornecedor ou laboratório de referência credenciado. Se eles não forem diferentes em mais do que ± 5 %, então nenhum ajuste ou troca da mola de torção precisa ser feita. Caso contrário, a mola de torção deve ser trocada, ou então o seu comprimento relativo alterado, para maior ou menor, através do deslocamento do seu mandril móvel. Um fluido muito usado para calibração é a glicerina pura ou soluções desta em água, de composição conhecida. O material do teste, sofrendo cisalhamento no anular, transmite torque não somente à parede do cilindro interno, mas também nas extremidades do cilindro interno (*bob*). Neste caso, a mola é fabricada 6% mais rígida para compensar esta carga adicional.

O acessório ou *kit* de calibração DW3 do viscosímetro rotativo Fann 35A, consiste de uma caixa contendo:

a) um corpo cilíndrico de alumínio com altura e raio igual a 1 cm;

b) uma placa plana com roldana para fixação ao viscosímetro;

c) um conjunto de 3 a 5 corpos metálicos (pesos) com massas de 10 a 150 gramas cuja força transmitirá torque ao eixo do cilindro; e

d) um fio de algodão (ou nylon) para conexão do cilindro ao peso.

Veja fotografia na figura 37 II. O princípio de calibração baseia-se na transmissão de uma força, fornecida por um corpo de massa conhecida, ao eixo principal do viscosímetro, através do fio de algodão. Esta força multiplicada pelo raio do corpo cilíndrico fornece o torque equivalente, que corresponde a uma deflexão bem definida, cuja equação pode ser expressa por:

$$\theta = \frac{M \cdot g \cdot r}{k} \tag{3.46}$$

onde θ é a leitura no dial, em graus, **M** é a massa do corpo metálico que irá transmitir o torque, em gramas, **g** é aceleração da gravidade (9,81 m^2/s ou 981 cm/s^2), **r** é o raio do corpo cilíndrico ou raio do braço de torque, em cm, e **k** é constante da mola de torção, em N.m/grau ou dina.cm/grau.

O procedimento para calibração do viscosímetro Fann 35A, com o acessório de calibração pode ser assim resumido:

1. Remova a capa de proteção **A** e retire o parafuso da espia **B**, que dá acesso ao parafuso de fixação da base da mola. Veja figura 37 I.

2. Desenrosque os parafusos superior e inferior, **C** e **D**, ilustrados na figura 37 I, que fixam a mola ao eixo principal, por cerca de meia volta. A mola pode ser içada. Não estique a mola. Verifique as condições da mesma.

3. Remova o cilindro externo (rotor) e o interno (bob). Encaixe o corpo de calibração DW3 nos suportes do instrumento. Posicione o corpo de alumínio de 2 cm de diâmetro (spool) no eixo do cilindro interno. Coloque a extremidade da linha dentro do orifício. Enrole uma vez ao redor do "spool", e então sobre a roldana. Firme a posição para a linha ficar na horizontal. Pendure o peso na linha conforme figura 37 II, ajustando a constante da mola se necessário.

4. Caso necessário coloque nova mola, tendo a certeza de que o mandril (corpo inferior de fixação da mola) está apropriadamente orientado e ajustado à sua base. Fixe a extremidade inferior da mola através do parafuso **D**. O topo da mola é fixada através do parafuso **C**.

5. O parafuso de assentamento **F** (figura 37 I) pode ser folgado, permitindo ao anel **G** ser movido, daí a escala (DIAL) pode ser zerada com exatidão. O corpo **G** é também movido verticalmente, capacitando a mola ser encaixada numa posição livre, nem estendida, nem comprimida.

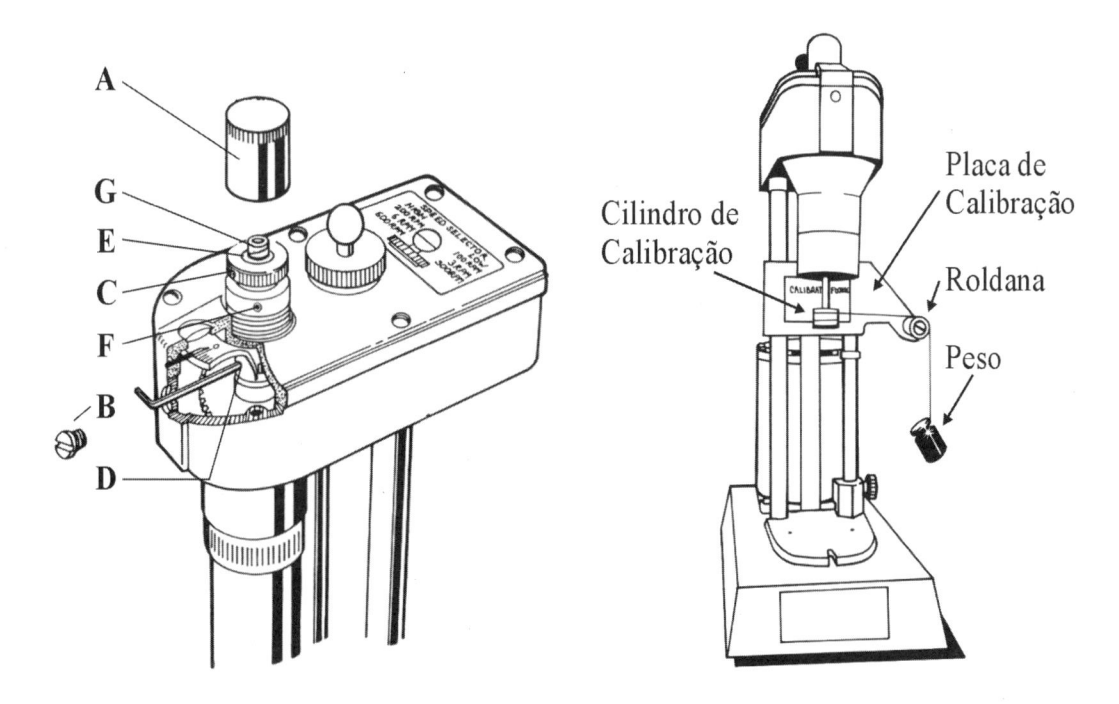

Figura 37. (I) Partes superiores do viscosímetro Fann 35A; e (II) *kit* de calibração DW3 acoplado.

EXEMPLO 4

Sabe-se que o valor especificado para a constante da mola de torção F-1 do viscosímetro rotativo Fann mod. 35A é 386 dina.cm/grau.

Determine quais os valores de deflexão que devem ser registrados quando for efetuada a calibração do viscosímetro Fann 35 A, com combinação R1-B1 e mola F-1, dispondo-se de corpos de massa 20, 50 e 100 gramas no kit de calibração DW3.

SOLUÇÃO

Empregando a equação 3.46 para o corpo de 50 gramas de massa, encontramos o valor da medida direta de deflexão.

$$\theta = \frac{50\ (981)\ (1)}{386} = 127° \pm 0,5$$

Os outros valores para os pesos de 20 e 100 gramas, encontrados de modo similar são 51 e 254 graus.

• *Viscosímetro Brookfield*

Existem dois projetos básicos dos viscosímetros rotativos da Brookfield: de cilindros coaxiais e cone-placa. No primeiro projeto, de cilindros coaxiais, a taxa de cisalhamento é controlada e o sistema é Searle. Existem ainda quatro opções de molas e de conjunto de corpos cilíndricos, sensores ou *spindles*. Neste tipo de projeto, pode-se acoplar acessórios ou 'kits', os quais possibilitam a utilização do equipamento para medidas absolutas e precisas de viscosidade ou parâmetros viscosos. É possível também empregá-lo como viscosímetro de um só corpo para medir viscosidades relativas a fluidos de referência ou padrões. Já o projeto do viscosímetro rotativo cone-placa da Brookfield tem uma proposta para determinações mais científicas e de maior precisão, atingindo intervalos de medidas mais amplos. Este projeto está descrito no próximo tópico.

O viscosímetro rotativo de cilindros coaxiais da Brookfield é um instrumento do tipo Searle, isto é, um corpo cilíndrico interno (ou em forma de disco) gira, imerso em um fluido, e mede o torque necessário para vencer a resistência viscosa do fluido devido ao cisalhamento provocado. A leitura da deflexão, transmitida por uma mola espiralada conectada ao corpo cilíndrico através do eixo principal, é lida em uma escala circular ou dial, ou através de painel digital. Veja figura 38. A deformação da mola, indicada pela posição do dial ou cursor, é proporcional à viscosidade do fluido para uma certa velocidade de rotação do corpo imerso.

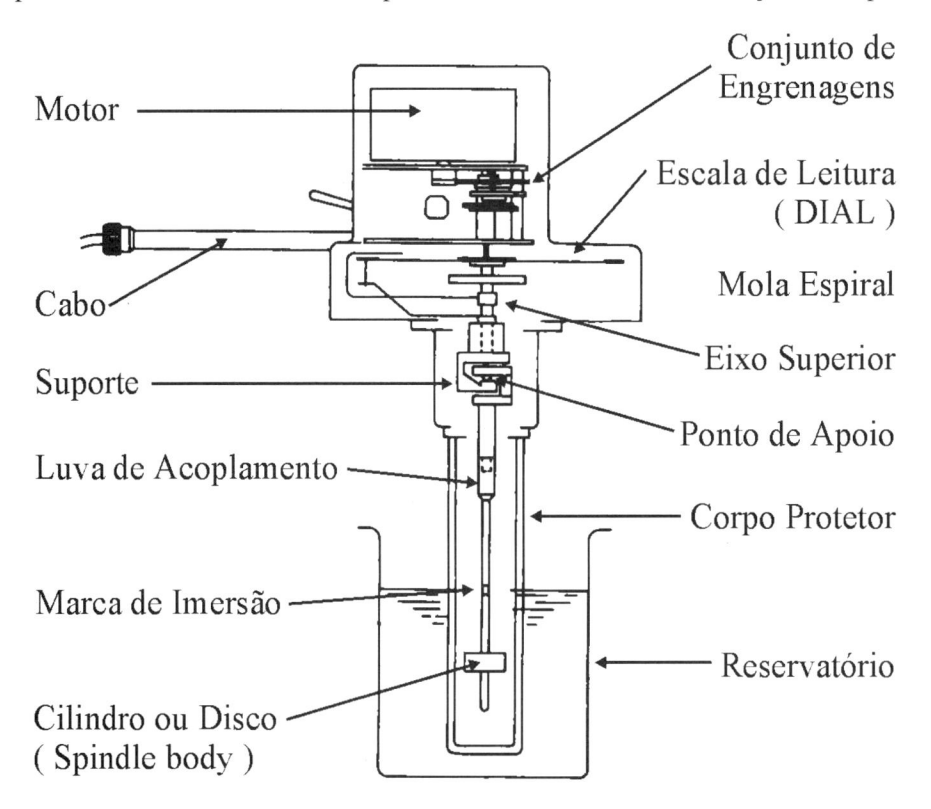

Figura 38. Esquema do viscosímetro rotativo Brookfield.

Cada modelo de viscosímetro Brookfield possui um certo número de corpos cilíndricos ou 'spindles', além de outros acessórios, permitindo-se estudar um amplo intervalo de viscosidades. As determinações com o mesmo corpo, a diferentes velocidades de rotação, poderão ser usadas para analisar o comportamento reológico do fluido estudado, desde que a geometria esteja bem definida.

Como este equipamento pode ser adquirido com vários cilindros ou discos (spindles), isto é, cerca de 4 a 7 por *kit*, e existem alguns acessórios também disponíveis, então, ele é capaz de determinar um intervalo maior de viscosidade, se comparado ao viscosímetro Fann 35A. Para um fluido de viscosidade definida, a força de arraste será tanto maior quanto maior for o tamanho do *spindle* e a velocidade rotativa. O limite inferior de viscosidade, do intervalo de medidas, é obtido usando-se o maior *spindle* à mais alta velocidade, enquanto o limite superior do intervalo obtém-se com o menor *spindle* à velocidade mais baixa.

A taxa de cisalhamento nestes instrumentos pode ser calculada pela equação 3.29 ou 3.33, desde que se conheça a sua geometria. Enquanto a tensão cisalhante pode ser determinada pela equação 3.27 ou 3.28.

Os viscosímetros Brookfield são instrumentos que permitem a determinação da taxa de cisalhamento, tensão cisalhante, viscosidade dos fluidos Newtonianos, além de outros parâmetros reológicos para os fluidos não-Newtonianos; são úteis nas especificações de rotina; aplicáveis em trabalhos de pesquisa; versáteis; e podem cobrir um amplo espectro de tensão, taxas de cisalhamento e de viscosidade. A calibração ou ajuste da mola de torção só pode ser efetuada, exclusivamente, pelo próprio fabricante, uma vez que a mesma é fixada nas suas extremidades através de solda. O material da mola é composto de uma liga de berílio-cobre e não sofre deformação facilmente. Existem casos de viscosímetros com mais de 10 anos, cuja mola se encontra em boas condições operacionais. As constantes das molas disponíveis são 673,7, 7187, 14374 e 57496 dina.cm de torque por escala total do equipamento, para intervalo de viscosidades definido pelo fabricante como baixo, médio, alto e ultra-alto, respectivamente.

Os modelos dos viscosímetros rotativos de cilindros coaxiais Brookfield estão definidos em função da sua faixa de viscosidade: baixa, média, alta ou ultra-alta; do número das velocidades possíveis; e do número de corpos (*spindles*) que o acompanha. O intervalo de viscosidade alcançado dependerá da mola. Como a mola, fixada pelo fabricante, não é intercambiável, então há de se ter muito cuidado na especificação para compra destes viscosímetros. Os modelos analógicos são codificados por letras maiúsculas LV, RV e HA e HB, que denotam baixa, média, alta e ultra-alta viscosidade, seguidas das letras F ou T que denotam quatro ou oito velocidades.

Por exemplo, o viscosímetro rotativo de cilindros coaxiais Brookfield mod. LVF é um viscosímetro analógico para medir o intervalo de baixa viscosidade com quatro possíveis velocidades de rotação, acompanhado de um conjunto de 4 corpos cilíndricos. Já o modelo LVT se diferencia do LVF apenas no número possível de velocidade, 8. Os modelos RV, HA e HB trazem um conjunto de sete corpos cilíndricos ou *spindles*. Os modelos digitais, mais modernos, são todos capazes de exercer pelo menos 8 velocidades de rotações diferentes. Eles recebem os mesmos critérios de codificação por letras maiúsculas acrescidas de DVI, DVII ou DVIII, que significam viscosímetro digital e a geração. Assim, por exemplo, o modelo RVTDVI é um viscosímetro digital da geração I para medir intervalo de viscosidade média. O último modelo lançado é o DVIII, que possibilita a seleção de rotações com incrementos de 1 rpm, possui uma memória de cálculo, e pode ser conectado a um computador e impressora, onde se pode efetuar todo o controle de programação de ensaios, escolha do tipo de gráfico, cálculos, análise e interpretação dos resultados, e emissão de relatórios. Veja figura 39.

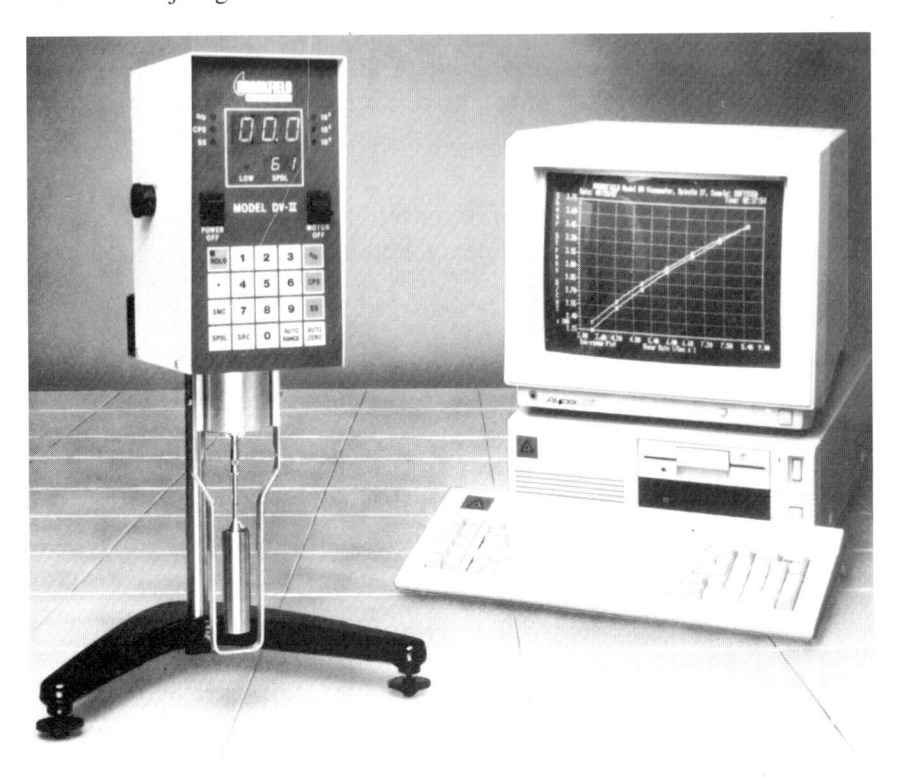

Figura 39. Foto do viscosímetro rotativo da Brookfield com controle por computador.

Na utilização dos viscosímetros Brookfield com corpos de geometria não muito bem definida, as leituras de deflexão ou torque são transformadas diretamente em viscosidade, em cP, através de um fator fornecido pelo fabricante. Este fator é obtido através de ensaios com padrões de referência, sendo portanto, aplicáveis com precisão somente para fluidos Newtonianos.

A Brookfield dispõe de alguns acessórios muito úteis. O adaptador ULA (ultra low adapter) deve ser adquirido quando se deseja fazer ensaios com fluidos Newtonianos ou não-Newtonianos de baixa viscosidade. Para pesquisa reológica é fundamental usar o adaptador ULA ou similar, a fim de se ter a geometria de fluxo definida. Daí, então, as tensões e taxas de cisalhamento também estarão definidas. O acessório Thermosel é também de grande utilidade, pois além de possibilitar medidas de viscosidade a temperaturas de 25 a 300 °C, ainda traz um conjunto de corpos ou *spindles* que possibilitam definir a geometria, determinando características e viscosidades de fluidos Newtonianos e não-Newtonianos

b) De Cone-Placa

O viscosímetro cone-placa é constituído por um corpo de forma cônica e outro plano em forma de placa circular. Veja a figura 40. O ângulo do corpo cônico é, em geral, muito pequeno, isto é, menor do que 0,0174 rad ($\alpha < 1°$), com o intuito de satisfazer a aproximação tg $\alpha \approx \alpha$. Entretanto, comercialmente, admite-se ângulos até da ordem de 0,0698 rad ($\alpha = 4°$), principalmente quando são usadas dispersões com elevado tamanho de partículas dispersas.

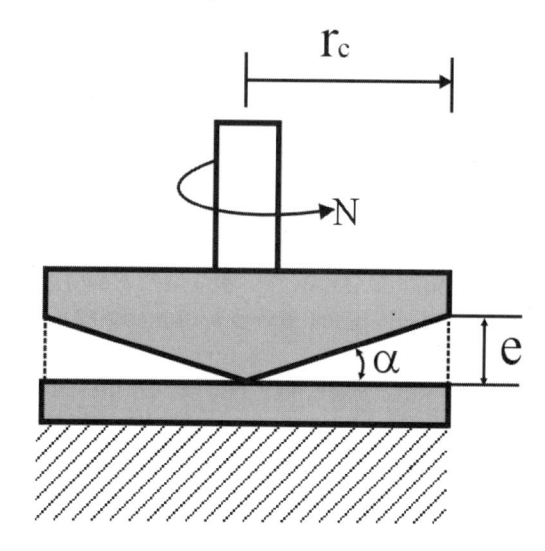

Figura 40. Sensor do tipo cone-placa para viscosímetros rotativos.

A escolha de ângulos pequenos para o cone, leva em consideração também que nesta condição a taxa de cisalhamento pode ser considerada constante, uma vez que em qualquer ponto da superfície do cone a relação entre a velocidade angular e a distância da placa é praticamente a mesma. Portanto, a taxa de cisalhamento é considerada constante no espaço entre cone e placa, também denominado de *gap*.

A tensão cisalhante nos viscosímetros cone-placa pode ser calculada através da expressão:

$$\tau_c = \frac{3T_q}{2\pi r_c^3} \tag{3.47}$$

onde τ_c é a tensão cisalhante no cone, r_c é o raio externo do cone, e **Tq** é o torque a ser medido. Considerando o raio definido, a equação 3.47 pode ser reescrita como:

$$\tau_c = b_1 \, Tq \tag{3.48}$$

A expressão que calcula a taxa de cisalhamento é:

$$\gamma_c = \frac{\varpi}{tg(\alpha)} \approx \left(\frac{\pi}{30\alpha}\right) N \qquad (3.49)$$

onde γ_c é a taxa de cisalhamento, ϖ é a velocidade angular, α é o ângulo do cone, e **N** é a velocidade de rotação. Considerando o ângulo do cone constante, então a equação 3.49 pode ser expressa por:

$$\gamma_c = b_2 N \qquad (3.50)$$

Daí, a viscosidade é determinada por equação semelhante à empregada para sensores cilíndricos.

$$\mu = \frac{\tau_c}{\gamma_c} = \frac{b_1 Tq}{b_2 N} = b \left(\frac{Tq}{N}\right) \qquad (3.51)$$

Para evitar o desgaste do cone, principalmente quando se usa dispersões abrasivas, que induz erros devido ao falso posicionamento do sistema cone-placa, é comum usar cones truncados, isto é, o sensor cônico é um tronco de cone. Neste caso, o tronco de cone deve ser posicionado a uma distância da placa, pré-determinada. O erro inerente a estes sistemas é função da relação entre os raios do cone e da parte truncada ou tronco de cone. Existem viscosímetros de cone-placa fabricados pela Haake, Brookfield, Micronal, e outros. Veja exemplos nas figuras 41 e 43.

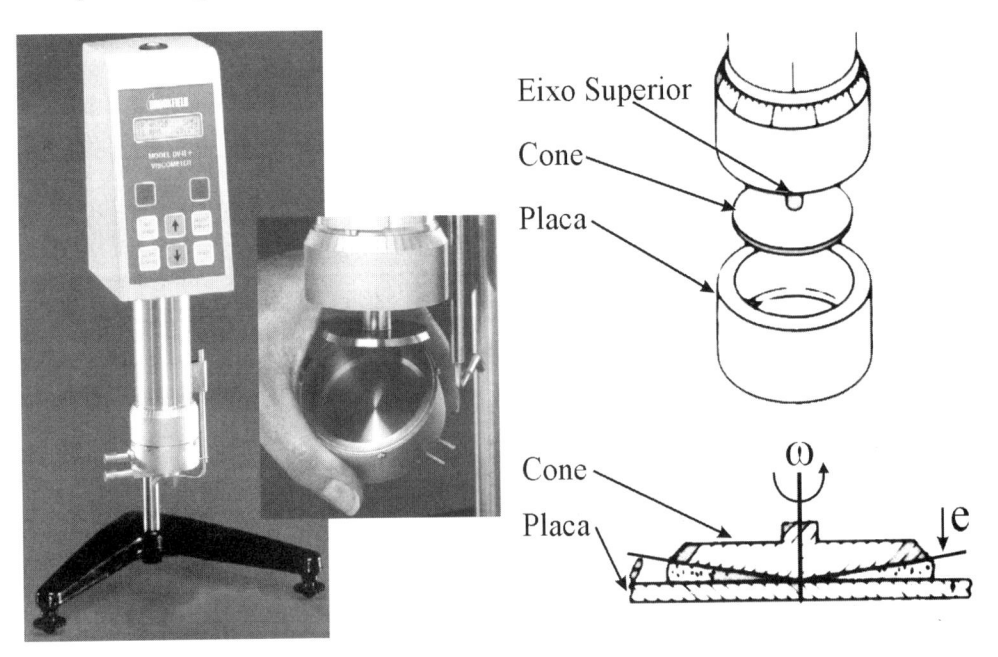

Figura 41. Foto e diagrama de representação de um viscosímetro rotativo cone-placa.

c) De Placa-Placa

O sistema de sensor placa-placa circular é definido pelo raio da placa e pela distância entre elas, denominado *gap*. Veja figura 42. Estes sensores podem ser escolhidos quando as amostras contém partículas dispersas muito grandes. Entretanto o tamanho do *gap* deve ser, pelo menos, três vezes maior do que o tamanho das partículas. Geralmente, nestes sistemas, a distância entre as placas nunca é inferior a 0,3 mm, nem nunca superior a 3,0 mm.

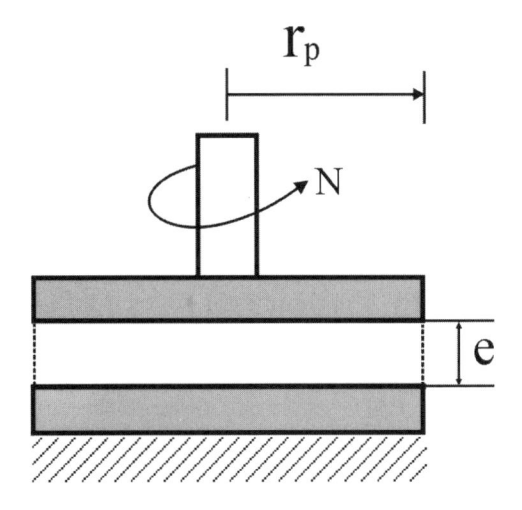

Figura 42. Esquema do sensor do tipo placa-placa para viscosímetros rotativos.

A tensão cisalhante nos viscosímetros cone-placa é definida pela expressão:

$$\tau_p = \frac{2\,Tq}{\pi r_p^3} \qquad (3.52)$$

onde τ_p é a tensão cisalhante na placa, r_p é o raio externo da placa circular, e **Tq** é o torque a ser medido. Considerando o raio definido, a equação 3.52 fica:

$$\tau_p = b_1\,Tq \qquad (3.53)$$

A taxa de cisalhamento deste sistema de sensor é dependente do raio específico da placa rotatória. A expressão que calcula a taxa de cisalhamento é:

$$\gamma_p = \frac{\pi\,r_p}{30\,e}\,N \qquad (3.54)$$

onde γ_p é a taxa de cisalhamento, r_p é o raio da placa circular, **e** é a distância entre as placas ou *gap*, e **N** é a velocidade de rotação. Considerando o fator de geometria (**r_p/e**) constante, então a equação 3.54 pode ser expressa por:

$$\gamma_p = b_2\,N \qquad (3.55)$$

Daí, a viscosidade é determinada pela equação.

$$\mu = \frac{\tau_p}{\gamma_p} = \frac{b_1 \cdot Tq}{b_2 \cdot N} = b \cdot \left(\frac{Tq}{N}\right) \tag{3.56}$$

3.4.6 – Outros viscosímetros

Os modelos e fabricantes de viscosímetros, anteriormente descritos, foram tomados como exemplos, por serem os mais empregados nas operações de rotina e nos laboratórios de controle e especificação de produtos na indústria de petróleo. Isto, talvez, por serem de menor custo, e de mais fácil manutenção e operação. Entretanto, outros fabricantes de viscosímetros rotativos, famosos mundialmente, estão no mercado e disponibilizam viscosímetros mais precisos e mais sofisticados do ponto de vista de projeto. Alguns dos viscosímetros são, inclusive, mais indicados para trabalhos de pesquisa. Algumas marcas que devem ser consultadas, quando da pretensão de se adquirir estes equipamentos, são a *Haake, Contraves, Micronal, SL e TA*. Veja figura 43. Todos estes fabricantes dispõem de viscosímetros rotativos de cilindros coaxiais, cone-placa e placa-placa, de alta sofisticação e precisão, indicados principalmente para pesquisa pura e aplicada. Muitos deles oferecem versatilidade no fornecimento de acessórios, corpos e sensores, assim como, dispõem de programas computacionais apropriados para os seus sistemas.

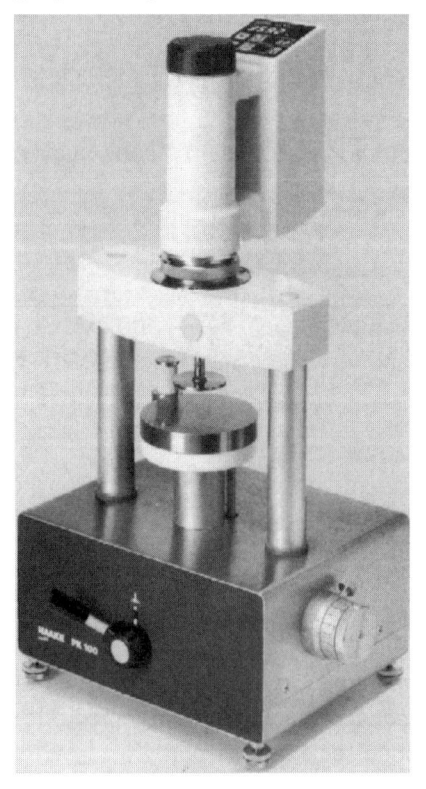

Figura 43. Foto do viscosímetro cone-placa da Haake.

3.5 – Análise e Interpretação

Vimos, nos itens anteriores, que existem parâmetros ou grandezas físicas determinadas diretamente nos viscosímetros, tais como vazão e queda de pressão nos viscosímetros tubulares, deflexão ou torque e velocidade de rotação nos viscosímetros rotativos, e tempo de escoamento para um certo volume de fluido nos viscosímetros capilares de vidro. Vimos, também, que com estas grandezas medidas e com parâmetros definidos no projeto do viscosímetro, tais como diâmetro e comprimento do tubo, para o viscosímetro tubular, raios e altura dos cilindros do viscosímetro rotativo de cilindros coaxiais, é possível se determinar, através de equações conhecidas da mecânica dos fluidos, outras grandezas importantes para análise e interpretação do fluido ensaiado, tais como tensão e taxa de cisalhamento, viscosidade, limite de escoamento, índice de fluxo e índice de consistência.

Portanto, a análise e interpretação destes dados ou resultados dos viscosímetros, medidos ou calculados, consiste basicamente em construir uma matriz de resultados e observar atentamente a tendência de crescimento ou redução de certas propriedades atribuídas ao fluido ensaiado, considerando intervalos bem definidos de taxa de cisalhamento, temperatura e pressão. A construção de gráficos relacionando tensão cisalhante com taxa de cisalhamento, viscosidade com taxa de cisalhamento e com temperatura, tensão cisalhante ou viscosidade com o tempo, auxiliam na interpretação destas tendências de crescimento ou decréscimo, além de permitir a comparação com modelos matemáticos sugeridos.

Inicialmente, pode-se submeter os resultados de tensão cisalhante e taxa de cisalhamento, para uma certa condição de temperatura e pressão, a uma análise gráfica ou matemática. A análise gráfica consiste em uma comparação visual das curvas de fluxo (tensão x taxa de cisalhamento) obtidas, seja em escala cartesiana, logarítmica ou outra qualquer, com os modelos conhecidos: Newton, Bingham, Ostwald, Bulckley – Herschell, Casson e Robertson - Stiff. Se, por exemplo, a curva de fluxo se aproxima de uma reta em um longo intervalo na escala decimal, o modelo Newtoniano ou Binghamiano pode ser o mais indicado para definir o comportamento do fluido. Porém se a curva de fluxo ajusta-se melhor à uma reta, em escala log-log, o modelo escolhido poderá ser o logarítmico ou de Potência.

A análise matemática consiste em se determinar parâmetros de correlação e estatísticos, tais como coeficiente de correlação, desvio e afastamento relativo, com os resultados experimentais, para se definir qual o modelo (ou equação) que melhor se correlaciona com os resultados medidos e calculados.

A seguir, pode-se fazer análises semelhantes, gráfica ou matemática, em qualquer tipo de escala (cartesiana, logarítmica, quadrada, etc.) com outros tipos de curvas, tais como de: viscosidade com temperatura, para taxas de cisalhamentos definidas; tensão ou viscosidade com tempo, para uma dada taxa de cisalhamento; crescimento e decréscimo de viscosidade ou tensão com a taxa de cisalhamento (histerese); etc.

Atualmente, já existem diversos simuladores computacionais de cálculo, completos, que auxiliam e facilitam a interpretação e estudo de correlação dos resultados. Alguns destes foram desenvolvidos pelos centros de pesquisa dos fabricantes dos viscosímetros, outros por instituições de pesquisa e universidades, e outros ainda pelas próprias indústrias que utilizam os equipamentos. Para o técnico-usuário, é importante saber quais as equações empregadas e qual a metodologia seguida, com a finalidade de inferir sobre a precisão dos resultados obtidos.

Os fluidos reais empregados na indústria de petróleo, tais como os fluidos de perfuração, completação e de estimulação, as pastas de cimento, os petróleos e algumas frações derivadas, nem sempre são simples, isto é, Newtonianos. Via de regra, os fluidos de perfuração, completação e de estimulação, as pastas de cimento e as frações pesadas do petróleo, são fluidos não-Newtonianos, sendo que alguns deles exibem ainda características viscoelásticas, a depender da taxa de cisalhamento ao qual esteja submetido. Com raras exceções, eles não se ajustam perfeitamente a nenhum dos modelos estudados. Em muitos casos, entretanto, é possível fazer uma escolha entre os três modelos reológicos mais comuns: plástico ou de Bingham, potência ou Ostwald e potência modificado ou Bulckley-Herschell.

3.6 – Seleção de Viscosímetros

Na seleção ou escolha de um certo tipo e modelo de viscosímetro, alguns fatores tem de ser previamente considerados e analisados. A primeira classe de fatores, talvez a mais importante, está relacionada com a aplicação dos dados ou informações que serão gerados pelo viscosímetro. Sob este aspecto, é relevante levantar se os dados serão usados na especificação de produtos, no controle de um processo, ou em pesquisa. A segunda classe de fatores está relacionada com os fluidos que serão testados, isto é, sua natureza (corrosivo, volátil, instável, etc.), e seu comportamento reológico (Newtoniano ou não-Newtoniano). A terceira classe de fatores diz respeito ao intervalo da variáveis físicas que serão controladas, tais como, tensão cisalhante, taxa de cisalhamento, viscosidade, temperatura e pressão. O último fator importante é a relação custo/benefício, que envolve o custo do equipamento propriamente dito, tempo de depreciação, tempo de análise, materiais e acessórios necessários.

Portanto, antes de escolher ou descrever um viscosímetro para compra, o qual será usado na caracterização de uma certa amostra ou na especificação de produtos líquidos, leve em consideração o seguinte:

a) caracterize bem a sua amostra,
b) levante o intervalo de taxa de cisalhamento nos testes,
c) defina o nível de versatilidade, rapidez e automação necessário,
d) descreva condições de trabalho ou teste, tais como intervalo de temperatura e temperatura máxima, intervalo de pressão e máxima pressão,
e) considere o valor do investimento que deseja fazer.

Se o fluido a testar for Newtoniano, estável e não-corrosivo, a escolha pode apontar para um viscosímetro de bola, capilar de vidro ou rotativo de cilindro coaxiais, de apenas uma velocidade, e/ou com sensor de um só corpo, porém sem geometria definida. Porém se o fluido for não-Newtoniano, a escolha pode sugerir viscosímetro de tubo capilar de pressão variável ou viscosímetro rotativo com geometria definida e anular estreito.

Para definir o intervalo de taxa de cisalhamento, considere as taxas usuais de aplicação a que se destina o fluido, para o caso de um processo tecnológico. Veja tabela 10. Ou em função do intervalo que se deseja investigar, para o caso de pesquisa. Existem viscosímetros simples que trabalham com dois ciclos de taxa de cisalhamento, 10^0 a 10^2 s^{-1}, por exemplo, e viscosímetros mais sofisticados com seis ou mais ciclos possíveis de operação, 10^{-3} a 10^5 s^{-1}, por exemplo.

TABELA 10
Taxas de cisalhamentos praticadas em diversas tecnologias

Tecnologia	Taxa de cisalhamento (s^{-1})
Extrusão de um creme líquido em garrafa	5 a 10
Compressão de pastas através de tubos	100
Escoamento de fluidos de perfuração	10^{-2} a 10^6
Fluxo sanguíneo	10^{-1} a 2×10^2
Pintura de parede	10^{-1} a 10^3
Transporte de partículas de ferro em tubos	6×10^2
Aplicação de cosméticos (batom e cremes)	10^3 a 2×10^4
Pintura por espalhamento	10^5
Lubrificação de motores e máquinas	4 a 7×10^5

Com relação ao nível de versatilidade e complexidade dos viscosímetros, pode-se dizer que testes precisos, completos e rápidos exigem viscosímetros automáticos e informatizados, sejam eles tubular, capilar de vidro ou rotativo. Estes podem traçar gráficos e calcular parâmetros viscosos em tempo real, eliminando muitos erros humanos, registrando resultados rápidos e possibilitando o estudo de tixotropia através das curvas de histerese. Os viscosímetros rotativos manuais de várias velocidades permitem o traçado gráfico, manual ou por computador, dos resultados. Estas curvas são tão boas quanto as graficadas automaticamente, entretanto, o tempo envolvido e o risco de erros humanos são maiores. Os viscosímetros rotativos, com número pequeno de velocidades (2 a 6), permitem uma investigação num intervalo limitado de taxa de cisalhamento e com menor precisão. Por último, os viscosímetros capilar de vidro, de bola e rotativo de uma só velocidade ou de um só corpo, são adequados apenas para caracterizar líquidos Newtonianos.

A maioria dos viscosímetros de projeto moderno cobre um amplo espectro de aplicações, justamente porque eles incluem um número razoável de sistemas de sensores e acessórios padronizados, que podem ser intercambiados. Entretanto, algumas condições muito específicas necessitam de um projeto mais sofisticado, por vezes indisponível no mercado. Situações tais como testes:

a) a altas temperaturas e altas pressões, 1000°C e 10000 kPa por exemplo;

b) de líquidos corrosivos;

c) de líquidos voláteis; e

d) de dispersões com partículas sedimentáveis;

necessitam de materiais, acessórios e sistemas de sensores especiais.

Com relação a custo, os preços variam desde a ordem de cem dólares (US$ 100,00), para os viscosímetros de orifício, até a ordem de um milhão de dólares (US$ 1.000.000,00), para os rotativos mais sofisticados, que, inclusive, podem simular condições diferentes de pressão e temperatura, passando por valores da ordem de quinhentos dólares (US$ 500,00), para os viscosímetros capilares de vidro, e de cinco mil dólares (US$ 5.000,00), para os viscosímetros rotativos mais simples. O custo de um viscosímetro é, portanto, função do sua sofisticação, automação e precisão.O esquema da figura 44, mostra os custos em função destes fatores.

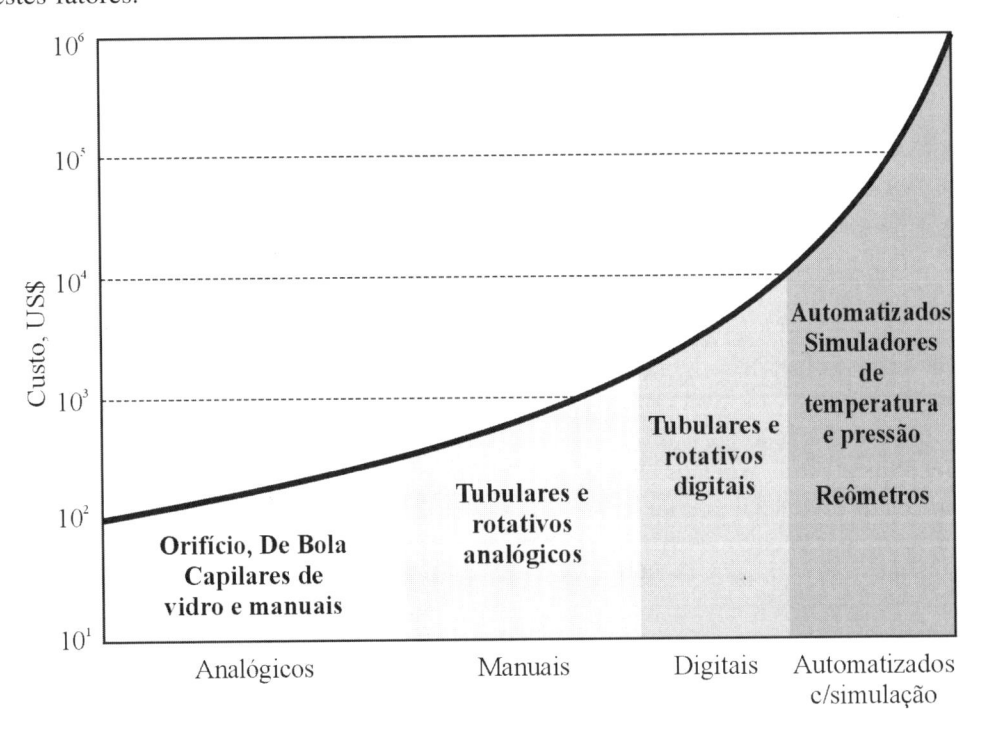

Figura 44. Custos de viscosímetros em função da sofisticação, automação, precisão e simulação das condições de fluxo.

A escolha de um determinado tipo e modelo vai depender muito da realidade do laboratório que vai utilizá-lo. É conveniente ainda que, antes de se decidir sobre a compra de um determinado tipo e modelo, deve-se procurar conhecê-lo em operação, e discutir as suas vantagens e desvantagens, sob a ótica de quem já o utiliza. Sempre há um laboratório com experiência de utilização do viscosímetro que você está pretendendo comprar.

Capítulo 4

Reometria

4.1 – Introdução

Os materiais podem apresentar comportamento de sólido ou líquido, a depender de suas características, conforme foi discutido no capítulo I. As principais características são fator de tempo ou tempo de relaxação (λ) e o tempo de resposta relativo ao processo. O número de Deborah é outro parâmetro usual para caracterizar a predominância do comportamento sólido ou líquido do material. Quanto mais alto, mais o material tende a se comportar como sólido. A viscosidade e a elasticidade são, portanto, as duas faces que tendem a caracterizar como um material reage a uma tensão imposta.

O estudo reológico de sistemas poliméricos, seja em estado fundido ou em solução, tem auxiliado na compreensão da estrutura molecular de muitos tipos de polímeros e como esta conformação estrutural afeta o comportamento reológico, tanto em condições de fluxo permanente, quanto em de deformação intermitente.

Com o emprego cada vez mais crescente de fluidos que apresentam comportamento viscoelástico, tornou-se cada vez mais necessário modelar estes materiais que apresentam comportamento dual. Na indústria de petróleo, os conceitos da mecânica dos fluidos têm sido extensivamente utilizados para modelar os diversos tipos de fluidos e fluxos existentes, sendo seus desvios corrigidos através de correlações empíricas ou equivalentes. Entretanto, muitos fluidos empregados pela indústria de petróleo, tais como fluidos de perfuração e de fraturamento, derivados pesados, asfalto, etc., apresentam componentes elásticos significativos. O caráter elástico destes fluidos não é, em geral, importante na modelagem dos seus fluxos, porém sua influência na capacidade de transporte e sustentação de partículas, bem como na caracterização exata dos seus parâmetros reológicos, é reconhecida e trabalhos tem sido dedicados neste sentido, embora os fenômenos não estejam ainda bem compreendidos.

Um dos segmentos que mais tem exigido a compreensão das características e efeitos elásticos dos fluidos é o da perfuração e completação de poços de alta inclinação e afastamento, técnica amplamente empregada na exploração em águas profundas, áreas urbanas e de preservação ambiental. Vários fluidos de perfuração atuais têm incluído, na sua formulação, aditivos que lhes conferem caráter elástico, notadamente a baixas taxas de cisalhamento. Outro segmento da indústria de petróleo que certamente emprega sistemas que exibem caráter elástico pronunciado são de asfalto e seus derivados.

Diversas dispersões argilosas e poliméricas e misturas de derivados de petróleo, contendo hidrocarbonetos de alto peso molecular, as quais contêm moléculas de cadeia longa com complexa conformação espacial, lembrando emaranhado de novelos aleatórios e em zigue-zague, apresentam caráter viscoelástico. Uma deformação estica a molécula no sentido da força aplicada. Este estiramento causa mudança nos ângulos entre as ligações no esqueleto da cadeia principal, aumentando o estado energético das moléculas. Quando a força que causa a deformação é retirada, as moléculas relaxam e retornam à sua conformação inicial e seu menor estado de energia.

Existe um vasto número de modelos moleculares propostos para explicar o comportamento viscoelástico dos fluidos. Um deles é o modelo de Rouse-Zim, de rolamento/mola, onde supostamente os rolamentos representam os sítios de fricção do fluido, isto é, a componente viscosa, enquanto que as molas conectando os rolamentos representam o comportamento elástico molecular. Uma vez esticado, o conjunto é capaz de absorver e armazenar parte da energia de deformação. Veja a figura 45.

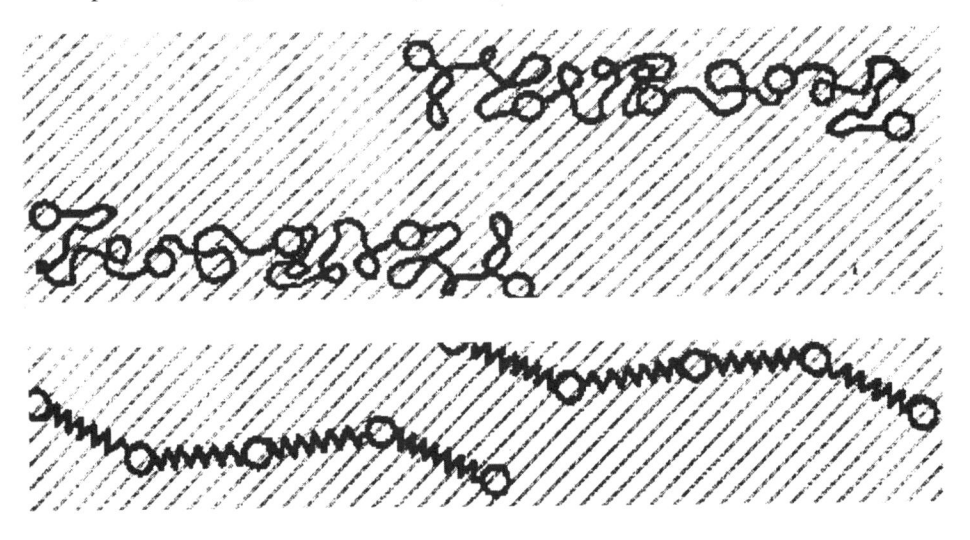

Figura 45. Esquema de macromoléculas ou poliméricas dispersas em solvente, à baixa concentração, sem emaranhamento, e sua representação através do modelo de mola-rolamento. Extraída de Schramm, A Practical Approach to Rheology and Rheometry, 1994. Reproduzida com permissão de Thermo Haake GmbH.

Numa dispersão de macromoléculas ou de polímeros, as longas cadeias se interligam, emaranham-se e enovelam-se, produzindo interações físicas e químicas. Junções temporárias formam pontos de emaranhamento, formando uma grande rede tridimensional. Veja a figura 46. Se a um sistema deste tipo são impostos esforços cisalhantes, inicialmente o fluido mostrará uma resistência similar a de um sólido, sendo deformado dentro dos limites da rede. A seguir, os segmentos conectados se esticarão elasticamente e, finalmente, as moléculas começarão a se desemaranhar, a se orientar e a escoar irreversivelmente na direção da força cisalhante. Essa imagem de um líquido polimérico torna a sua resposta viscosa e elástica compreensível, introduzindo um conceito de tempo de resposta, dependente, inicialmente, mais da elasticidade do que da viscosidade e, posteriormente, mais desta última.

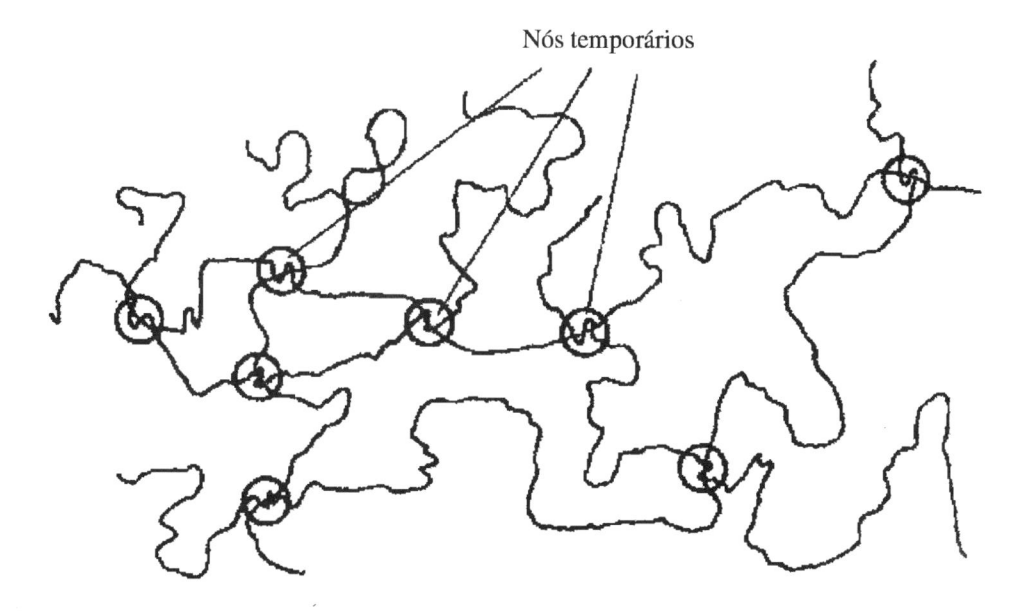

Figura 46. Arranjo entre emaranhado de moléculas de cadeias longas. Mostrando a formação de nós temporários. Extraída de Schramm, A Practical Approach to Rheology and Rheometry, 1994. Reproduzida com permissão de Thermo Haake GmbH.

4.2 – Testes Oscilatórios ou Dinâmicos

Para se determinar os parâmetros reológicos, considerando os modelos viscoelásticos apresentados anteriormente, convém aplicar tensões ou deformações oscilatórias, ao invés de tensões ou deformações constantes, que conduzem a um estado permanente de cisalhamento, como é o caso dos viscosímetros abordados no capítulo 3 – Viscosimetria.

Os equipamentos mais completos, cujos projetos permitem tanto investigar o comportamento reológico sob condição de fluxo pleno, quanto determinar o comportamento viscoelástico de um certo fluido, são denominados de **Reômetros**. Veja um reômetro na foto da figura 47. Os projetos dos reômetros seguem, basicamente, os mesmos princípios dos viscosímetros rotativos abordados no capítulo 3. Entretanto, algumas diferenças mecânicas são introduzidas para permitir o movimento oscilatório e o controle da tensão ou da taxa de cisalhamento.

Em um reômetro, em modo de tensão controlada, esta se comporta como função senoidal do tempo, conforme equação 4.1. Daí, o reômetro mede a deformação dependente do tempo resultante. Testes com tensões oscilatórias são também denominados de testes dinâmicos.

$$\tau = \tau_{máx} \cdot sen\ (\omega \cdot t) \tag{4.1}$$

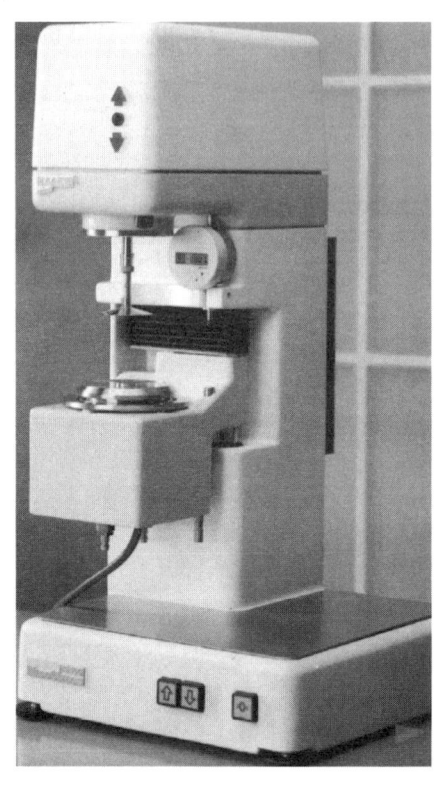

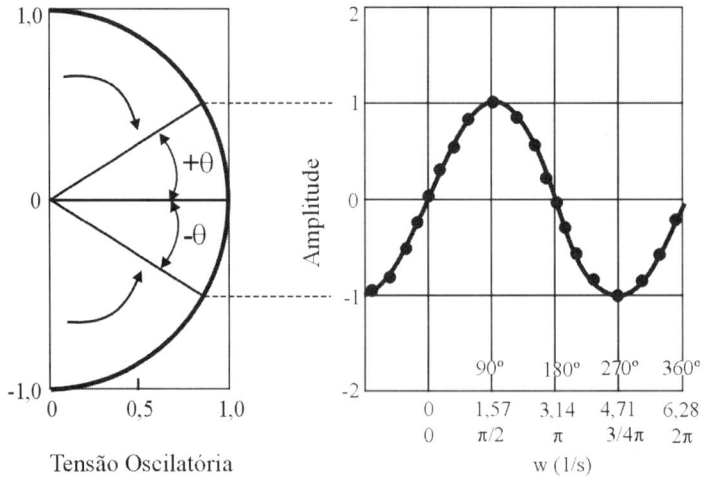

Figura 47. Foto de um reômetro e ilustração gráfica da deflexão angular alternativa empregada nos reômetros com curva de deformação. Extraída de Schramm, A Practical Approach to Rheology and Rheometry, 1994. Reproduzida com permissão de Thermo Haake GmbH.

Os testes dinâmicos efetuados nos reômetros geram dados sobre viscosidade e elasticidade relacionados com seus tempos de resposta. Estes relacionam a velocidade angular ou freqüência imposta com a tensão ou deformação oscilatória resultante. Normalmente, eles são realizados em um vasto intervalo de velocidade ou de freqüências, sendo que as amostras não são perturbadas mecanicamente nem as suas estruturas internas são rompidas. As amostras são apenas investigadas reologicamente, com as estruturas em repouso.

Realizar um teste dinâmico com um reômetro rotativo significa, por exemplo, que a parte giratória do sensor, cilíndrico, cônico ou placa, não está girando continuamente em uma direção, mas movimenta-se alternativamente, descrevendo uma função senoidal com o tempo, alcançando pequenos ângulos de deflexão (θ), para a esquerda e para direita. Veja ilustração na figura 47. A amostra posicionada no anular ou *gap* do reômetro é então forçada a se deformar segundo uma função senoidal similar, provocando tensões que também seguem uma lei senoidal, cuja amplitude está relacionada com a natureza do material. Em geral, o tempo necessário para realizar um teste dinâmico é, no mínimo, dez vezes maior do que um simples teste de um líquido Newtoniano em cisalhamento permanente.

4.3 – Parâmetros Viscoelásticos

Com a finalidade de facilitar a interpretação dos testes dinâmicos, é necessário recorrer novamente à discussão teórica dos modelos de mola e amortecedor hidráulico e suas combinações, inseridas no capítulo 1. É óbvio que as amostras viscoelásticas reais são mais complexas do que os modelos do sólido de Kelvin-Voigt ou do fluido de Maxwell, descritos antes. Observando as equações 1.2, 1.3 e 1.13, é comum, por similaridade, introduzir a definição de ***módulo complexo*** **G***, cuja equação é:

$$G^* = \frac{\tau_{máx}}{\gamma_{máx}} \tag{4.2}$$

onde **G*** representa a resistência total de um material a uma deformação aplicada, e $\tau_{máx}$ e $\gamma_{máx}$ são a tensão e taxa de cisalhamento máximas.

Considerando a teoria dos números complexos e as suas definições, podemos descrever as componentes viscosa e elástica através de uma única expressão, uma vez que o número complexo é definido por um vetor que contém uma parte real e outra imaginária. Daí, o ***módulo complexo***, **G***, ser definido de outra forma, por uma equação contendo uma parte real e outra imaginária, que engloba as suas componentes viscosa e elástica:

$$G^* = G' + i \cdot G'' = \frac{\tau_{max}}{\gamma_{max}} \tag{4.3}$$

Na equação 4.3 aparecem dois novos parâmetros viscoelásticos importantes. O ***módulo de armazenamento*** ou de **rigidez dinâmica**, **G'**, que indica a parcela equivalente de energia proveniente da tensão aplicada, que é temporariamente armazenada durante o teste, mas que pode ser recuperada, posteriormente. Matematicamente, **G'** é definido por:

$$G' = G^* \cdot \cos \delta = \left(\frac{\tau_{máx}}{\gamma_{máx}}\right) \cdot \cos \delta \qquad (4.4)$$

O segundo membro da equação 4.3 contém o segundo parâmetro, definido por *módulo de cisalhamento ou de perda*, **G"**, que indica a parcela de energia que foi utilizada para iniciar o escoamento e transferida irreversivelmente para a forma de calor, definido matematicamente por:

$$G'' = G^* \cdot \operatorname{sen} \delta = \left(\frac{\tau_{máx}}{\gamma_{máx}}\right) \cdot \operatorname{sen} \delta \qquad (4.5)$$

Quando uma substância é puramente viscosa, seu ângulo de mudança de fase é 90° e, conseqüentemente, seu módulo de armazenamento é zero (**G' = 0**), e o módulo complexo é igual ao módulo de perda, **G* = G"**. Por outro lado, se a substância é puramente elástica, o ângulo de fase é 0°, seu módulo de perda é zero (**G" = 0**), conseqüentemente, o módulo complexo é igual ao módulo de armazenamento, **G* = G'**.

Outro parâmetro importante na investigação do comportamento viscoelástico de um material é o **ângulo de fase** (δ), também denominado de **ângulo de perda**, que sempre aparece nas equações senoidais da deformação elástica. Os ângulos de mudança de fase dos materiais viscoelásticos se situam entre $0 < \delta < 90°$. Por questões de simplicidade, seu resultado pode ser registrado sob a forma da **tangente do ângulo de perda, tan (δ)**, também chamada de fricção interna ou amortecimento, que é a razão entre a energia dissipada e a energia potencial armazenada por ciclo, cuja definição matemática é dada na equação 4.6, a seguir.

$$\tan \delta = \frac{G''}{G'} \qquad (4.6)$$

Para materiais viscoelásticos reais, o módulo complexo (**G***) e a tangente do ângulo de fase (**tan δ**), dependem da freqüência empregada, f_r, ou da velocidade angular, **w**. Lembre-se que a velocidade angular está relacionada com a freqüência por **w = 2πf_r**. Para um valor definido de freqüência, os valores de **G'** são altos para metais e baixos para polímeros, por exemplo. Enquanto os valores de **tanδ** são elevados para polímeros e baixos para metais. Os valores de **G"** são altos para soluções poliméricas e baixos para polímeros reticulados ou géis, que se parecem com um sólido.

Os resultados experimentais de **G*** e δ, dentro de um intervalo de freqüência, fornecerá curvas reológicas que informam a respeito da viscoelasticidade do material. Um declínio na curva de ângulo de perda versus a freqüência (ou velocidade angular), dentro do intervalo $0 < \delta < 90°$ sugere um decréscimo da viscosidade e um aumento correspondente no comportamento elástico do líquido testado. Veja a figura 48. Em geral, o método de correlação, usado nos reômetros computadorizados para a obtenção de sinais harmônicos, determina os valores de **G*** e **tanδ**, como dados de saída, quando são fornecidos os valores da deformação máxima ($\gamma_{máx}$) e do produto w.t (ou freqüência, ou velocidade angular), como dados de entrada. A partir daí, estes valores podem ser transformados em componentes viscosos e elásticos da amostra.

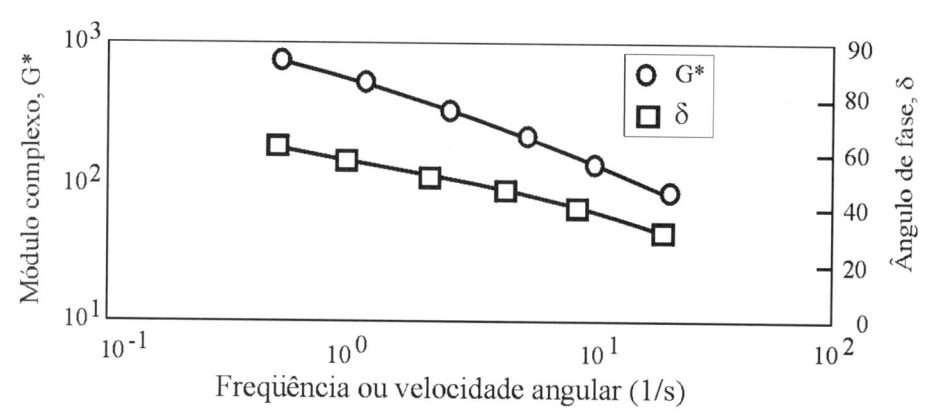

Figura 48. Curvas do ângulo de fase e do módulo complexo, em função da freqüência. Extraída de Schramm, A Practical Approach to Rheology and Rheometry, 1994. Reproduzida com permissão de Thermo Haake GmbH.

À semelhança dos fluidos puramente viscosos, para um certo valor de módulo complexo, **G***, pode-se definir uma *viscosidade complexa*, μ*, por:

$$\mu^* = \frac{G^*}{\omega} = \frac{\tau_{máx}}{\gamma_{máx} \cdot \omega} \qquad (4.7)$$

A *viscosidade complexa* descreve a resistência total ao cisalhamento dinâmico, que pode ser segmentado novamente em duas componentes: a viscosidade de armazenamento, μ', que seria a componente elástica, e a viscosidade dinâmica, μ", a componente viscosa. As suas respectivas definições matemáticas, seriam, portanto:

$$\mu' = \frac{G'}{\omega} = \left(\frac{\tau_{máx}}{\gamma_{máx} \cdot \omega}\right) \sen \delta \qquad (4.8)$$

$$\mu'' = \frac{G'}{\omega} = \left(\frac{\tau_{máx}}{\gamma_{máx} \cdot \omega}\right) \cos \delta \qquad (4.9)$$

A viscosidade complexa pode ser definida, também, à semelhança do que foi feito para o módulo complexo, através do conceito de número complexo, por:

$$\mu^* = \mu'' + i \cdot \mu' \qquad (4.10)$$

Em testes com tensão controlada, aplica-se uma tensão constante e a deformação resultante é registrada. Observe que estes testes geram uma função inversa à função que se obtém nos testes de taxa de cisalhamento controlada. Matematicamente, as variáveis, dependente e independente, estão invertidas. Ou seja, a melhor forma de escrever a equação de estado seria:

$$\gamma^*(t) = J(t) \cdot \tau \qquad (4.11)$$

Esta equação introduz um novo parâmetro, **J**, dependente do tempo, denominado de **compliança**. Ele é uma constante, característica do material, que pode ser interpretada de modo similar à viscosidade nos estudos de cisalhamento pleno, só que de modo inverso. Isto é, quanto mais alto for a compliança do material mais facilmente ele se deforma para uma dada tensão.

Portanto, é também usual e útil a definição do termo *compliança complexa* **J***, com suas componentes real e imaginária:

$$J^* = \frac{1}{G^*} = J' + i \cdot J'' \qquad (4.12)$$

A resposta à tensão em testes dinâmicos pode agora ser escrita em termos dos módulos ou das viscosidades, como segue:

$$\tau = G' \cdot \gamma_{máx} \cdot \text{sen}(\omega \cdot t) + G'' \cdot \gamma_{máx} \cdot \cos(\omega \cdot t) \qquad (4.13)$$

$$\tau = \mu'' \cdot \gamma_{máx} \cdot \text{sen}(\omega \cdot t) + \mu' \cdot \gamma_{máx} \, \omega \cdot \cos(\omega \cdot t) \qquad (4.14)$$

Os reômetros modernos vêm acompanhados de aplicativos (*software*) que permitem converter facilmente o módulo complexo, **G***, e o ângulo de fase, δ, nas componentes real e imaginária correspondentes, **G'** e **G''**, μ' e μ'', **J'** e **J''**. Portanto, prefixando o intervalo a ser investigado, pode-se obter curvas de módulos, viscosidades e complianças em função da freqüência ou da velocidade angular ou, ainda, dos produtos: $\omega.\lambda$ ou $\omega.t$.

Existe uma correlação, sugerida por Cox-Merz, que assume que a viscosidade medida nos viscosímetros sob cisalhamento permanente, em função da taxa de cisalhamento, pode ser comparada e, até mesmo igualada em alguns casos, com a viscosidade complexa medida nos reômetros em função da velocidade angular. Esta relação é válida para muitos polímeros fundidos e soluções poliméricas concentradas, mas raramente dá bons resultados para dispersões coloidais e suspensões. Uma das vantagens desta correlação é poder medir a viscosidade complexa dos polímeros fundidos nos reômetros e assumir este valor como viscosidade simples, ou vice-versa.

4.4 – Curvas Reológicas de Testes Oscilatórios

Inicialmente, como exercício, vamos analisar os modelos ideais descritos nos capítulos anteriores. Mesmo que as substâncias reais não sigam exatamente os modelos do sólido de Kelvin-Voigt e o líquido de Maxwell, é um bom exercício de compreensão analisar como os dados dinâmicos destes materiais se relacionam, em função da velocidade angular.

Num teste dinâmico com um sólido de Voigt (figura 49), o módulo de armazenamento, **G'**, é constante e está diretamente relacionado com o módulo da mola, enquanto que o módulo de perda varia proporcionalmente com a velocidade, isto é:

$$G'' = \mu \cdot \varpi \tag{4.15}$$

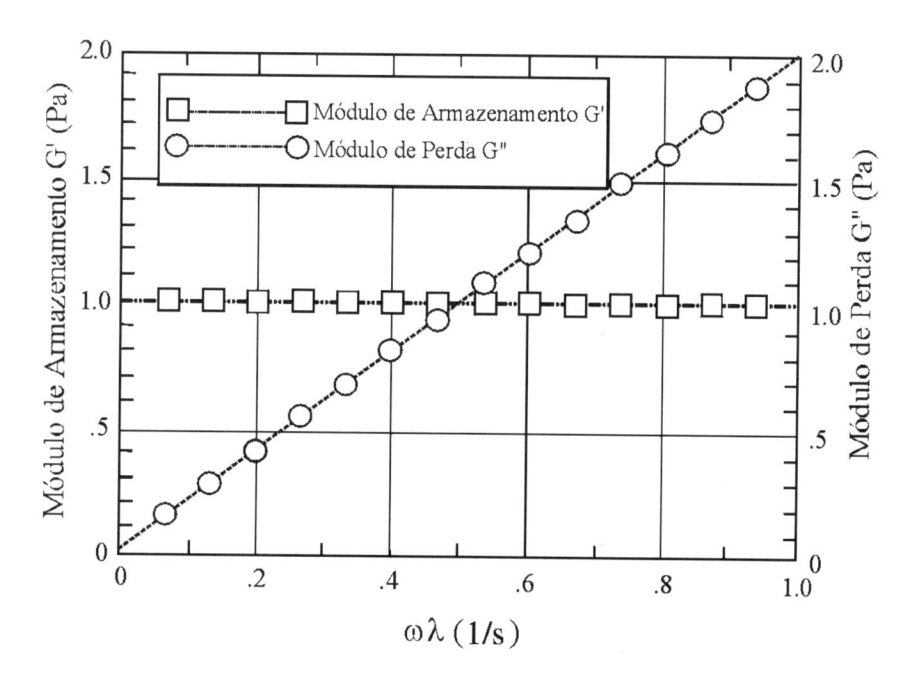

Figura 49. Teste dinâmico oscilatório com um sólido de Kelvin-Voigt. Extraída de Schramm, A Practical Approach to Rheology and Rheometry, 1994. Reproduzida com permissão de Thermo Haake GmbH.

Isto indica que **G'** é independente da freqüência, enquanto que **G"** é linearmente proporcional à freqüência. A baixas freqüências, esse modelo é definido pelo comportamento do modelo da mola, isto é, a componente viscosa, **G"**, é superior à componente elástica, **G'**. Para valores intermediários de freqüência, ambas componentes possuem a mesma ordem de grandeza e, a altas freqüências, a componente viscosa passa a ser dominante.

Considerando que o tempo de relaxação é definido por:

$$\lambda = \frac{\mu}{G} \tag{4.16}$$

A equação 4.15 pode ser reescrita como:

$$G'' = G \cdot \varpi \cdot \gamma \tag{4.17}$$

No teste dinâmico com fluido de Maxwell (figura 50), os módulos são definidos pelas expressões:

$$G' = \frac{G \cdot \varpi^2 \cdot \lambda^2}{(1 + \varpi^2 \cdot \lambda^2)} \qquad (4.18)$$

$$G'' = \frac{G \cdot \varpi \cdot \lambda}{(1 + \varpi^2 \cdot \lambda^2)} \qquad (4.19)$$

Quando o termo ($\omega.\lambda$) é muito pequeno, pode-se utilizar a definição da equação 4.16 para se obter as simplificações:

$$G'' = G \cdot \varpi^2 \cdot \lambda^2 \qquad (4.20)$$

$$G'' = G \cdot \varpi \cdot \lambda = \mu\varpi \qquad (4.21)$$

Quando o termo ($\omega.\lambda$) é muito alto, então:

$$G' = G \qquad (4.22)$$

$$G'' = \frac{G}{\mu \cdot \varpi} = \frac{G}{\varpi \cdot \lambda} = \frac{G^2}{\mu \cdot \varpi} \qquad (4.23)$$

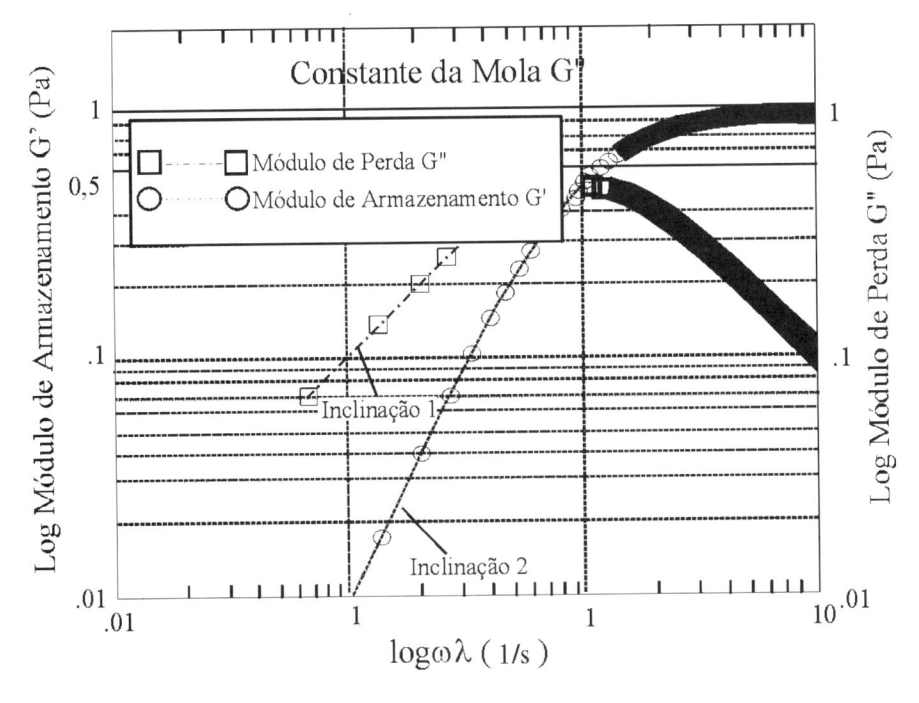

Figura 50. Teste dinâmico oscilatório com um fluido de Maxwell. Extraída de Schramm, A Practical Approach to Rheology and Rheometry, 1994. Reproduzida com permissão de Thermo Haake GmbH.

A baixos valores de freqüências, a componente viscosa, **G"**, é maior do que a componente elástica, **G'**. O modelo de Maxwell reage, portanto, tal qual um líquido Newtoniano, uma vez que a resposta do amortecedor leva tempo suficiente para reagir a uma dada deformação. Nas freqüências mais altas, as posições de **G'** e **G"** estão invertidas. O modelo líquido, portanto, passa a reagir como uma simples mola, uma vez que já não há suficiente tempo para o amortecedor reagir em linha com a deformação imposta.

O gráfico da figura 50, em escala logarítmica, mostra os módulos em função de $\omega \cdot \lambda$. Para baixos valores de freqüência, o módulo de armazenamento **G'** aumenta de acordo com uma inclinação de $\tan \alpha = 2$, até atingir assintoticamente o valor do módulo da mola, **G**, para altos valores de freqüência. O módulo de perda, **G"**, aumenta primeiro com uma inclinação de $\tan \alpha = 1$, atinge um máximo em $\omega \cdot \lambda = 1$, e decresce com uma inclinação de $\tan \alpha = -1$. Em $\omega \cdot \lambda = 1$, os dois módulos são iguais.

Em relação aos testes dinâmicos e seus resultados, é sempre de grande interesse registrar o ponto de cruzamento das curvas dos módulos e quais os valores das suas tangentes, especialmente em baixas freqüências. Nestes trechos é comum se avaliar também a viscosidade dinâmica do amortecedor, definida por $\mu = G"/\omega$ e o tempo de relaxação, definido por $\lambda = 1/(G" \cdot \omega)$.

Para continuar interpretando os parâmetros viscoelásticos, vamos analisar as curvas dos módulos de perda (**G"**) e de armazenamento (**G'**) da figura 51, relativa a polímeros fundidos, termoplásticos. Observe que estes materiais mostram um comportamento predominantemente elástico e algum escoamento viscoso sob teste oscilatório. A baixas velocidades angulares, a inclinação da curva de **G"** mostra uma variação ascendente, cuja tangente é igual a 1, enquanto a tangente de inclinação da curva do módulo de armazenamento, **G'**, é igual a 2. Portanto, no caso de baixos valores de ω, a curva de **G"** está bem acima da curva de **G'**.

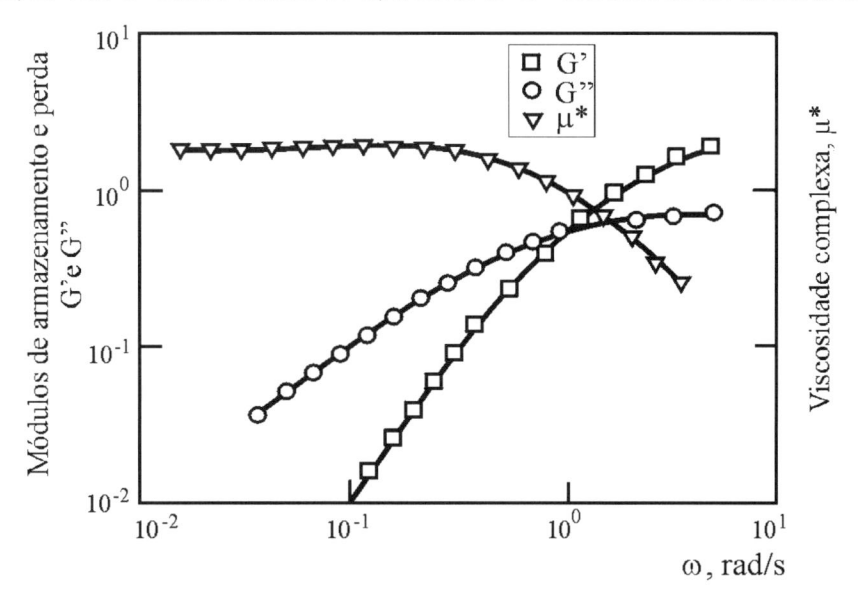

Figura 51. Teste dinâmico de um polímero termoplástico, fundido. Extraída de Schramm, A Practical Approach to Rheology and Rheometry, 1994. Reproduzida com permissão de Thermo Haake GmbH.

Entretanto, as duas curvas se cruzam a um valor particular de velocidade angular, que é característico da estrutura molecular do polímero. A partir deste ponto, isto é, para velocidades angulares mais altas, a resposta elástica mostra que os valores de **G'** estão acima dos valores de **G"**. A curva de viscosidade mostra que o material se comporta como Newtoniano, em um largo intervalo de baixos valores de velocidade, para depois começar a decrescer. A viscosidade complexa mostra, portanto, um comportamento muito similar com a variação da viscosidade resultante dos testes com cisalhamento permanente.

Outro exemplo que auxilia na interpretação dos parâmetros viscoelásticos diz respeito ao teste dinâmico com gel de polímeros reticulados, conforme ilustra a figura 52. Vários polímeros podem ser reticulados quimicamente, isto é, suas dispersões ou pseudo-soluções podem se transformar em um material com certa rigidez, com aspecto de estado sólido, sob a ação de um produto químico específico, geralmente um sal de metal pesado. Um elemento de volume de um gel polimérico reticulado, não pode escoar irreversivelmente sob a ação de uma tensão. Observe na figura 52 que a viscosidade complexa destes sistemas, em função da velocidade angular, reduz com uma inclinação cuja tangente é igual a –1. Este comportamento é similar a um fluido de Ostwald (ou de Potência), analisado em viscosímetros, sob cisalhamento permanente.

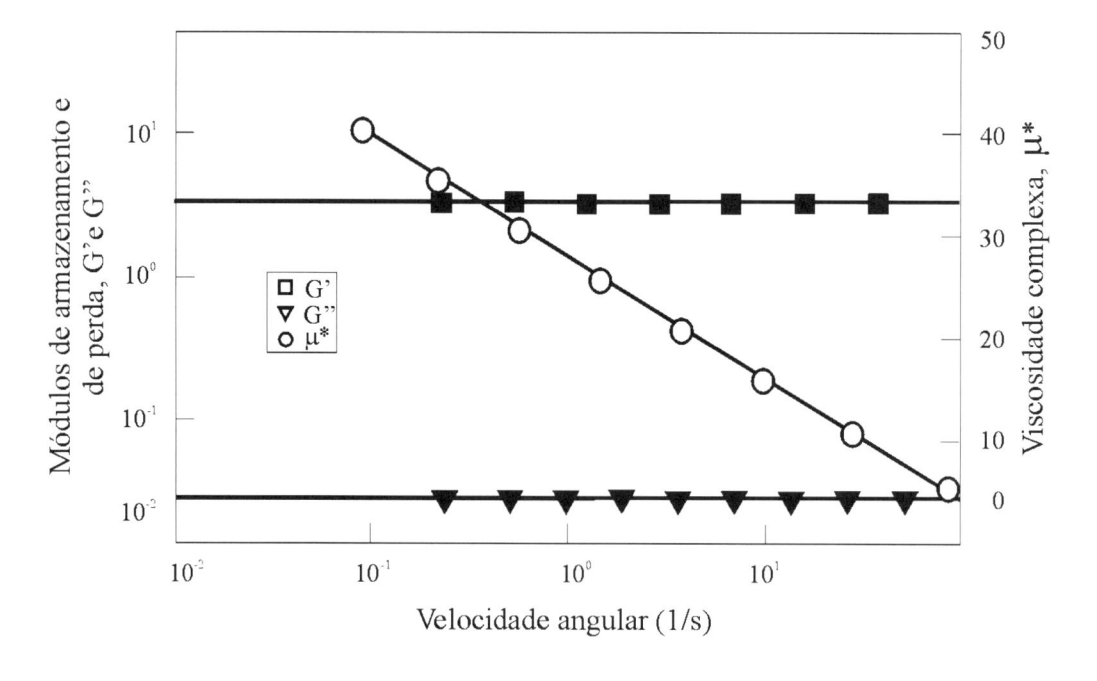

Figura 52. Teste dinâmico oscilatório com gel de polímero reticulado. Extraída de Schramm, A Practical Approach to Rheology and Rheometry, 1994. Reproduzida com permissão de Thermo Haake GmbH.

A curva do módulo de armazenamento, **G'**, é uma reta paralela ao eixo das velocidades, cujos valores são bem superiores aos da curva do módulo de perda, **G"**, que também está representada por uma reta com valor constante. Estas curvas não se cruzam. Poderíamos até afirmar que, do ponto de vista prático operacional, os valores de **G"** podem ser desprezados quando comparados com os valores de **G'**. Então, o módulo complexo de reticulação (ou de cura) do material é independente da velocidade angular ou freqüência aplicada, e a componente elástica, de resposta à tensão aplicada, é bem maior do que a componente viscosa. O valor de **G'** pode ser usado para avaliar o grau de reticulação do polímero, isto é, o número de ligações cruzadas que reticularam a amostra. Este exemplo é de particular interesse da indústria de petróleo, porque fluidos poliméricos reticulados são empregados como gel de fraturamento em operações de estimulação de poços nos campos de petróleo.

Outro exemplo de grande interesse da indústria de petróleo, principalmente no segmento de fluidos de perfuração e completação, é a interpretação do comportamento viscoelástico das dispersões diluídas de polímeros. As curvas típicas deste sistema estão ilustradas na figura 53, representadas pelo comportamento viscoelástico da goma xantana, polímero muito usado na composição de fluidos de perfuração e completação.

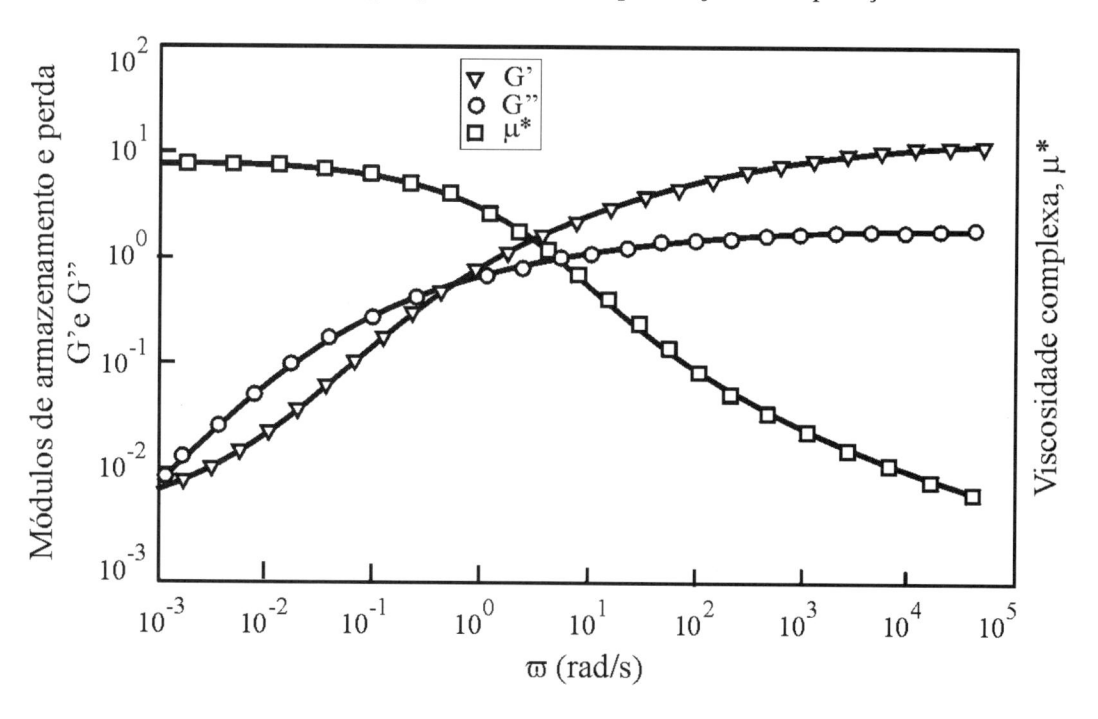

Figura 53. Teste dinâmico oscilatório representativo de uma pseudo-solução polimérica. Dispersão de goma xantana com concentração de 3 g/l.

Observe que as curvas dos módulos de armazenamento e perda seguem relativamente próximas ao longo do intervalo de velocidade angular investigado. Isto sugere que não existe uma distinção tão acentuada entre os valores de **G'** e **G"**, quanto o do sistema de polímero reticulado, descrito anteriormente. A viscosidade complexa segue constante no intervalo de baixas velocidades, isto é, abaixo de 0,01 rad/s. Depois reduz no intervalo de velocidade de 1 a 10000 rad/s, com inclinação acentuada, cuja tangente é da ordem de –1. Por último, apresenta uma tendência a ficar constante novamente para trechos de altas velocidades angulares.

4.5 – Comparação dos Parâmetros Viscoelásticos

Com o objetivo de simplificar a interpretação e o entendimento dos parâmetros viscoelásticos mais usuais, a tabela 11 resume, define e relaciona os parâmetros mais freqüentemente registrados em um teste dinâmico, comparando-os, na medida do possível, com os parâmetros viscosos, conhecidos da viscosimetria rotacional, uma vez que esta é amplamente empregada nas indústrias para controle de processos, nos campos de petróleo para especificações de rotina, nos laboratórios de acompanhamento e certificação, e nos centros ou instituições de pesquisa aplicada.

TABELA 11
Interpretação e comparação dos parâmetros viscoelásticos e viscosos

Grandeza Viscoelástica	Significado/Conceito	Grandeza Viscosa	Significado
G' Módulo de rigidez ou de armazenamento	Reflete a tensão contida armazenada no material durante a deformação e/ou cisalhamento, pronta a ser restituída	Tensão Tensão devido à viscosidade	Avalia a energia armazenada no fluido após um determinado período de cisalhamento
G' Módulo de perda ou de cisalhamento	Expressa a tensão que é dissipada para o meio durante a deformação e/ou cisalhamento do material	τ tensão de cisalhamento	Corresponde a tensão de cisalhamento normalmente obtida, quando os efeitos elásticos não são considerados ou são desprezíveis
G* Módulo complexo ou de rigidez total	Expressa a tensão resultante da composição dos módulos de armazenamento e cisalhamento	Gi e Gf Géis inicial e final	Obtida em viscosímetro rotativo através do esforço por unidade área que resulta em uma área definida
μ* Viscosidade complexa ou dinâmica	Relação entre a tensão de cisalhamento e a taxa de deformação angular viscosidade aparente	μ viscosidade aparente	Relação entre a taxa de cisalhamento e a tensão cisalhante

Uma grande quantidade de fluidos reais, utilizados pela indústria de petróleo e por outros segmentos industriais, apresentam comportamento viscoelástico. Entretanto, por questões operacionais e de dificuldade da interpretação dos parâmetros viscoelásticos destes fluidos, os parâmetros reológicos têm sido ainda determinados e monitorados através de medidas rotineiras em viscosímetros capilares ou rotacionais, cujos resultados obtidos representa a conjugação das duas tendências, viscosa e elástica, que estão reunidas na grandeza medida, geralmente a tensão de cisalhamento. Um grande esforço dos reologistas, no momento, está concentrado na análise e interpretação dos parâmetros viscoelásticos dos materiais, e sua correlação com os parâmetros viscosos, descritos no capítulo 2.

Capítulo 5

Escoamento Através de Tubos e Anulares

5.1 – Introdução

Durante as etapas de perfuração e completação de um poço de petróleo, o escoamento de fluidos é um assunto de muito importância. O sucesso das operações de deslocamento e circulação dos fluidos num poço de petróleo depende do conhecimento de mecânica de fluidos e da habilidade dos técnicos envolvidos. Na verdade, o escoamento é uma aplicação específica dos princípios da mecânica clássica, que engloba o comportamento dos fluidos. Estes princípios estão fundamentados, em parte, na mecânica Newtoniana, desenvolvida para os corpos sólidos, sendo que as discrepâncias são interpretadas em função da natureza de cada fluido.

A mecânica classifica a matéria em duas categorias: sólidos e fluidos. O sólido apresenta uma certa rigidez, enquanto o fluido escoa ou flui. Devido à sua subjetividade, esta diferença não é, muitas vezes, suficiente para distinguir um sólido de um fluido. Algumas substâncias podem apresentar características tanto de sólido quanto de fluido. Existem ainda duas classes de fluidos: os gases e os líquidos. Os gases são altamente compressíveis, isto é, tem o volume bastante modificado com a pressão. Adicionalmente, o volume de um gás é bastante dependente da temperatura. Enquanto isso, os líquidos são apenas levemente compressíveis, isto é, o seu volume varia muito pouco com a pressão e temperatura, quando comparado aos gases.

Neste texto abordaremos apenas o estudo e análise das propriedades e comportamento dos líquidos, considerados incompreensíveis e em escoamento unidirecional e monofásico. Consideraremos ainda que a pressão e a temperatura não afetam significativamente o seu volume. Tal estudo pode ser aplicado à maioria dos fluidos de perfuração, completação, estimulação e pastas de cimento, de amplo uso na indústria de petróleo.

Um cubo de água de dimensão igual a $0,1 \times 0,1 \times 0,1$ m³ ($10 \times 10 \times 10$ cm³) tem um volume de 10^{-3} m³ (1000 cm³) e massa de 1 kg (1000 gramas). Então, a sua massa específica é igual a 1000 kg/m³ (1 g/cm³). Nas operações de perfuração e completação, a massa específica costuma ser determinada em unidades do sistema inglês e americano, tais como lb/ft³ ou ℓb/gal, assumindo valores de 62,4 lb/ft³ ou 8,34 ℓb/gal para a água pura, a 20°C. Os fluidos, quando comparados com a água, podem apresentar massa específica maior ou menor. A densidade relativa, portanto, é a relação entre a massa do fluido e a massa de igual volume de água, sob as mesmas condições de temperatura e pressão.

A pressão hidrostática é a pressão relativa ao peso de uma coluna estática de fluido. A pressão hidrostática de uma coluna de fluido é dada pela expressão:

$$P_h = \rho.g.H \tag{5.1}$$

onde P_h é a pressão hidrostática, ρ é a massa específica do fluido, g é a aceleração da gravidade e H é a altura da coluna do fluido. Ou, em unidades usuais de campo, com P_h em psi, ρ em ℓb/gal e H em ft:

$$P_h = 0,0519.\rho.H \tag{5.2}$$

Então, a água pura exerce uma pressão por comprimento unitário de coluna de:

$$\frac{P_h}{H} = 0,0519 \times 8,34 = 0,433 \text{ psi/ft} \tag{5.3}$$

O princípio ou lei de Pascal estabelece que "a pressão em qualquer ponto de um fluido estático é a mesma em todas as direções". Portanto, qualquer pressão aplicada, em condição estática, é transmitida através do fluido, sem qualquer perda.

Considere o fluxo de um líquido através de um tubo a uma vazão constante, Q. Assumindo o líquido incompressível, a vazão volumétrica do fluido que entra deve ser igual à vazão do fluido que sai, independentemente da variação da geometria do tubo. Este é o Princípio da Continuidade enunciado pela mecânica clássica. Isto é:

$$Q = S_1 . v_1 = S_2 . v_2 \tag{5.4}$$

onde Q é a vazão volumétrica, S_1 e S_2 são as áreas de entrada e saída, e v_1 e v_2 são as velocidades médias de fluxo nas seções de entrada e saída.

A equação 5.4 é conhecida como equação da continuidade. A conseqüência importante deste princípio é que, a uma vazão constante, a velocidade do fluido é inversamente proporcional à área da seção transversal em relação à direção do fluxo. Muitos cálculos de escoamento e hidráulica necessitam da velocidade média, $\bar{v}$, que pode ser determinada pela equação

$$\bar{v} = \frac{Q}{S} \tag{5.5}$$

onde $\bar{v}$ é a velocidade média de fluxo na seção de área S, e Q é a vazão volumétrica. Em geral, a uma vazão constante, uma velocidade média de fluxo é encontrada para cada seção de escoamento.

A avaliação do comportamento dos fluidos de perfuração, completação, estimulação e pastas de cimento, através da análise das suas propriedades físicas, principalmente as reológicas, encontra aplicação na solução de problemas tais como:

a) cálculos hidráulicos, isto é, cálculos de pressão hidrostática, perdas de carga, densidade equivalente de fluxo, sobre-pressão de gelificação, etc;
b) tratamento do fluido;
c) definição do regime de fluxo;
d) carreamento e suspensão dos sólidos;
e) deslocamento de fluidos no poço.

5.2 – Sistema de Circulação

Uma unidade típica de perfuração possui os seguintes componentes básicos: bombas de circulação, tanques de sucção e tratamento, equipamentos de superfície, coluna de sub-superfície e broca, os quais estão ilustrados na figura 54. O fluido é bombeado do tanque de sucção, deslocado através dos equipamentos de superfície, isto é, tubos, válvulas, restrições, manifolds, 'standpipe', mangueira flexível, cabeça rotativa (*swivel*) e haste quadrada ou hexagonal (*kelly*), desce pelo interior dos tubos de perfuração e comandos, passa nos orifícios (jatos) da broca, ascende pelo espaço anular do poço, sai no tubo de retorno até a peneira vibratória, onde ocorre a separação dos sólidos perfurados (cascalhos), percorre todo o circuito dos tanques de circulação na superfície, onde sofre resfriamento e tratamento específico, para ser novamente bombeado de forma contínua para o poço.

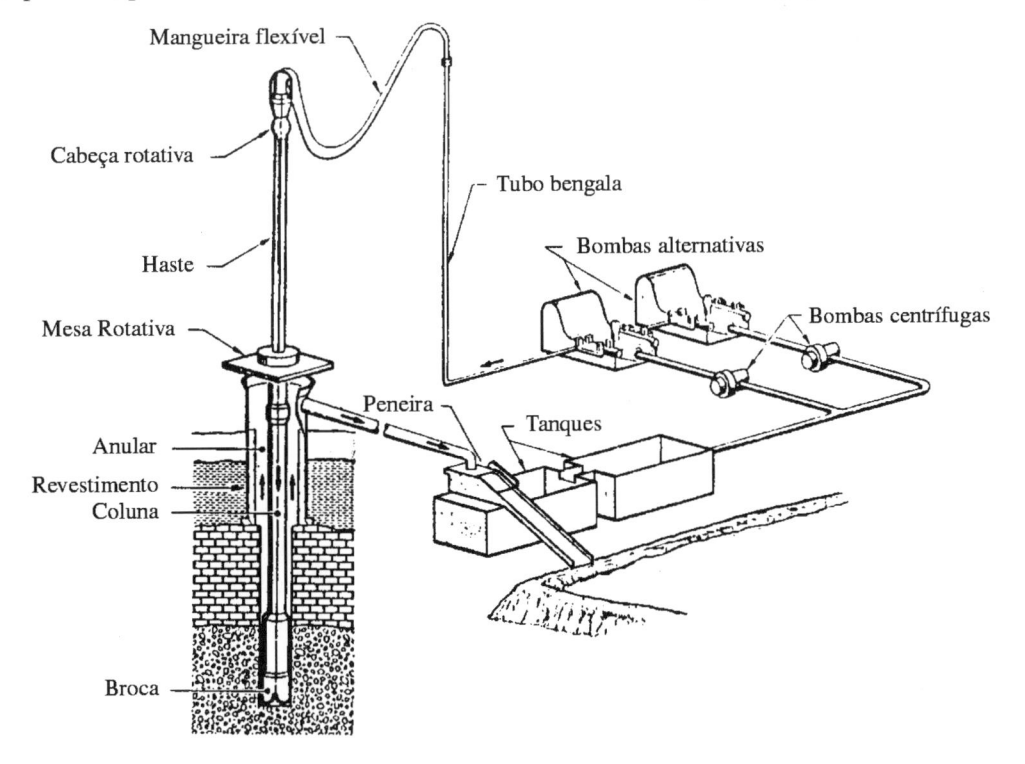

Figura 54. Componentes de um sistema de circulação de uma unidade de perfuração ou completação. Reproduzida com autorização do IHRDC, Boston.

Uma unidade de completação é muito similar a de perfuração. As diferenças principais são: as dimensões dos componentes, que são menores, conseqüentemente, a capacidade da unidade também é menor; a broca de perfuração é substituída por outros equipamentos no terminal da coluna, tais como válvulas, ou canhão para perfuração do revestimento, ou sensores e receptores de perfilagem, etc; e os equipamentos de separação de sólidos que, em geral, são dispensados, uma vez que esta operação já não gera cascalhos continuadamente.

5.2.1 – As bombas

As bombas de fluido são do tipo alternativa, cujo fluido é deslocado através do movimento alternativo de pistões em câmaras cilíndricas. As bombas de ação simples deslocam o fluido quando o pistão está no movimento avante apenas enquanto que as bombas de ação dupla deslocam o fluido, durante ambos os movimentos do pistão: avante e retorno. Atualmente, a maioria das bombas existentes é do tipo triplex, com três câmaras cilíndricas de ação simples. Podem ser encontradas também algumas unidades com bombas duplex de dupla ação com duas câmaras cilíndricas. Uma unidade de perfuração ou completação é normalmente equipada com duas ou três bombas de fluido. Geralmente existem bombas centrífugas, de alta vazão, alimentando a sucção da bomba alternativa com o objetivo de aumentar o seu rendimento volumétrico.

A vazão volumétrica pode ser definida como o volume bombeado por curso ou 'stroke'. O curso ou *stroke* é definido como um percurso completo do pistão, de forma que o pistão se movimenta uma vez em cada direção.

A bomba de ação simples não desloca fluido no movimento de retorno, desloca apenas no movimento avante. Portanto, a vazão volumétrica ou volume deslocado por cada curso ou *stroke* da bomba de ação simples é igual a

$$q = L \cdot p \cdot E_V \left(\frac{\pi}{4} \right) D_2^2 \tag{5.6}$$

onde **q** é a vazão volumétrica por stroke, **L** é o comprimento do curso ou do cilindro, **p** é o número de cilindros, E_v é a eficiência volumétrica e D_2 é o diâmetro da camisa do pistão. Sendo **N** o número de strokes por minuto, a vazão da bomba de ação simples, **Q**, será

$$Q = N \, L \, p \, E_V \left(\frac{\pi}{4} \right) D_2^2 \tag{5.7}$$

Conseqüentemente, em uma bomba de dupla ação, considerando que a mesma desloca fluido nos movimentos avante e de retorno do pistão, a vazão volumétrica será dada por:

$$Q = N \, L \, p \, E_V \left(\frac{\pi}{4}\right)\left(2D_2^2 - D_1^2\right) \qquad (5.8)$$

onde D_1 é o diâmetro da haste do embolo do pistão.

As câmaras cilíndricas (ou camisas) e os pistões podem ser trocados. Os pistões maiores estão associados a maiores vazões e menores pressões, enquanto que com os pistões menores ocorre o inverso. A seleção correta das dimensões das câmaras e dos pistões faz parte de um projeto de otimização da hidráulica de perfuração que foge ao escopo deste livro.

As bombas alternativas triplex, de ação simples, operam com uma eficiência volumétrica em torno de 95%, podendo chegar a 98%, quando a sucção da mesma é alimentada por bombas centrífugas de alta vazão. Entretanto, a eficiência volumétrica das bombas alternativas, duplex, de dupla ação fica em torno de 85% a 90%.

Apesar da ordem de grandeza das eficiências, citadas no parágrafo anterior, este parâmetro pode variar em função de outras grandezas ou fatores, tais como, pressão de descarga, velocidade de bombeio, projeto da linha de sucção, aeração do fluido, e condições mecânicas da bomba. Alta pressão de descarga pode provocar vazamentos e compressão do fluido, reduzindo a eficiência volumétrica. O acúmulo de sólidos nas câmaras dos pistões reduz a eficiência. As linhas de sucção, sempre que possível, devem ser largas, curtas e retas.

5.2.2 – A coluna

Das bombas alternativas, o fluido é recalcado sob pressão através de manifolds, tubos, curvas, restrições, haste quadrada ou hexagonal, e coluna de tubos de perfuração ou complętação (tubos e comandos). Todos estes componentes do sistema de circulação podem ser estudados juntos, uma vez que eles são essencialmente tubos de seção circular. Na perfuração, os diâmetros internos envolvidos são da ordem de 0,1 m (4 in), muito embora os diâmetros internos dos comandos e dos tubos usados em poços delgados sejam consideravelmente menores.

A velocidade média, com a qual o fluido circula através destes tubos, pode ser calculada com o auxílio da equação 5.9, derivada da equação 5.5

$$\bar{v} = \frac{4Q}{\pi D^2} \qquad (5.9)$$

Em condições típicas de perfuração, as velocidades no interior da tubulação são bastante elevadas, isto é, da ordem de 5 m/s (1000 ft/min). Geralmente, nesta condição, o fluido escoa em regime turbulento. A perda de pressão neste trecho representa cerca de 15-30% da pressão total de bombeio.

5.2.3 – O fundo do poço

Na perfuração, o escoamento do fluido no fundo do poço pode ocorrer através de um dos três equipamentos: **motor de fundo**, **turbina** ou **broca** convencional. Apesar das diferenças de princípios e equações dos escoamentos nestes três equipamentos, existem similaridade entre alguns parâmetros a serem monitorados, além do interesse na otimização da energia consumida nesta região.

O **motor de fundo**, de deslocamento positivo, também conhecido como motor Moineau, é um tubo especial composto por um 'stator' selado e um motor helicoidal. Este último está conectado a uma junta universal e a um sistema de rolamentos selados, que por sua vez se conecta a uma broca de diamantes, através de um eixo motriz. A circulação do fluido através do corpo helicoidal do motor provoca o movimento rotatório da broca. Uma rotação definida é necessária para deixar passar um volume de fluido através deste sistema, daí a rotação do motor ser proporcional à vazão. Como qualquer resistência para girar o conjunto provoca um aumento na pressão, então a perda de pressão através do motor é proporcional ao torque. Uma válvula do tipo *bypass* evita danos provocados por excesso de pressão. Esta válvula é aberta também durante os movimentos de "sobe e desce" da coluna, para permitir encher ou drenar a mesma, reduzindo as sobre-pressões e pistoneios.

A **turbina** opera a uma perda de pressão aproximadamente constante, para uma certa densidade e vazão do fluido. A perda de carga é proporcional à densidade do fluido e ao quadrado da vazão. Geralmente, o fabricante da turbina especifica uma perda de carga nominal para uma certa densidade e vazão. Conhecendo portanto, a densidade e a vazão, é possível calcular a perda de carga através da turbina. Não é possível, entretanto, calcular com precisão o torque e a eficiência da turbina, uma vez que estes parâmetros são extremamente variáveis em função da relação entre rotação do sistema e vazão do fluido.

Diferentemente do motor de fundo e da turbina, que provocam movimento de rotação em apenas uma pequena parcela da coluna no fundo do poço, a **broca convencional** é movimentada pelo torque imposto à coluna inteira por uma mesa rotativa posicionada na superfície. Em geral, o sistema de **broca** convencional trás no seu projeto um número de orifícios (geralmente três), também denominados de jatos, através dos quais o fluido é forçado a escoar a altas velocidades. Ela representa, portanto, um pequeno trecho da coluna, de reduzidíssimo diâmetro e elevadíssima velocidade de fluxo. Assim como na turbina, as perdas de pressão através da broca é função direta da densidade do fluido e da vazão ao quadrado. A maior parcela da perda de pressão no sistema de circulação, ocorre através dos jatos da broca. É neste equipamento que a maior parcela da energia do fluido, sob forma de pressão, é transformada em energia mecânica, que ajudará na perfuração e proporcionará a limpeza do fundo do poço. No projeto de hidráulica, que foge ao escopo deste, os jatos da broca são projetados para maximizar esta energia. Nesta região, a perda de pressão não apresenta dependência com a fricção ou propriedades viscosas do fluido. Em condição típica de perfuração, a perda de pressão na broca oscila entre 50-70% da pressão total de circulação.

5.2.4 – O espaço anular

O espaço anular do poço é uma região entre tubos ou comandos e as paredes do poço ou do revestimento. Como o anular tem uma área seccional maior do que o interior da coluna, então as velocidades anulares são, usualmente, menores do que as velocidades no interior de colunas, isto é, da ordem de 1,0–3,0 m/s (60-180 ft/min). O controle rigoroso da velocidade anular é de suma importância. Velocidades altas implica em possibilidade de provocar erosão, enquanto que velocidades muito baixas pode ser insuficiente para transportar os cascalhos. A velocidade anular pode ser calculada pela equação a seguir, derivada da equação 5.5.

$$\bar{v}_a = \frac{4Q}{\pi\left(D_0^2 - D_i^2\right)} \tag{5.10}$$

onde D_0 é o diâmetro interno do revestimento ou do poço e D_i é o diâmetro externo do tubo ou comando da coluna.

O regime de fluxo no espaço anular pode ser laminar, transitório ou turbulento. O fluxo laminar é desejado quando as formações expostas são friáveis, não consolidadas e instáveis, podendo sofrer erosão com o fluxo turbulento. A perda de carga é proporcional à vazão e representa cerca de 5-10% da pressão total de circulação. Em geral, ocorre regime laminar na maior extensão do anular.

5.3 – Escoamento no Interior de Tubos

Os fluxos de fluidos através de tubos, comandos e mangueiras são casos particulares de escoamento no interior de tubos de seção circular. O fluxo laminar em tubos tem sido estudado para diversos modelos de fluido e as equações mecanicistas propostas são relativamente simples. Um número considerável de trabalhos experimentais tem sido realizado para ajudar a encontrar equações empíricas aceitáveis na solução dos problemas de escoamento de fluidos não-Newtonianos no interior de tubos. A experiência e os resultados têm mostrado que quando o fluido se correlaciona bem com o modelo empregado, o fluxo através de tubos pode ser calculado com maior confiança.

5.3.1 – Escoamento Laminar

A análise do fluxo laminar é de amplo domínio da matemática e bastante abordado nos livros de mecânica dos fluidos. O desenvolvimento do seu estudo é muito similar ao fluxo que ocorre nos viscosímetros tubulares e rotativos, abordados anteriormente no capítulo 3.

A idéia central é descrever o fluxo do fluido em cada ponto, dentro de um condutor cilíndrico, cujas condições sejam:
a) fluxo laminar;
b) velocidade, na parede do tubo, zero;

c) fluido incompressível;
d) exista um modelo matemático aceitável que descreva o fluido;
e) escoamento permanente;
f) comportamento do fluido não dependa do tempo.

A figura 55 mostra o esquema de um modelo adotado na análise do fluxo laminar no interior de tubos. Admite-se que o fluido escoa devido ao deslocamento ordenado de camadas concêntricas de fluido, as quais deslizam uma sobre as outras. Cada camada tem uma velocidade constante, e nenhuma força líquida atua sobre o sistema em equilíbrio. Então, a força de pressão que tende a acelerar as camadas de fluido que são balanceadas pela força viscosa que tende a retardá-las, de modo que não resulta aceleração ou desaceleração.

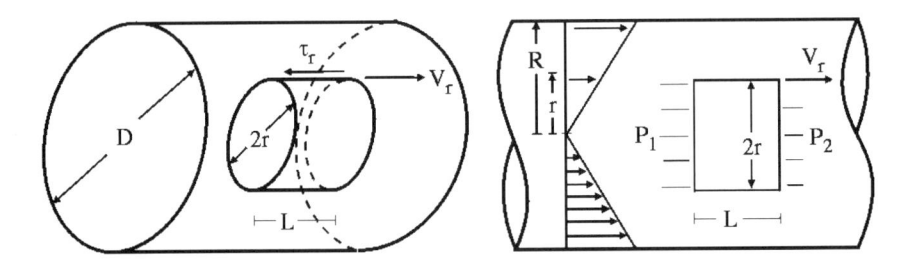

Figura 55. Distribuição da tensão cisalhante no interior de um tubo cilíndrico.

A pressão diferencial que atua numa camada de fluido da figura 55, resulta em uma força expressa por:

$$F_c = (P_2 - P_1)\pi r^2 = \Delta P \pi r^2 \qquad (5.11)$$

onde F_c é a força cisalhante, ΔP é o diferencial de pressão que provoca o deslocamento, e **r** é um raio a uma distância qualquer do centro.

A resistência viscosa ao fluxo, devido à tensão cisalhante que atua através da área superficial da camada de fluido, é:

$$F_r = \tau_r\, 2\pi\, rL \qquad (5.12)$$

onde F_r é a força viscosa resistente, τ_r é a tensão cisalhante a uma distância r, **r** é um raio a uma distância qualquer do centro, e **L** é o comprimento da camada de fluido.

No equilíbrio dinâmico, as duas forças descritas pelas expressões 5.11 e 5.12 se igualam, resultando na expressão para a tensão cisalhante, a um raio qualquer ou na parede do tubo

$$\tau_r = \frac{\Delta P\, r}{2L} \qquad (5.13)$$

Como D = 2R, então:

$$\tau_w = \frac{\Delta P \cdot D}{4L} \qquad (5.14)$$

onde τ_r é tensão cisalhante a uma distância **r** do centro, τ_w é a tensão cisalhante na parede do tubo, e **D** é o diâmetro interno do tubo.

A equação 5.13 mostra que a tensão de cisalhamento, a qualquer ponto, varia linearmente com a posição radial naquele ponto, sendo nula no centro e máxima na parede do conduto. Isto é verdadeiro para qualquer modelo de fluido, considerando o fluxo laminar e em equilíbrio. Se o fluido tem uma tensão limite de escoamento, então existirá uma região central do fluido que não apresentará deslocamento relativo, exatamente num raio igual a **2Lτ_o/ΔP**, onde τ_o é o limite de escoamento do fluido.

A taxa de cisalhamento ou gradiente de velocidade na parede de um conduto é dada pela expressão:

$$\gamma_w = \left(-\frac{dv}{dr}\right)_w = \frac{3n+1}{4n}\left(\frac{8\bar{v}}{D}\right) \qquad (5.15)$$

onde **n** é uma propriedade reológica do fluido denominada de índice de fluxo ou de comportamento.

A queda de pressão ou perda de carga, para um fluido Newtoniano de viscosidade **μ**, escoando em regime laminar através de um tubo de comprimento **L** e diâmetro **D**, pode ser calculada pela expressão a seguir:

$$\Delta P = \frac{32 \cdot \mu \cdot L \cdot \bar{v}}{D^2} \qquad (5.16)$$

A expressão 5.16 é resultante de um desenvolvimento matemático aplicado nas condições de fluxo laminar e modelo Newtoniano.

5.3.2 – Mudança de fluxo

O número de Reynolds, descrito anteriormente no capítulo 1, é um parâmetro adimensional, deduzido com o auxílio da análise dimensional e empírica. Ele é usado como um parâmetro de correlação, cujo significado admite que diferentes fluidos com diferentes propriedades exibam características de escoamento similar, sob um mesmo número de Reynolds. A sua maior aplicação é, portanto, na definição do regime de fluxo. Em geral, o regime de fluxo de um líquido muda de laminar para turbulento a um intervalo de número de Reynolds definido.

Em 1883, Osborne Reynolds, usando resultados obtidos com a água, observou que o regime de fluxo mudava de laminar para turbulento a um valor em torno de 2000, através da expressão

$$NR = \frac{\rho D \bar{v}}{\mu} \qquad (5.17)$$

que, em unidades do sistema inglês, fica

$$NR = 15{,}47 \left(\frac{\rho D \bar{v}}{\mu}\right) \qquad (5.18)$$

com ρ em ℓb/gal, $\bar{v}$ em ft/min, **D** em in, e μ em cP.

É claro que a equação 5.17 não é válida para fluidos não-Newtonianos, uma vez que estes não têm uma viscosidade absoluta, isto é, ela varia com a taxa de cisalhamento aplicada. Para os fluidos não-Newtonianos, uma viscosidade equivalente ou efetiva pode ser usada na equação 5.17. Esta, é definida como a viscosidade de um fluido Newtoniano, em fluxo laminar, que produzisse a mesma perda de carga que o fluido não-Newtoniano em análise, ou seja, da equação 5.16, temos:

$$\mu_e = \frac{\Delta P \cdot D^2}{32 L \bar{v}} \qquad (5.19)$$

onde μ_e é a viscosidade equivalente

Substituindo a viscosidade equivalente da equação 5.19, na equação 5.17, resulta numa expressão para o número de Reynods de fluidos não-Newtonianos, denominado de número de Reynolds equivalente, **NR**.

$$NR = \frac{32 \rho \bar{v}^2 L}{\Delta P D} \qquad (5.20)$$

Uma maneira de se estimar a viscosidade de um fluido não-Newtoniano, consiste em determinar uma viscosidade na taxa de cisalhamento equivalente à condição real de fluxo, conhecida também por viscosidade efetiva. É prática comum construir curvas de viscosidades, obtidas no viscosímetro rotativo, versus taxa de cisalhamento (ou rotações do viscosímetro Fann) em escala log-log, com a finalidade de se avaliar a viscosidade do fluido em condições reais de fluxo, conforme ilustram a figura 56 e tabela 12.

Foi mostrado que no regime laminar a tensão cisalhante à parede de um conduto é uma função da queda de pressão e da geometria do conduto (equação 5.14). Não depende portanto da natureza do fluido. Vimos também que a taxa de cisalhamento à parede de um conduto depende das propriedades do fluido, tanto quanto da geometria do tubo (equação 5.15).

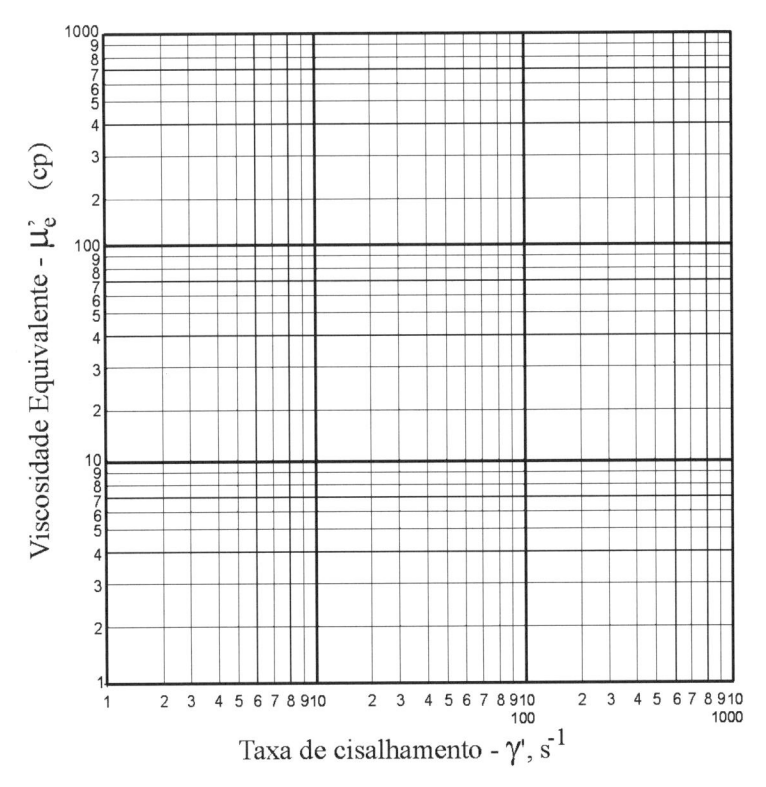

Figura 56. Gráfico log-log para análise da viscosidade equivalente.

TABELA 12

Parâmetros e fatores para construção de curvas no gráfico da figura 56

N (rpm)	F* fator	γ* (s–1)	θ grau	θ x F μe (cP)
600	0,5	1022,00		
300	1,0	511,00		
200	1,5	341,00		
100	3,0	170,00		
6	50,0	10,22		
3	100,0	5,11		

* viscosímetro rotativo Fann 35A – combinação R1-B1.

De modo que diferentes modelos terão diferentes expressões para a taxa de cisalhamento. As expressões da tabela 13 podem ser utilizadas para se determinar as viscosidades efetivas (μ_e) de fluidos não-Newtonianos em sistema de unidades consistente.

TABELA 13

Equações para viscosidade efetiva de fluidos não-Newtonianos

Fluxo	Geometria/Modelo	Bingham	Potência
Laminar	Tubo	$\mu_e = \tau_w\,(8\bar{v}/D)$ $\mu_e = \mu_p + \tau_o/(8\bar{v}/D)$	$\mu_e = \tau/\gamma$ $\mu_e = K\left(\dfrac{8\bar{v}}{d} \cdot \dfrac{3n+1}{4n}\right)^{n-1}$
	Anular	$\mu_e = \tau/[12\bar{v}D/(D_o - D_i)]$ $\mu_e = \mu_p + \tau_o/[12\bar{v}/(D_o - D_i)]$	$\mu_e = \tau/\gamma$ $\mu_e = K\left(\dfrac{12\bar{v}}{D_o - D_i} \cdot \dfrac{2n+1}{3n}\right)^n$
Turbulento	Tubo	$\mu_e = \mu_p$ (negligencia-se o efeito de τ_o)	Idem laminar
	Anular		Idem laminar

Outra grandeza empregada para definir o regime de fluxo é a velocidade crítica. Por comparação com a velocidade média real de fluxo, pode-se inferir se o regime é laminar ou turbulento. A velocidade crítica é definida como a velocidade a um número de Reynolds, denominado de crítico, a partir da qual a turbulência se inicia. As expressões para as velocidades críticas, segundo constam na tabela 14, são deduzidas por simples substituição do valor ou expressão para o número de Reynolds crítico. Por exemplo, da equação 5.17 podemos escrever:

$$\bar{v} = \frac{NR \cdot \mu}{\rho \cdot D} \tag{5.21}$$

Para número de Reynolds crítico (**NRc**) igual a 2100, então $\bar{v} = v_c$. Daí:

$$v_c = \frac{2100\,\mu_e}{\rho D} \tag{5.22}$$

onde v_c é a velocidade crítica.

Para um fluido não-Newtoniano, a velocidade crítica pode ser obtida, a partir da equação 5.20, pela expressão

$$v_c = \left(\frac{NR \cdot \Delta P \cdot D}{32\rho L}\right)^{0,5} \tag{5.23}$$

onde **NR** é o número de Reynolds equivalente

TABELA 14
Equações para o cálculo da velocidade crítica

Modelo	Interior de tubos	Espaço anular
Newton	$v_c = \dfrac{2100\mu}{\rho D}$	$v_c = \dfrac{2572\mu}{\rho(D_o - D_i)}$
Bingham	$v_c = \dfrac{16800\,\mu_p + \sqrt{(16800\,\mu_p)^2 + 67200\,\tau_L D^2 \rho}}{16\rho D}$	$v_c = \dfrac{30864\,\mu_p + \sqrt{(30864\,\mu_p)^2 + 123456\,\tau_L (D_o - D_i)^2 \rho}}{24(D_o - D_i)\rho}$
Potência	$v_c = \left[\dfrac{(3470 - 1370n)\,K \cdot 8^{n-1} \left(\dfrac{3n+1}{4n}\right)^n}{D^n \rho}\right]^{\frac{1}{2-n}}$	$v_c = \left[\dfrac{(3470 - 1370n)\,K \cdot 12^{n-1} \left(\dfrac{2n+1}{3n}\right)^n}{0{,}8165(D_o - D_i)^n \rho}\right]^{\frac{1}{2-n}}$

5.3.3 – Escoamento turbulento

A análise e estudo do fluxo turbulento, diferentemente do fluxo laminar, através de tubos é completamente empírico. O cisalhamento aleatório e a mistura das partículas de fluido torna o desenvolvimento matemático extremamente complexo. A perda de carga no regime turbulento é calculada pela equação de Fanning, desenvolvida empiricamente, definida para qualquer modelo de fluido por

$$\Delta P = \frac{2f\,L\,\rho\,\bar{v}^2}{D} \qquad (5.24)$$

O parâmetro **f**, denominado de fator de fricção de Fanning, adimensional, é função do tipo de fluido, regime de fluxo, número de Reynolds e condição da parede da tubulação. Esta condição é definida pela rugosidade relativa (ε/D), ou rugosidade absoluta (ε), que é a profundidade média das irregularidades da parede do tubo.

As expressões e os valores dos fatores de fricção são derivadas de análise teórica e empírica. Por exemplo, de acordo com a equação de Fanning, a expressão para o fator de fricção é:

$$f = \frac{\Delta P\,D}{(2L\,\rho\,\bar{v}^2)} \qquad (5.25)$$

Como para o fluido Newtoniano, em fluxo laminar a perda de carga é definida pela equação 5.16, então substituindo-a na equação 5.25, encontraremos que:

$$f = \frac{16}{NR} \qquad (5.26)$$

Para o fluxo turbulento, a equação da perda de pressão é desconhecida. Daí, as perdas de carga para o fluido de propriedades de fluxo desconhecidas são medidas experimentalmente, possibilitando portanto o cálculo do fator de fricção. Como as propriedades de fluxo são desconhecidas, o número de Reynolds também é desconhecido. Então, os fatores de fricção são graficados contra os números de Reynolds em condição de fluxo definida, para tubos de características também conhecidas com o fluido de interesse, e com propriedades de fluxo também definidas.

A figura 57 ilustra esta relação entre fator de fricção e número de Reynolds para um fluido Newtoniano, segundo a equação de Colebrook

$$\frac{1}{\sqrt{f}} = -4\log\left[\frac{\varepsilon}{3,72D} + \frac{1,255}{NR\sqrt{f}}\right] \qquad (5.27)$$

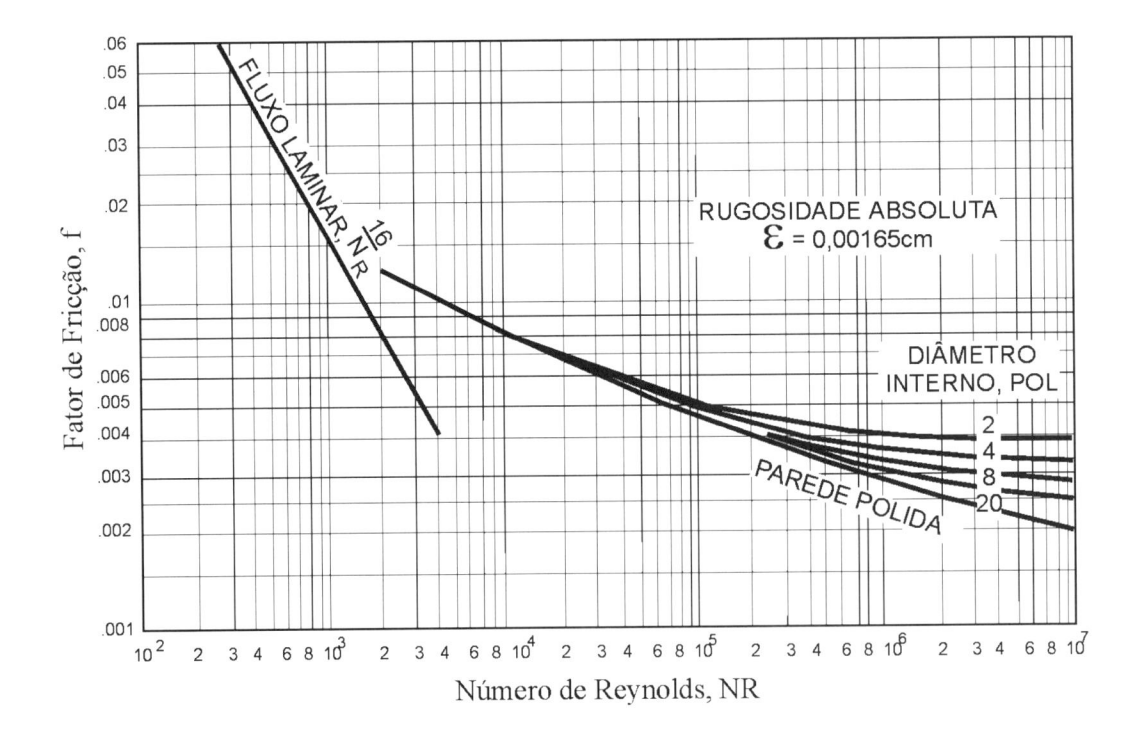

Figura 57. Curvas de fator de fricção para fluido Newtoniano, derivados da equação de Colebrook.

O regime laminar está representado pelo trecho linear, definido pela equação 5.25, deduzida matematicamente. Em regime turbulento, uma série de curvas são geradas analítica e empiricamente, para diversos valores de rugosidade do tubo (ε).

Para fluidos não-Newtonianos, as curvas da figura 57, embora desenvolvidas para fluidos Newtonianos, podem resultar em valores de fatores de fricção com precisão aceitáveis, quando um número de Reynolds equivalente puder ser bem estimado. Isto é possível porque o fator de fricção não é um parâmetro fortemente dependente da viscosidade.

Outra relação entre fator de fricção e número de Reynolds, proposta por Blasius, assume a forma de função de potência, resultando uma linha reta em gráfico logarítmico do tipo log-log.

$$f = a\,(NR)^{-b} \tag{5.28}$$

Para fluidos Newtonianos, os valores de **a** se situam entre 0,046 e 0,079, e os valores de **b** se situam entre 0,20 a 0,25. Para fluidos de potência, **a** e **b** dependem do índice de comportamento de fluxo do fluido.

Resultados experimentais de Dodge e Metzner, analisados por Schuh, resultaram nas seguintes expressões para **a** e **b**, os quais definem gráficos semelhantes ao da figura 58.

$$a = \frac{(\log n + 3{,}93)}{50} \tag{5.29}$$

$$b = \frac{(1{,}75 - \log n)}{7} \tag{5.30}$$

onde **n** é o índice de comportamento ou de fluxo do fluido.

A equação proposta por von Karman, mais complexa, é definida por:

$$\frac{1}{\sqrt{f}} = a\,\log\!\left(NR.\sqrt{f}\right) + b \tag{5.31}$$

O emprego da equação 5.31 aos fluidos não-Newtonianos foi estudado por Dodge e Metzner, que propuseram a seguinte modificação para fluidos que seguem o modelo de potência:

$$\frac{1}{\sqrt{f}} = \frac{4}{75n}\log\!\left[NR\cdot f^{\left[1-\left(\frac{n}{2}\right)\right]}\right] - \left(\frac{0{,}4}{n^{1{,}2}}\right) \tag{5.32}$$

As expressões matemáticas anteriores são amplamente empregadas em programas e simuladores computacionais para a análise do escoamento turbulento. A figura 58 mostra resultados de Dodge e Metzner, analisados por Schuh, para fluidos não-Newtonianos que apresentam uma boa correlação com o modelo de potência.

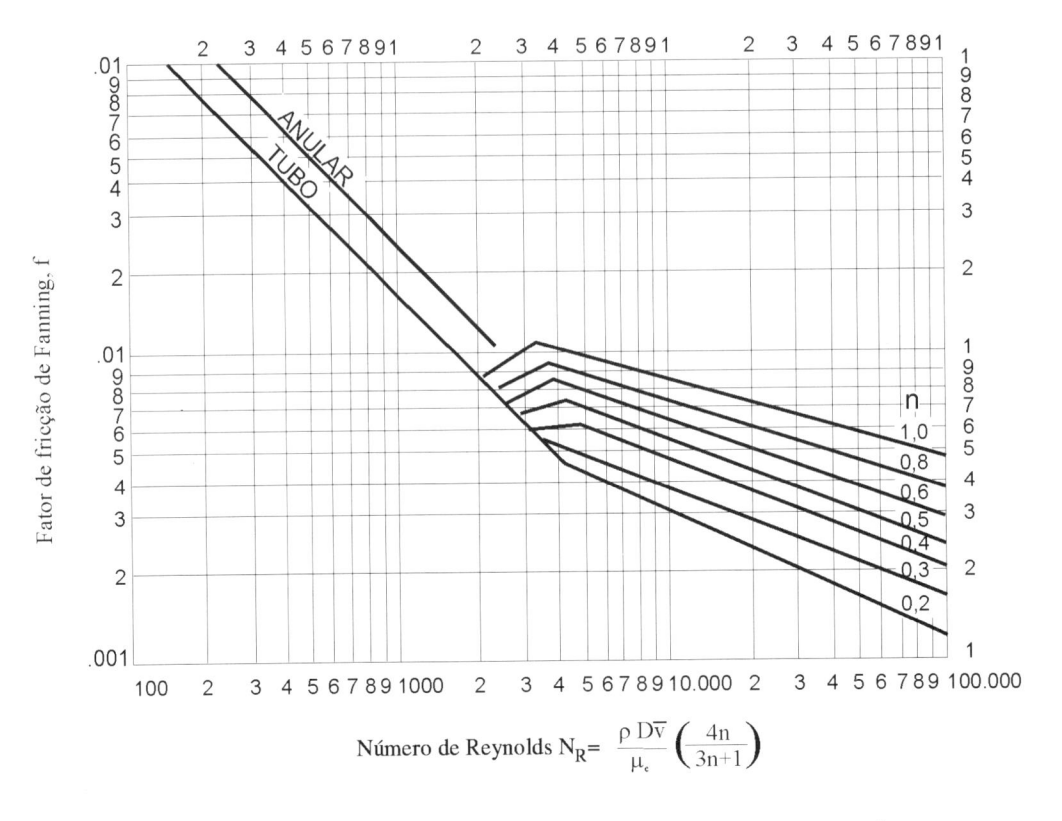

Figura 58. Gráfico para avaliação do fator de fricção para Fluidos de Potência.

5.3.4 – Escoamento transitório

Outro cálculo necessário no escoamento de fluidos diz respeito à determinação do ponto de transição do fluxo laminar para turbulento. O ponto no qual o regime de fluxo muda deve ocorrer a um número de Reynolds superior a aquele definido pela intersecção entre as curvas de fatores de fricção dos regimes laminar e turbulento, conforme ilustração das figuras 57 e 58. O escoamento laminar, portanto, persiste dentro de um intervalo onde a perda de carga é menor do que a perda de carga quando consideramos o regime como turbulento. O intervalo de transição é, portanto, um trecho de incertezas. O grau de persistência do regime laminar é significativamente dependente das condições de fluxo. A turbulência pode ser causada pela alta rugosidade das paredes, aumento no diâmetro do tubo, vibração, e restrições.

O escoamento turbulento não ocorre imediatamente. Existe uma região de transição na qual o fluxo pode ser laminar ou turbulento. As perdas de carga registradas resultam em valores que se situam entre aqueles calculados, considerando os regimes laminar e turbulento. Em geral, é comum considerar que a turbulência inicia a um número de Reynolds igual a 2100. Este critério pode induzir a erros grosseiros e deve ser substituído por critérios empíricos, a partir de resultados onde os fluidos sejam testados em simuladores físicos de escoamento.

Para os fluidos de Bingham, Hanks e Pratt, após a análise de alguns dados empíricos, recomendam o seguinte critério para definir o número de Reynolds crítico.

a) Calcule o número de Hedstrom (NH_e), definido por:

$$NH_e = \frac{\rho D^2 \tau_0}{\mu_p^2} \tag{5.33}$$

b) Resolva a seguinte equação de terceiro grau

$$16800\, X_c = NH_e\, (1 - Xc)^3 \tag{5.34}$$

c) Determine o número de Reynolds crítico pela expressão

$$NR_c = \frac{NH_e}{8X_c}\left[1 - \frac{4X_c}{3} + \frac{X_c^4}{3}\right]^2 \tag{5.35}$$

Baseados em resultados experimentais de Dodge e Metzner, Schuh determinou que o limite inferior do escoamento de transição, para fluidos de Potência, ocorre a um número de Reynolds igual a

$$N_R = 3470 - 1370 \cdot n \tag{5.36}$$

Enquanto que o limite superior ocorre a um número de Reynolds definido por

$$N_R = 4270 - 1370 \cdot n \tag{5.37}$$

TABELA 15
Equações para número de Reynolds e valores críticos

Modelo	Interior de tubos	Espaço Anular
Newton	$N_R = \dfrac{\rho D \bar{v}}{\mu}$ $N_{Rc} = 2100$	$N_R = \dfrac{0{,}816\,(D_o - D_i)\,\rho \bar{v}}{\mu}$ $N_{Rc} = 2100$
Bingham	$N_R = \dfrac{\rho D \bar{v}}{\mu_e}$ $N_{Rc} = 2100$	$N_R = \dfrac{0{,}816\,(D_o - D_i)\,\rho \bar{v}}{\mu_e}$ $N_{Rc} = 2100$
Potência	$N_R = \dfrac{\rho D \bar{v}}{\mu_e}\dfrac{(4n)}{3n+1}$ $N_{Rc} = 3470 - 1370n$	$N_R = \dfrac{0{,}816\,(D_o - D_i)\,\rho \bar{v}}{\mu_e}\dfrac{(3n)}{2n+1}$ $N_{Rc} = 3470 - 1370n$

5.4 – Escoamento Anular

O escoamento no espaço anular é muito semelhante ao escoamento através de tubos. Os princípios físicos são idênticos, estando quase sempre relacionados com as perdas de pressão que ocorre no trecho considerado. A determinação das perdas de carga no anular necessita, à semelhança do escoamento em tubo, de uma avaliação precisa do número de Reynolds e da viscosidade equivalente para fluidos não-Newtonianos.

Portanto, a precisão nos cálculos e a definição das características e parâmetros de fluxo são de grande importância, pois a partir destes são determinados parâmetros relevantes para o bom andamento da perfuração de poços, tais como, densidade equivalente de circulação, razão de transporte de cascalhos, regime de fluxo, e estimativa de sobre-pressões devido a manobras e operações com a coluna.

A principal diferença na análise do escoamento anular quando comparada com o escoamento em tubos, diz respeito à diferença de aspectos geométricos. As equações diferenciais para o espaço anular requerem soluções mais elaboradas e trabalhosas, ou então não produzem soluções exatas para alguns modelos de fluxo. Como as soluções das equações para as perdas de carga são difíceis de serem obtidas, muitas soluções aproximadas são desenvolvidas, considerando modelos e geometrias mais simples. Um dos modelos aproximado mais aplicado é o de fluxo entre placas planas paralelas. Veja a figura 59.

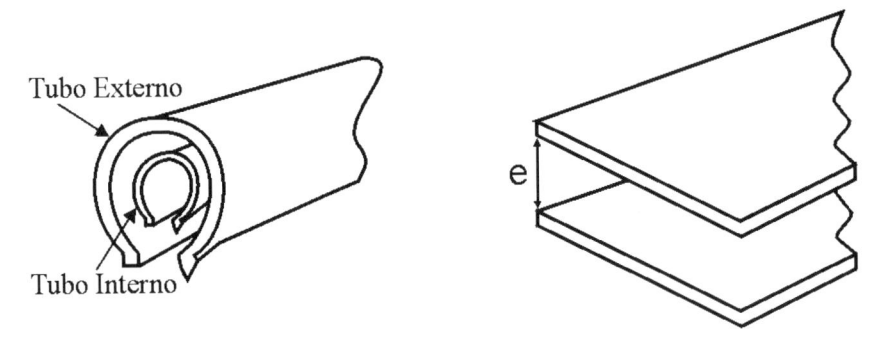

Figura 59. Comparação entre espaço anular e placas planas paralelas. Reproduzida com autorização do IHRDC, Boston.

Em geral, as soluções aproximadas para o cálculo de perdas de carga no escoamento anular são obtidas por transformação do espaço anular em um par de placas planas paralelas de distância **e**. As figuras 59 e 60 ilustram a idéia de conversão do espaço anular para o modelo de placas paralelas.

5.4.1 – Diâmetro equivalente

As equações que descrevem o fluxo no interior de tubos podem ser aplicadas a outras formas de condutos tais como espaços anulares concêntricos e placas paralelas. Em tais casos, o tubo de diâmetro **D** deve ser substituído por um de diâmetro equivalente D_e, definido como o diâmetro que um certo tubo fictício deve ter, para produzir resultados de escoamento semelhante ao espaço anular considerado. Matematicamente:

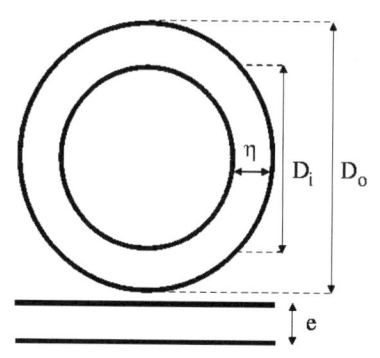

Figura 60. Equivalência geométrica entre o espaço anular e de placas paralelas.

$$D_e = \eta \cdot \sqrt{8 \cdot f(\chi)} \qquad (5.38)$$

onde, para o espaço anular, define-se

$$\eta = \frac{(D_0 - D_i)}{2}$$

E, para duas placas planas paralelas

$\eta = e$

Com χ sendo o fator de geometria

$$\chi = \frac{D_i}{D_0}$$

E ainda:

$$f(\chi) = \frac{(1+\chi^2)\ell n \chi + (1-\chi^2)}{2(1-\chi)^2 \ell n \chi} \qquad (5.39)$$

Observe que quando $\chi \to 1$, então $f(\chi) \to 1/3$. Isto é, se D_0 e D_i são ambos infinitamente grandes, tal que o $D_0/D_i \Rightarrow 1$, mas $D_0 - D_i \# O$; então no limite de $\chi \Rightarrow 1$ teremos o caso de duas placas paralelas.

Portanto, para duas placas paralelas, nós temos:

$$D_e = 0{,}8165 \cdot 2e \,. \qquad (5.40)$$

De modo que o espaço anular de diâmetro equivalente, pode ser tratado como um sistema de placas paralelas, sendo o diâmetro equivalente definido por:

$$D_e = 0,8165\,(D_o - D_i) \tag{5.41}$$

Outro método bastante utilizado em mecânica dos fluidos aplicada, consiste em definir o diâmetro equivalente para espaço anular através da expressão:

$$D_e = 4\,R_h \tag{5.42}$$

onde R_h é o raio hidráulico definido pela relação entre a área de fluxo e o perímetro molhado. Observe que a definição acima está de acordo com a identidade $D_e = D$, para escoamento no interior de tubos.

Para espaço anular, portanto, a expressão do diâmetro equivalente, de acordo com esse critério, é:

$$D_e = 4\,R_h = 4\left[\frac{\text{Área de fluxo}}{\text{Perímetro molhado}}\right] \tag{5.43}$$

$$D_e = 4\left[\frac{\pi\,(D_o^2 - D_i^2)/4}{\pi\,(D_o + D_i)}\right] = \frac{(D_o^2 - D_i^2)}{(D_o + D_i)} \tag{5.44}$$

$$D_e = \frac{(D_o - D_i)(D_o + D_i)}{(D_o + D_i)} \tag{5.45}$$

$$D_e = (D_o - D_i) \tag{5.46}$$

As expressões usuais para o cálculo da velocidade média de fluxo, tensão cisalhante e gradiente de velocidade em espaços anulares, à semelhança das expressões mostradas para o cálculo em tubos, são respectivamente

$$\bar{v}_a = \frac{4Q}{\pi\,(D_o^2 - D_i^2)} \tag{5.47}$$

$$(\tau_w)_a = \frac{(D_o - D_i)\cdot \Delta P}{4L} \tag{5.48}$$

$$(\gamma_w)_a = \frac{12\,\bar{v}_a}{(D_o - D_i)}\left(\frac{2n+1}{3n}\right) \tag{5.49}$$

5.4.2 – Escoamento Laminar

O escoamento laminar no espaço anular é um pouco mais complexo do que no interior de tubo. O perfil de velocidades, apesar de aparentemente semelhante, mostra uma relação mais complicada em relação à posição radial.

Para um fluido Newtoniano, a distribuição de velocidade está ilustrada na figura 61A, enquanto a figura 61B ilustra o mesmo para um fluido não-Newtoniano com tensão de cisalhamento, τ_o. Observe que existe uma região de fluxo tampão para o caso de fluido não-Newtoniano.

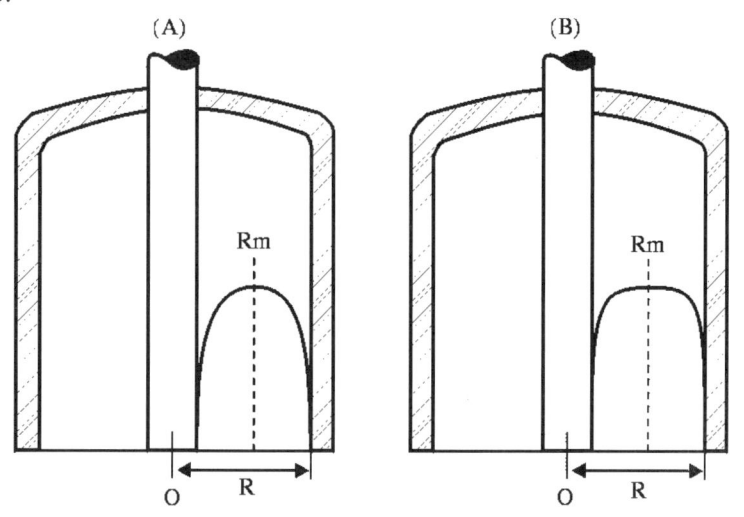

Figura 61. Perfis de velocidade de fluxo laminar no anular para: (A) fluido Newtoniano; e (B) fluido não-Newtoniano com limite de escoamento.

O escoamento de qualquer modelo de fluido, portanto, pode ser descrito por:

$$\gamma = f(\tau) \tag{5.50}$$

A figura 62 pode ser considerada para análise do fluxo laminar no anular. As considerações básicas aplicadas ao escoamento em tubos também são aplicadas ao escoamento anular.

Quando o escoamento atinge o equilíbrio, a força que move a camada de fluido na direção de fluxo se iguala à força de resistência ao escoamento. Então,

$$2\pi \, \Delta P \, R^2 z dz = 2\pi L R z d\tau + 2\pi L R \tau dz \tag{5.51}$$

onde z é a razão entre uma posição radial qualquer no anular, **r**, e o raio do poço, **R**, isto é, **z = r/R**.

Considerando as equações 5.50 e 5.51, observando ainda os conceitos diferenciais de velocidade de fluxo e de vazão, e, por último, desenvolvendo o cálculo diferencial e integral aplicado às condições de contorno para cada situação em particular, chega-se a soluções exatas, para os modelos de Newton (equação 5.52) e Bingham (equações 5.53 e 5.54), respectivamente.

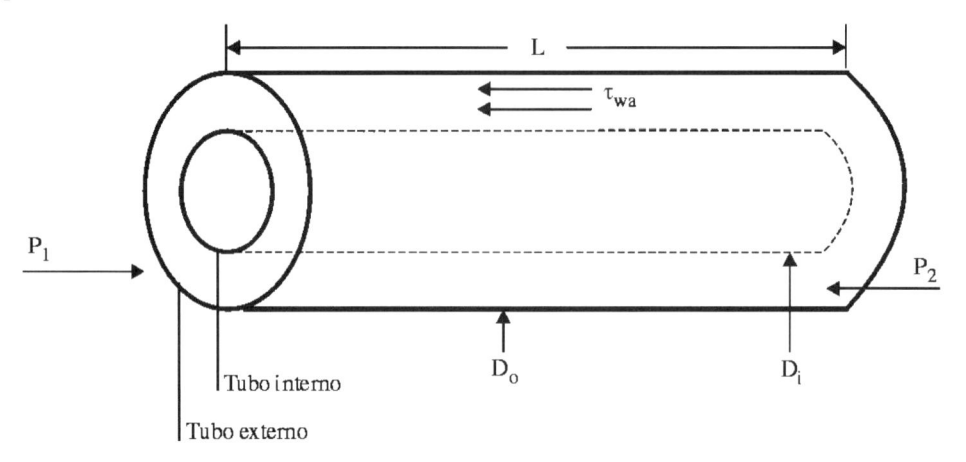

Figura 62. Forças atuantes no equilíbrio do escoamento no espaço anular.

NEWTON

$$\frac{8\mu \bar{v} L}{\Delta P \cdot R^2} = 1 + \chi^2 + \frac{(1-\chi)^2}{\ln(\chi)}, \quad \text{com} \quad \chi = \frac{D_i}{D_o} \tag{5.52}$$

BINGHAM

$$2\varphi \left(\varphi - \frac{2L\tau_L}{\Delta P \cdot R} \right) \ln \left(\frac{\varphi - \frac{2L\tau_L}{\Delta P \cdot R}}{\varphi} \right) - 1 + \frac{4L\tau_L}{\Delta P \cdot R}(1-\varphi) + \left(\frac{2L\tau_L}{\Delta P \cdot R} + \varphi \right) = 0 \tag{5.53}$$

$$\frac{8\mu_P \bar{v} L}{\Delta P \, R^2} = 1 + \varphi^2 - 2\varphi \left(\varphi - \frac{2L\tau_L}{\Delta P \, R} \right) - \frac{8L\tau_L (1-\varphi^3)}{3\Delta P \, R (1-\varphi^2)} + \frac{2L\tau_L}{3\Delta P \, R (1-\varphi)^2} - \left(2\varphi - \frac{2L\tau_L}{\Delta P \, R} \right)^3 \tag{5.54}$$

onde: $\varphi = D_{max}/D_o$, sendo $D_{máx}$, o diâmetro no qual ocorre o valor de máxima velocidade no perfil de velocidades.

O problema prático da aplicação das equações 5.52 a 5.54, diz respeito à determinação de um valor de perda de pressão (ΔP) para um valor conhecido de velocidade média ($\bar{v}$). Aplicando as equações 5.52 a 5.54, o problema pode ser resolvido, através de um procedimento muito lento, mesmo com a ajuda de um computador. Por este motivo, e porque as soluções de alguns modelos de fluido, abordados no capítulo 3, são difíceis de serem deduzidas, então são propostos e desenvolvidos modelos que produzem soluções aproximadas, cujos resultados possam ser aceitos com exatidão aceitável pela engenharia. O modelo mais aceito considera um espaço anular estreito e o correlaciona com uma associação de placas planas paralelas, conforme ilustram as figuras 59 e 60, sendo por isso, conhecido como aproximação de placas planas paralelas. As soluções resultantes, para todos os modelos aqui discutidos, estão definidas a seguir, exceto para o caso do fluido de Bulkley-Herschel, cuja solução analítica não foi ainda desenvolvida.

NEWTON:

$$\frac{12\mu \cdot \overline{v} \cdot L}{\Delta P \, R^2 (1-\chi)} = 1 \tag{5.55}$$

BINGHAM:

$$\frac{12\mu_P \, \overline{v} \cdot L}{\Delta P \, R^2 (1-\chi)^2} = 1 - \frac{3L\tau_L}{\Delta P \, R \, (1-\chi)} + 0,5 \left(\frac{2L\tau_L}{\Delta P \, R \, (1-\chi)} \right)^3 \tag{5.56}$$

POTÊNCIA:

$$\frac{6\overline{v}}{R \, (1-\chi)} \left(\frac{2KL}{\Delta P \cdot R \, (1-\chi)} \right)^{1/n} = \left(\frac{3n}{2n+1} \right) \tag{5.57}$$

CASSON:

$$\frac{12\mu_\infty \, \overline{v} \cdot L}{\Delta P \cdot R^2 (1-\chi)^2} = 1 - 2,4 \left(\frac{2L\tau_0}{\Delta P \cdot R \, (1-\chi)} \right)^{0,5} + \left(\frac{3L\tau_0}{\Delta P \cdot R \, (1-\chi)} \right) - 0,1 \left(\frac{2L\tau_0}{\Delta P \cdot R \, (1-\chi)} \right)^3 \tag{5.58}$$

ROBERTSON-STIFF:

$$\frac{12\overline{v} \, L a \gamma_0^n}{\Delta P \cdot R (1-\chi)^2 \gamma_0} = \left(\frac{3b}{2b+1} \right) \left(\frac{\Delta P \cdot R (1-\chi)}{2 L a \gamma_0^n} \right)^{\left(\frac{1}{b}-1\right)} - \frac{3 L a \gamma_0^n}{\Delta P \cdot R (1-\chi)} + \frac{3}{2(2b+1)} \left(\frac{2 L a \gamma_0^n}{\Delta P \cdot R (1-\chi)} \right)^3 \tag{5.59}$$

O erro introduzido pela aproximação do modelo de placas planas depende da relação entre os diâmetros do anular (**Di/Do**) e o grau de afastamento do fluido do modelo Newtoniano. Para o fluido de Potência, por exemplo, este grau de afastamento é definido pelo índice de comportamento, **n**. Enquanto, para o fluido Binghamiano, o grau de não-Newtonianidade pode ser determinado pela relação adimensional, denominada de número de plasticidade, **N$_p$**:

$$N_p = \frac{2\tau_L R(1-\chi)}{\mu_p \bar{v}} \tag{5.60}$$

A percentagem do erro pode ser avaliada em termos de perdas de carga resultante da aproximação pelo modelo de placas planas. Em geral, quanto maior a relação entre os diâmetros (χ) menor será o erro. Razões entre diâmetros superiores a 0,2 já produzem erros inferiores a 4%. Este erro já é, muitas vezes, inferior à precisão da leitura do viscosímetro rotativo empregado no controle dos parâmetros reológicos dos fluidos de perfuração e de completação, por exemplo. O aumento do grau de não-Newtonianidade causa uma redução no resultado da perda de pressão. Baseado nestes resultados, espera-se que estas aproximações sejam válidas também para os modelos de Casson e Robertson-Stiff, apesar de ainda não existirem resultados divulgados que comprovem tal proposição.

Em resumo, o escoamento de um fluido Newtoniano no espaço anular pode ser analisado de forma precisa com o emprego da equação 5.52. O escoamento do fluido de Bingham pode ser analisada precisamente, através do uso das equações 5.53 e 5.54, entretanto, a ajuda de um computador é decisiva. A solução aproximada do modelo de placas planas para o fluido de Bingham produz resultados excelentes, através da equação 5.56, que pode ser dividida nos seguintes passos:

I. $$A = \frac{2\tau_L R (1-\chi)}{\mu_p \cdot \bar{v}} \tag{5.61}$$

II. $$B = \frac{2}{C} \operatorname{sen}\left[\frac{1}{3}\operatorname{sen}^{-1}(C^3)\right], \tag{5.62}$$

onde: **C = (A/(A+8))^{0,5}**

III. $$\Delta P = \frac{2L\tau_L}{B \cdot R(1-\chi)} \tag{5.63}$$

As equações 5.61 a 5.63 podem, facilmente, ser colocadas de forma sistemática em uma calculadora programável ou um computador de pequeno porte. É comum ainda se encontrar uma aproximação relativa a estes passos, desprezando-se o termo cúbico da equação 5.56, resultando na equação

$$\Delta P = \frac{12\mu_p \bar{v}L}{R^2(1-\chi)^2} + \frac{3\tau_L L}{R(1-\chi)} \tag{5.64}$$

que é mais conhecida e empregada na indústria de petróleo, em unidades do sistema inglês, na forma:

$$\Delta P = \frac{\mu_P \, \overline{v} \cdot L}{60000 \, (D_o - D_i)} + \frac{\tau_L \cdot L}{200 \, (D_o - D_i)} \quad (5.65)$$

onde **L** é o comprimento da seção anular, em pés, τ_L é o limite de escoamento, em lb/100 ft², **D$_o$** e **D$_i$** são os diâmetros externo e interno do anular, em in, μ_p é a viscosidade plástica, em cP, e $\overline{v}$ é a velocidade média de fluxo no anular, em ft/min.

As expressões 5.64 e 5.65 são muito menos precisas do que a expressão 5.56, sendo mais aceitáveis quando a região de fluxo tampão é bem pequena. Em casos em que o trecho tampão é uma parcela apreciável do espaço anular, os erros chegam a ultrapassar a 50%. Daí, a solução resultante das equações 5.61 a 5.63 deve ser priorizada sempre que possível.

A solução da equação 5.57, para o modelo de placas planas, aplicado ao fluido de Potência, produz resultados aceitáveis e é também amplamente utilizada. Entretanto, o desenvolvimento mais preciso emprega a solução exata da equação 5.50 para o modelo, e correlações empíricas entre parâmetros adimensionais, cujo resumo é o seguinte:

I. $\quad a = 0{,}37 \, (n)^{-0{,}14}$ \hfill (5.66)

II. $\quad b = 1 - (1 - \chi^a)^{1/a}$ \hfill (5.67)

III. $\quad c = \left(1 + \dfrac{b}{2}\right)\left[\dfrac{(3-b)\,n+1}{(4-b)\,n}\right]$ \hfill (5.68)

IV. $\quad \Delta P = \dfrac{2KL}{R\,(1-\chi)} \left[\dfrac{4\overline{v} \cdot c}{R\,(1-\chi)}\right]^n$ \hfill (5.69)

Este procedimento resulta em erro inferior a 1% para todas as geometrias anulares usualmente praticadas e é freqüentemente empregado quando se dispõe de um computador. Ele produz melhores resultados do que o método aproximado de placas planas, muito embora os resultados sejam bem próximos quando a relação entre os raios é maior do que 0,3. Outras soluções para os modelos de Casson e Robertson-Stiff podem ser obtidas, por processos iterativos, através do desenvolvimento das equações 5.58 e 5.59, respectivamente.

5.4.3 – Escoamento turbulento

À semelhança do escoamento no interior de tubos, o grau de turbulência no espaço anular é definido pelo número de Reynolds. É necessário definir um diâmetro equivalente e uma viscosidade equivalente ou efetiva para o cálculo do Número de Reynolds. O conceito do raio hidráulico ou da aproximação por placas planas paralelas podem ser usados na definição do número de Reynolds em espaços anulares, de modo que as expressões correspondentes ficam, respectivamente:

$$NR = \frac{\rho \bar{v}}{\mu_e}(D_o - D_i) \quad ou \quad NR = \frac{\rho \bar{v}}{\mu_e}\{0,8165\,(D_o - D_i)\} \tag{5.70}$$

onde D_o e D_i são os diâmetros externo e interno do anular, e μ_e é a viscosidade equivalente, isto é, a viscosidade de um fluido Newtoniano que em regime laminar desenvolvesse a mesma perda de pressão do fluido em questão, que pode ser definida, a partir da equação 5.52, pela expressão:

$$\mu_e = \frac{\Delta P \cdot R^2}{8L \cdot \bar{v}}\left[1 + \chi^2 + \frac{(1-\chi^2)}{\ell n \chi}\right] \tag{5.71}$$

Podendo ser simplificada, considerando a aproximação pelo modelo de placas planas paralelas, para:

$$\mu_e = \frac{\Delta P \cdot R^2 (1-\chi)^2}{12L \cdot v} \tag{5.72}$$

A aplicação da equação 5.71 pode ser empregada também para outros modelos de fluido, exceto para o de Newton e o de Potência, uma vez que existem soluções exatas para estes.

A relação entre o fator de fricção e o número de Reynolds para os fluidos Newtonianos pode ser aplicada a outros fluidos com aceitável aproximação, desde que a viscosidade equivalente do fluido não-Newtoniano seja bem avaliada. Isto tem sido demonstrado experimentalmente por vários estudiosos, quer se considere o fluxo através de tubos ou de placas paralelas. Existem poucas informações e resultados experimentais sobre fluxo turbulento dos fluidos não-Newtonianos através de espaço anular. Por isso, muitas aplicações têm considerado as relações de fator de fricção e número de Reynolds para fluxo no interior de tubos e aplicado a outras geometrias.

Em resumo, as perdas de pressão em regime turbulento para o espaço anular podem ser calculada usando o mesmo procedimento de cálculo para o fluxo no interior de tubos. A equação de Fanning 5.24 é empregada com algumas modificações devido à geometria anular. O diâmetro equivalente substitui o diâmetro da tubulação tanto na equação de Fanning como na expressão do número de Reynolds. A viscosidade equivalente, definida pela equação 5.71 ou 5.72, deve ser avaliada para se proceder o cálculo do número de Reynolds. E, por último, o fator de fricção de Fanning é calculado, usando-se as expressões empíricas ou curvas de correlação, descritas no cálculo de fluxo turbulento através de tubos.

5.4.4 – Escoamento transitório

Um fluido Newtoniano entra em regime turbulento a um número de Reynolds em torno de 2100-3000. Resultados têm mostrado que o número de Reynolds crítico para os fluidos Newtonianos é cerca de 50% maior quando se considera o modelo de fluxo entre placas paralelas do que o equivalente para o interior de tubos. Isto já mostra que podem existir diferenças significativas quando se adota modelos geométricos aproximados para simplificar um certo problema.

Para os fluidos Binghamianos, a análise tem se baseado nos resultados do estudo de Hanks e Pratt. As equações a seguir foram adaptadas deste estudo e têm-se mostrado consistentes com os resultados obtidos.

I. $$NH_e = \left[\frac{\rho D^2 (1-\chi)^2}{\mu_P^2}\right] \cdot \tau_L \qquad (5.73)$$

II. $$33600 \, X_c = NH_e (1 - X_c)^3 \qquad (5.74)$$

III. $$NR_c = \frac{NH_e}{12X_c}\left[1 - \frac{3X_c}{2} + \frac{X_c^3}{2}\right]^2 \qquad (5.75)$$

Observe que o valor do número de Reynolds crítico é 2800, quando o valor do número de Hedstrom tende para zero, que é o caso particular do fluido Newtoniano

Substituindo ainda a equação 5.71 ou 5.72 pela viscosidade equivalente que aparece na equação do número de Reynolds (equação 5.70), e solucionando-a para a velocidade a um número de Reynolds crítico, encontraremos uma expressão para a velocidade crítica.

Uma expressão usual para a velocidade crítica para fluidos Binghamianos, derivada das equações 5.64 e 5.72, considerando que a turbulência ocorre a um número de Reynolds crítico da ordem de 2100, é:

$$\bar{v}_c = \frac{1000\mu_P + 1000\sqrt{\mu_P^2 + [\rho\tau_L \, D^2 (1-\varphi)^2]/4000}}{\rho D (1-\varphi)} \qquad (5.76)$$

A tabela 16, a seguir, resume e esquematiza as expressões mais usuais para o cálculo das perdas de carga, relativo aos modelos de Newton, Bingham e Potência.

TABELA 16
Equações para o cálculo das perdas de pressão ou de carga.

	Interior de Tubos	Espaço Anular
Fluxo Laminar Fluidos Newtonianos e Binghamianos (NR < 2100)	$\Delta p = \dfrac{32 L \mu_e \bar{v}}{D^2}$ pois $f = 16/N_R$	$\Delta p = \dfrac{48 L \mu_e \bar{v}}{(D_o - D_i)^2}$ pois $f = 24/N_R$
Fluxo Laminar Fluidos de Potência (NR < (3470–1370n))	$\Delta p = \dfrac{32 L \mu_e \bar{v}}{D^2} \dfrac{(3n+1)}{4n}$	$\Delta p = \dfrac{48 L \mu_e \bar{v}}{(D_o - D_i)^2} \dfrac{(2n+1)}{3n}$
Fluxo Turbulento Fluidos Newtonianos e Bingamianos (NR ≥ 2100)	$f = 0{,}05/N_R^{0{,}2}$ $\Delta p = (0{,}1\, L \rho^{0{,}8}\, \bar{v}^{1{,}8}\, \mu_e^{0{,}2})/D^{1{,}2}$	$f = 0{,}05/N_R^{0{,}2}$ $\Delta p = (0{,}127 \cdot L \rho^{0{,}8}\, \bar{v}^{1{,}8}\, \mu_e^{0{,}2})/(D_o - D_i)^{1{,}2}$
Fluxo Tubulento Fluidos de Potência (NR ≥ (3470 – 1370n))	$f = c/N_R^b$ onde: $c = (\log n + 2{,}5)/50$ $b = (1{,}4 - \log n)/7$ $\Delta p = \dfrac{2 c L \rho^{(1-b)}\, \bar{v}^{(2-b)}}{D^{1+b}} \cdot \mu_e^b \dfrac{(3n+1)^b}{4n}$	$f = c/N_R^b$ onde: $c = (\log n + 2{,}5)/50$ $b = (1{,}4 - \log n)/7$ $\Delta p = \dfrac{2 c L \rho^{(1-b)}\, \bar{v}^{(2-b)}}{[0{,}8165(D_o - D_i)]^{1+b}} \cdot \mu_e^b \dfrac{(2n+1)^b}{3n}$

5.5 – Exemplos de Cálculos

Abordaremos, a seguir, exemplos e procedimentos simplificados, apenas para o escoamento isotérmico de fluidos incompressíveis, em estado estacionário ou permanente, através de condutos retos de secção circular ou espaço anular de cilindros concêntricos, em regimes laminar e turbulento.

5.5.1 – Viscosidade equivalente para o modelo de potência

I. Procedimento Gráfico

Uma análise matemática completa de uma curva de fluxo é um processo demorado que envolve um cálculo complexo. Onde não existe um equipamento de computação disponível para se proceder tal cálculo, pode-se utilizar o seguinte procedimento.

1. Calcule e registre graficamente a viscosidade equivalente para cada taxa de cisalhamento (ou velocidade de fluxo). Se forem necessárias correções de tempe-

ratura e pressão, utilize equações ou gráficos conhecidos da literatura apropriada. De modo que cada viscosidade equivalente deve ser multiplicada pelo fator de correção (para temperatura e pressão) antes de se traçar a curva. O formulário e gráfico mostrado na figura 56 e tabela 12 podem ser usados para registrar os dados do viscosímetro rotativo Fann.

2. Registre os valores da taxa de cisalhamento (γ) no eixo horizontal e os valores de viscosidade equivalente (μ_e) no eixo vertical;

3. Coloque todos os pontos disponíveis e trace a melhor curva por sobre eles;

4. Considere as deflexões a 600 e 300 rpm e determine o índice de fluxo para o intervalo através da expressão:

$$n_p = 3{,}32 \cdot \log\left(\frac{\theta_{600}}{\theta_{300}}\right) \tag{5.77}$$

Considere **n_p** como o índice de fluxo para o interior de tubos.

5. Considere as deflexões a 300 e 3 rpm e determine outro valor para o índice de fluxo neste intervalo através da expressão:

$$n_a = 0{,}5 \cdot \log\left(\frac{\theta_{300}}{\theta_3}\right) \tag{5.78}$$

Considere **n_a** como o índice de fluxo para o espaço anular.

6. Para usar o gráfico 56 e determinar a viscosidade equivalente do fluido em condições de fluxo, primeiro calcule a taxa de cisalhamento à parede do tubo e/ou espaço anular usando as equações:

INTERIOR DO TUBO: $\qquad \gamma_w = \dfrac{96 v_p}{D} \qquad (5.79)$

ESPAÇO ANULAR: $\qquad (\gamma_w)_a = \dfrac{144 \bar{v}_a}{D_o - D_i} \qquad (5.80)$

onde $\bar{v}_p$ é a velocidade média de fluxo no interior de tubos em pés/s, determinada por : $v_p = Q/(2{,}448 D^2)$, com **Q** sendo a vazão em gal/min, **D** é o diâmetro interno da tubulação, em polegada, $\bar{v}_a$ é a velocidade média de fluxo no espaço anular entre tubos concêntricos, em pés/s, determinada por: $v_a = Q/[2{,}448(D_o^2 - D_i^2)]$; **$D_o$** é o diâmetro interno do tubo externo do anular, em polegada; **D_i** é o diâmetro externo do tubo interno do anular, em polegada.

7. Entre no gráfico com a taxa de cisalhamento calculada e leia a viscosidade equivalente (μ_e) sobre a curva traçada.

II. Procedimento Analítico

Os parâmetros reológicos **n** e **K** podem ser calculados com dois pares quaisquer de tensão cisalhante – taxa de cisalhamento. Alcança-se resultados mais precisos determinando os valores de **n** e **K**, primeiramente no intervalo 5,0 a 170 s^{-1} (baixa taxa de cisalhamento). E para regiões de taxa de cisalhamento elevada, considera-se o intervalo de 170 a 1000 s^{-1}. Utiliza-se então, o uso das deflexões obtidas a 300 rpm e 3 rpm para regiões a baixas taxas de cisalhamento; e as deflexões a 600 rpm e 300 rpm para regiões onde ocorrem elevadas taxas de cisalhamento, quando o viscosímetro Fann 35A é o instrumento utilizado.

1. As equações para o cálculo de **n** e **K** são:

$$n = \frac{\log(\tau_2/\tau_1)}{\log(\gamma_2/\gamma_1)} \tag{5.81}$$

$$K = \frac{\tau_2}{(\gamma_2)^n} \tag{5.82}$$

2. Que, usando os resultados obtidos a 600 rpm e 300 rpm, se transformam em:

$$n_p = 3{,}32 \log\left(\frac{\theta_{600}}{\theta_{300}}\right) \tag{5.83}$$

$$K_p = \frac{5{,}1.(\theta_{600})}{1022^{n_p}} \tag{5.84}$$

com **K$_p$** em dina.s^{n_p}/cm2

3. E, usando os resultados obtidos a 300 rpm e 3 rpm, temos:

$$n_a = 0{,}5 \log\left(\frac{\theta_{300}}{\theta_3}\right) \tag{5.85}$$

$$K_a = \frac{5{,}1.(\theta_{300})}{511^{n_a}} \tag{5.86}$$

com **K$_a$** em dina.s^{n_a}/cm^2

4. Como a equação geral para a viscosidade de equivalente do fluido de Potência é:

$$\mu_e = K \cdot \gamma^{(n-1)} \tag{5.87}$$

E as expressões que definem γ e μ_e para interior de tubos são, respectivamente:

$$\gamma = \left(\frac{8\bar{v}}{D}\right)\left(\frac{3n+1}{4n}\right) \tag{5.88}$$

$$\mu_e = \tau_w/(8\bar{v}/D) \tag{5.89}$$

Enquanto as expressões que definem γ_w e μ_e para o anular são, respectivamente:

$$\gamma_w = \frac{2n+1}{3n}\left(\frac{12\bar{v}_a}{D_o - D_i}\right) \tag{5.90}$$

$$\mu_e = \frac{\tau_w}{\gamma_w} \tag{5.91}$$

5. Então, a viscosidade equivalente, em cP, no interior de tubos é dada por:

$$\mu_e = 100 K_p \left(\frac{96\bar{v}_p}{D}\right)\left(\frac{3n+1}{4n}\right)^{n_p - 1} \tag{5.92}$$

6. E a viscosidade equivalente, em cP, no espaço anular é dada por:

$$\mu_e = 100 K_a \left\{\left(\frac{144\bar{v}_a}{D_o - D_i}\right)\left(\frac{2n+1}{3n}\right)\right\}^{n_a - 1} \tag{5.93}$$

EXEMPLO 6

A fase III do poço X-C-Y-BB foi perfurada com fluido de perfuração à base óleo-sintético, conforme diagrama da figura 63.

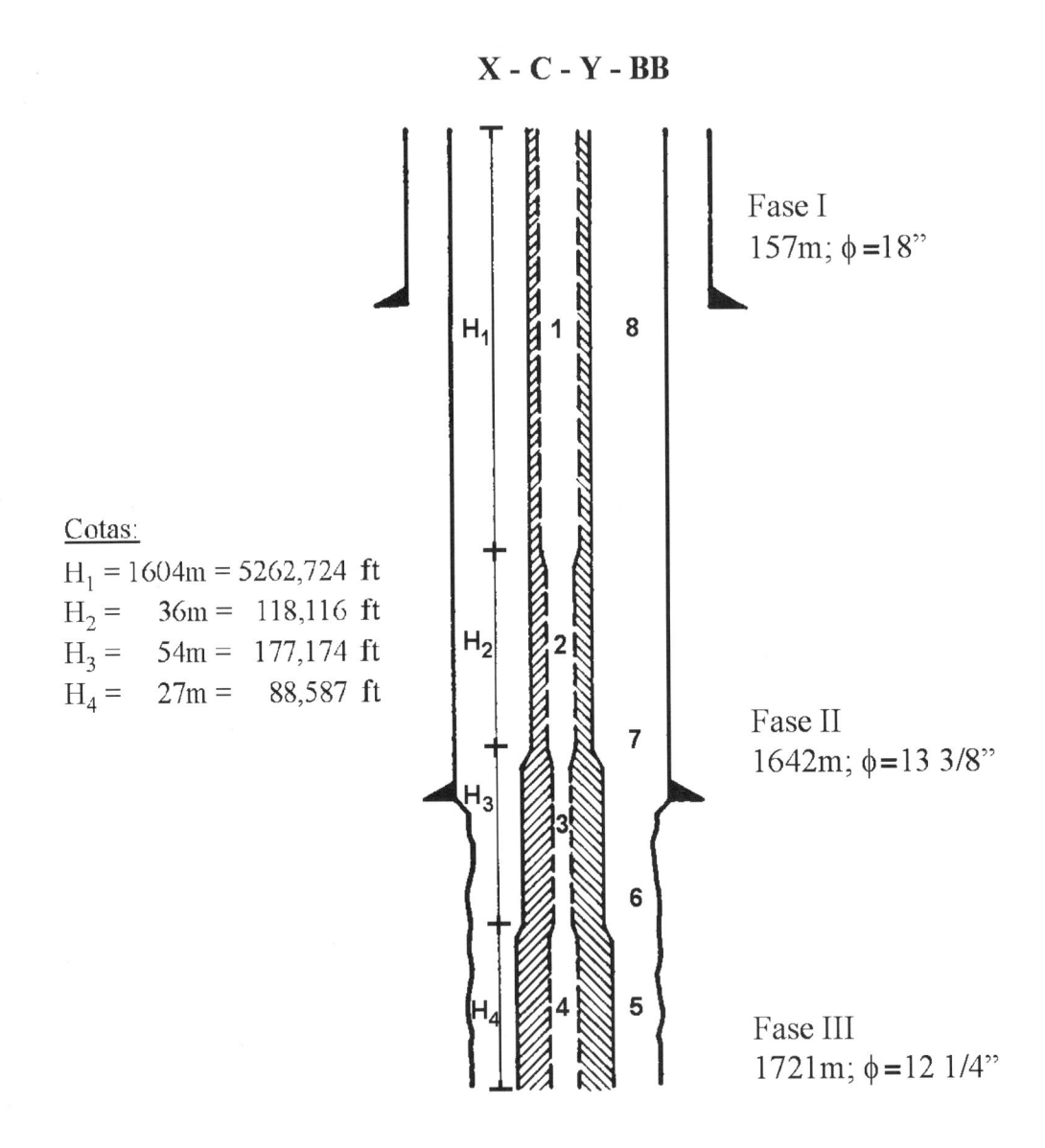

X - C - Y - BB

Cotas:
$H_1 = 1604m = 5262,724$ ft
$H_2 = 36m = 118,116$ ft
$H_3 = 54m = 177,174$ ft
$H_4 = 27m = 88,587$ ft

Fase I
157m; $\phi = 18"$

Fase II
1642m; $\phi = 13\ 3/8"$

Fase III
1721m; $\phi = 12\ 1/4"$

Figura 63. Esquema da geometria do poço X-C-Y-BB.

À profundidade de 1.721 metros foram registrados os valores a seguir.

a) **Características do Fluido:**

Reologia*	N, rpm	600	300	200	100	6	3
	θ, grau	67	40	30	19	3	2

Géis: G_0/G_{10} = 2,0/3,0
Razão óleo/água: 55/45
Massa específica: 8,2 ℓb/gal

b) **Parâmetros de Perfuração e Escoamento:**

Pressão de bombeio: 1350 psi
Vazão de bombeio: 483,46 gal/min
Diâmetro da broca: 12 ¼ in
Orifícios da broca (jatos): 3 de 15/32 in
Tubos (DP's) de 5": $D_{int.}$ = 4,276 in. e $D_{ext.}$ = 5 in
Tubos pesados (HWDP's) de 5": $D_{int.}$ = 3,0 in. e $D_{ext.}$ = 5 in
Comandos (DC's) de 6 1/4": $D_{int.}$ = 2,8125 in. e $D_{ext.}$ = 6,25 in
DC's de 7 ¾": $D_{int.}$ = 3,0 in. e $D_{ext.}$ = 7,75 in
Revestimento: $D_{int.}$ = 12,515 in. e $D_{ext.}$ = 13 3/8 in

Determine a viscosidade equivalente (ou efetiva) do fluido no espaço anular, na região de menor velocidade, pressuposta como a mais crítica.

SOLUÇÃO

1. Com os valores de deflexão obtidos no viscosímetro, calculamos os valores de viscosidades equivalentes, considerando os fatores para cada rotação. Calculamos também os valores dos indíces de fluxo para cada região interior (n_p) e anular (n_a) da coluna, conforme sugere a tabela 12.

N (rpm)	F Fator	γ (s⁻¹)	θ Grau	θ x F μe (cP)
600	0,5	1022,0	67	35,5
300	1,0	511,00	40	40,0
200	1,5	341,00	30	45,0
100	3,0	170,00	19	57,0
6	50,0	10,22	3	150,0
3	100,0	5,11	2	200,0

$n_p = 3,32 \log\left(\dfrac{\theta_{600}}{\theta_{300}}\right)$

$n_p = 0,74$

$n_a = 0,5 \log\left(\dfrac{\theta_{300}}{\theta_3}\right)$

$n_a = 0,65$

2. A seguir colocamos em gráfico os valores de viscosidade equivalente e taxa de cisalhamento, conforme figura 64.

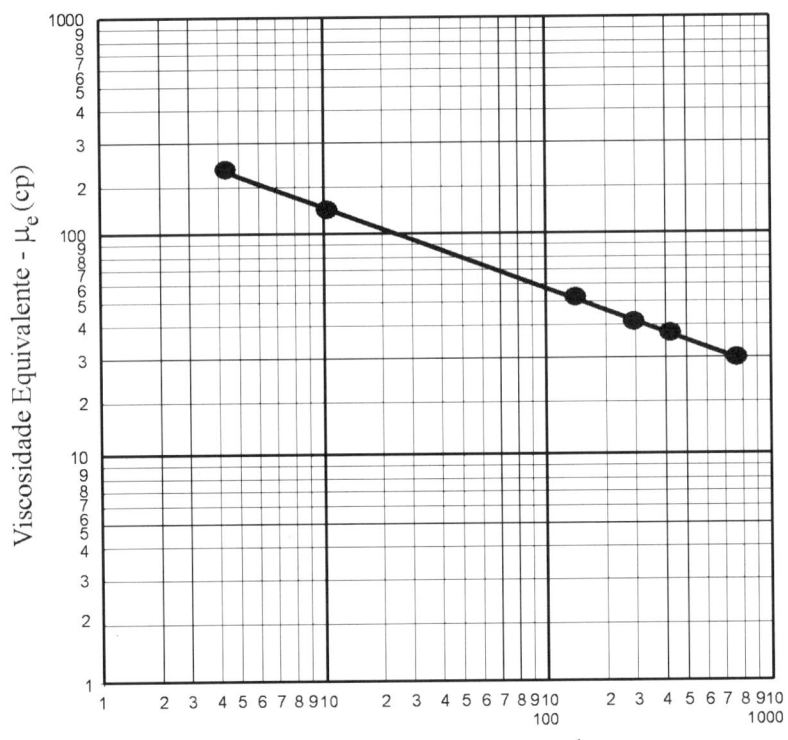

Figura 64. Curva de viscosidade equivalente *versus* taxa de cisalhamento.

3. Determinamos a velocidade média de fluxo no espaço anular, considerando a região de velocidade mais baixa (maior área de fluxo).

$$\bar{v}_a = \frac{24,51Q}{D_o^2 - D_i^2} = \frac{24,51 \times 483,46}{12,515^2 - 5^2}$$

$$\bar{v}_a = 90,0 \, \text{ft/min}$$

4. Determinamos a taxa de cisalhamento à parede do anular.

$$(\gamma_w)_a = \frac{2,4\bar{v}_a}{D_o - D_i} \left(\frac{2n_a + 1}{3n_a} \right)$$

$$(\gamma_w)_a = \frac{2,4 \times 90,0}{12,515 - 5} \left(\frac{2 \times 0,65 + 1}{3 \times 0,65} \right)$$

$$(\gamma_w)_a = 33,9 \, s^{-1}$$

5. E, por último, encontramos a viscosidade efetiva na curva traçada antes.

   $\mu_e = 105,0$ cP;   para $\gamma = 34$ s^{-1}

6. Ou, pode-se determinar a viscosidade equivalente, analiticamente, através da expressão:

$$\mu_e = 479 K_a \left(\frac{2,4 \bar{v}_a}{D_o - D_i} \cdot \left(\frac{2n_a + 1}{3n_a} \right) \right)^{n_a - 1}$$

onde:

$$K_a = \frac{1,066 \theta_{300}}{(511)^{n_a}} = \frac{1,066 \times 40}{511^{0,65}} = 0,740 \frac{lbf \cdot s^{n_a}}{100 ft^2}$$

$\mu_e = 479 \times 0,740 \times (33,9)^{0,65-1} = 103,3$ cP

5.5.2 Perda de pressão ou perda de carga

O procedimento a seguir orienta os passos para o cálculo simplificado das perdas de carga durante o deslocamento dos fluidos de perfuração, cujos resultados têm sido considerados de precisão satisfatória para as operações de campo.

1. Calcule o número de Reynolds usando as equações 5.94 e 5.95. Utilize a viscosidade equivalente como uma função da taxa de cisalhamento à parede do tubo ou do espaço anular, conforme procedimento descrito antes.

(i) Interior de Tubos: $NR_p = \dfrac{987 \bar{v}_p D \rho}{\mu_e}$ (5.94)

(ii) Espaço Anular: $NR_a = \dfrac{987 \bar{v}_a (D_o - D_i) \rho}{\mu_e}$ (5.95)

onde ρ é a massa específica do fluido, em $\ell b/gal$, $\bar{v}_p$ e $\bar{v}_a$ são as velocidades de escoamento, em ft/min, **D**, **Do** e **Di** são diâmetros, em in, e μ_e é a viscosidade equivalente, em cP.

2. Determine graficamente o fator de fricção, **f**, através da figura 58. Ou através das expressões analíticas a seguir.

   a) Se $NR < (3470 - 1370n)$, o fluxo é laminar e **f** é expresso por:

   Interior de Tubos $f_p = 16/NR_p$ (5.96)

   Espaço Anular $f_a = 24/NR_a$ (5.97)

b) Se NR > (4270 − 1370n), o fluxo é turbulento e **f** é expresso por:

$$f = a/NR^b \qquad (5.98)$$

onde $a = (\log n + 3{,}93)/50$ e $b = (1{,}75 - \log n)/7$

c) Se (3470 − 1370n) < NR < (4270 − 1370n), o fluxo é de transitório e **f** é expresso por:

$$f = \frac{NR}{800}\left[\frac{a}{(4270-1370n)^b}\right] + \left(\frac{24}{3470-1370n}\right)\left(1 - \frac{NR}{800}\right)$$

3. Calcule a perda de carga por fricção através de uma das equações 5.100 ou 5.101, conforme o escoamento se verifique no interior ou espaço anular de tubos, respectivamente:

(i) Interior de Tubos:
$$\frac{\Delta P_p}{L} = \frac{f\,\bar{v}_a^2\,\rho}{25{,}81\,D} \qquad (5.100)$$

(ii) Espaço Anular:
$$\frac{\Delta P_a}{L} = \frac{f\,\bar{v}_a^2\,\rho}{25{,}81\,(D_o - D_i)} \qquad (5.101)$$

onde **ΔP/L** é o gradiente de perda de carga, em psi/ft; **f** é o fator de fricção, adm; $\bar{v}_p$ e $\bar{v}_a$ são as velocidades médias de fluxo no tubo e espaço anular, respectivamente, em ft/s; ρ é a massa específica do fluido, em ℓb/gal; **D**, **D$_o$** e **D$_i$** são diâmetros das tubulações envolvidas, em polegadas.

Obs.: A perda de carga por fricção deve ser calculada para cada uma das seções com geometria diferente. A perda de carga total será a soma das perdas de cargas das várias seções existentes no poço.

4. Se há mais de uma seção no espaço anular, um gradiente médio das perdas de carga para o poço pode ser calculado pelo uso da expressão:

$$\frac{\Delta P_a}{L} = \frac{(\Delta P_{a1}/L_1)L_1 + (\Delta P_{a2}/L_2)L_{2+\ldots}}{L_1 + L_2 + \ldots} \qquad (5.102)$$

5.5.3 − Pressão de circulação

Quando um poço se encontra completamente cheio com fluido circulante, a pressão necessária para deslocar o fluido é igual à soma das perdas de pressão existentes no circuito. Tomando como exemplo um poço em perfuração, conforme ilustração da figura 65, teremos:

$$P_c = \sum \Delta P = \Delta P_s + \Delta P_i + \Delta P_b + \Delta P_a \qquad (5.103)$$

onde P_c é a pressão de circulação ou de bombeio; ΔP_s é a perda de carga no equipamento de superfície; ΔP_i é a soma das perdas de carga no interior da coluna; ΔP_b é a perda de carga na broca; ΔP_a é a soma das perdas de carga no espaço anular.

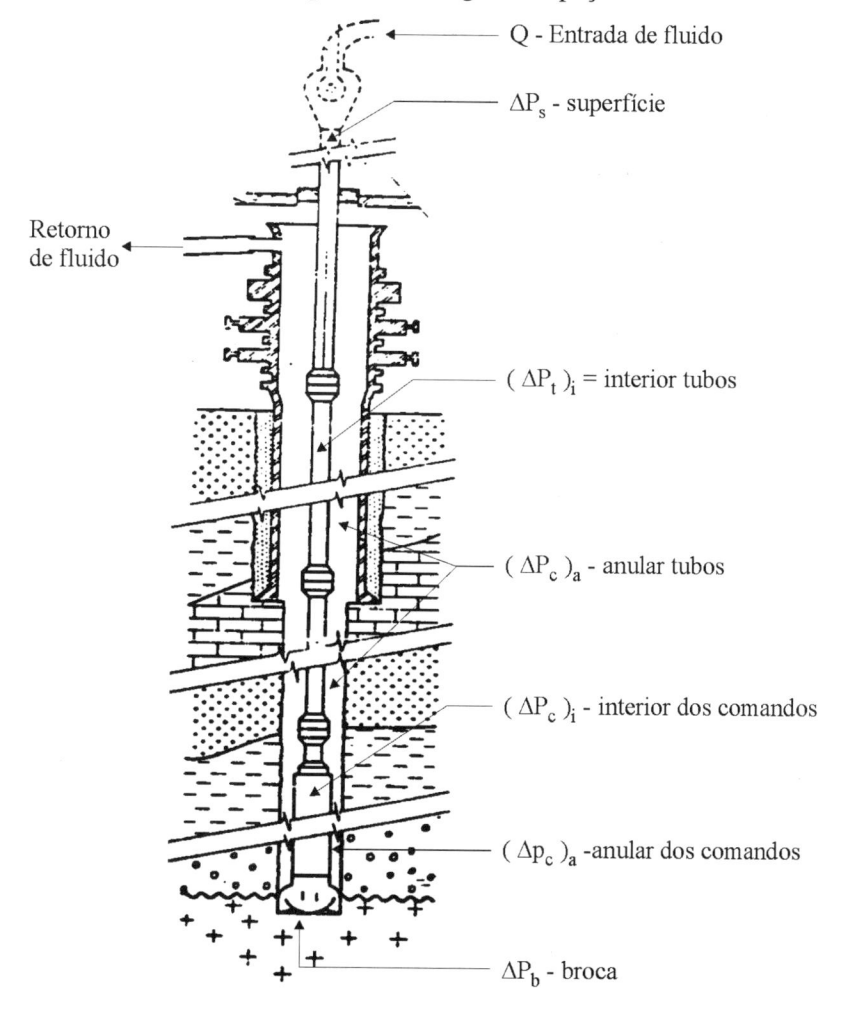

Figura 65. Esquema de sub-superfície de um poço em perfuração.

A potência recebida pelo motor de fundo é o produto da perda de pressão pela vazão do fluido, enquanto que a potência desenvolvida é o torque multiplicado pela rotação. A relação entre estas duas quantidades é a eficiência mecânica ou hidráulica do motor, cujo valor usual ronda os 80%. Então, pode-se escrever:

$$\frac{\Delta P \cdot Q}{Tq \cdot N} = 0{,}80 \tag{5.104}$$

$$Tq = \frac{\Delta P \cdot Q}{0{,}80 \cdot N} \tag{5.105}$$

onde **ΔP** é a queda de pressão, **Q** é a vazão, **N** é o número de rotações da coluna, e **Tq** é o torque. A relação **Q/N** é uma relação constante e definida para o motor. Como o torque no fundo do poço não pode ser medido, a equação 5.104 não é usada para o cálculo de perda de pressão através do motor de fundo. Neste caso, a perda de carga é estimada subtraindo todas as perdas de carga da pressão de circulação. Daí então, o torque pode ser estimado pela equação 5.105.

As perdas de carga, nos jatos ou orifícios da broca de um sistema convencional de perfuração, em psi, podem ser calculados pela equação

$$\Delta P_b = \frac{156 \cdot \rho \cdot Q^2}{\left(D_{j_1}^2 + D_{j_2}^2 + D_{j_3}^2\right)^2} \qquad (5.106)$$

onde ρ é a massa específica do fluido, em lb/gal, **Q** é a vazão, em gal/min, **Dji** é o diâmetro de cada orifício ou jato, em 1/32 in.

5.5.4 – Densidade equivalente de circulação

Durante a circulação de um fluido no poço, a pressão dinâmica no espaço anular, P_d, a uma profundidade **L** é a soma de duas componentes de pressão:

a) pressão hidrostática exercida pelo fluido a esta profundidade – P_h;

a) perda de carga devido ao escoamento do fluido entre esta profundidade e a superfície, ΔP_a. Ou seja:

$$P_d = P_h + \Delta P_a \qquad (5.107)$$

A pressão hidrostática do fluido é dada pela equação:

$$P_h = \rho \cdot g \cdot L \qquad (5.108)$$

onde **g** é a aceleração da gravidade local. Para aceitar as unidades de campo ao nível do mar, a equação 5.108 pode ser reescrita na forma:

$$P_h = 0{,}052 \cdot \rho \cdot L \qquad (5.109)$$

onde P_h é a pressão hidrostática, em psi, ρ é a massa específica do fluido no anular, em ℓb/gal, e **L** é a profundidade, em ft.

O gradiente de pressão hidro-estática, em psi/ft, conseqüentemente, será:

$$Gp = 0{,}052\, \rho \qquad (5.110)$$

E a massa específica dinâmica ou equivalente de circulação, em $\ell b/gal$, pode ser determinada pela equação 5.111, obtida a partir de 5.107 e 5.109.

$$P_d = 0{,}052\, \rho_d L = P_h + \Delta P_a$$

$$\rho_d = \frac{P_h + \Delta P_a}{0{,}052 L} = \rho + \frac{\Delta P_a}{0{,}052 L} \tag{5.111}$$

Entretanto, a massa específica de um fluido de perfuração no anular não é apenas a densidade medida por uma balança densimétrica ou um densímetro automatizado qualquer. A esta, deve ser adicionada um termo devido aos cascalhos incorporados no espaço anular, o qual é função do avanço da broca ou taxa de penetração.

A densidade dinâmica, portanto, pode ser estimada de modo mais preciso, considerando a incorporação dos cascalhos no anular. Considerando que a broca avança ΔL, num intervalo de tempo unitário Δt. Considerando também que não existem sumidouros (perda de circulação, por ex.) nem geradouros (influxo de água ou gás, por ex.) de fluido. Com boa aproximação, podemos fazer o seguinte balanço de massa:

Massa de fluido + Massa de cascalho = Massa do fluido no anular

$M + M_c = M_a$

$$V \cdot \rho + V_c \cdot \rho_c = V_a \cdot \rho_a \tag{5.112}$$

onde V, V_c e V_a são volumes de fluido, de cascalhos, e do anular, e ρ, ρ_c, e ρ_a são as massas específicas do fluido, cascalho e fluido com cascalho incorporado respectivamente. Dividindo toda a expressão 5.112 por Δt, temos:

$$\left(\frac{V}{\Delta t}\right) \cdot \rho + \left(\frac{V_c}{\Delta t}\right) \cdot \rho_c = \left(\frac{V_a}{\Delta t}\right) \cdot \rho_a \tag{5.113}$$

Cujos termos entre parênteses da equação 5.113 são definições da vazão volumétrica. Portanto:

$$Q \cdot \rho + Q_c \cdot \rho_c = Q_a \cdot \rho_a \tag{5.114}$$

$$\rho_a = \frac{Q\rho + Q_c \rho_c}{Q + Q_c} \tag{5.115}$$

O valor da vazão de cascalhos gerada na unidade de tempo pode ser calculada da seguinte maneira:

$$Q_c = \frac{V_c}{\Delta t}$$

Multiplicando e dividindo a última expressão pelo avanço linear, ΔL, temos:

$$Q_c = \frac{V_c \cdot \Delta L}{\Delta L \Delta t} = \frac{V_c}{\Delta L} \cdot \frac{\Delta L}{\Delta t} \quad (5.116)$$

Definindo os parâmetros: capacidade volumétrica do poço, C_p; e a taxa de penetração da broca, T_p, pelas equações:

$$C_p = \frac{V_c}{\Delta L} \quad (5.117)$$

$$T_p = \frac{\Delta L}{\Delta t} \quad (5.118)$$

A equação 5.116, fica:

$$Q_c = C_p \cdot T_p \quad (5.119)$$

Algumas vezes é necessário se fazer correção a respeito do alargamento do poço. Chamando F_v o fator de alargamento volumétrico, temos:

$$Q_c = F_v \cdot C_p \cdot T_p \quad (5.120)$$

5.5.5 – Pressão aplicada a um fluido gelificado

Quando um fluido tixotrópico é deixado em repouso, ele se gelifica espontaneamente. Para quebrar este "estado gel" e restaurar a fluidez é necessário uma pressão definida. Se a tensão gelificante determinada no viscosímetro rotativo para um tempo de repouso t, finito, é F_g, então a pressão necessária para circular o fluido será dada pela equação:

$$\Delta P_g = \frac{4 F_g \cdot L}{(D_o - D_i)} \quad (5.121)$$

onde ΔP_g é a pressão necessária para quebrar o gel; F_g é a força de gelificação por unidade de área, após um tempo de repouso.

Infelizmente, a tensão de gelificação determinada na superfície não é a mesma que o fluido apresenta dentro do poço sob a influência da temperatura. Contudo, é importante saber que iniciando a circulação de um fluido tixotrópico sem "quebrar o estado gel" pode resultar no acréscimo de pressão no anular, possibilitando uma perda de circulação induzida. Uma boa prática de campo consiste em movimentar a coluna de perfuração antes de ligar as bombas de circulação quando se opera com fluidos de gelificação rápida, isto é, elevada diferença entre as forças géis.

EXEMPLO 7

Como exemplo de cálculo, consideremos o enunciado do exemplo 6 e determinemos as perdas de carga no sistema de circulação.

SOLUÇÃO

1. **Cálculo do índice de fluxo (n)**. A figura 64 foi construída com seis pares coordenados. Mas, para este exemplo, usaremos somente as leituras a 600, 300 e 3 rpm.

   a) índice de fluxo para o interior de tubos: $n_p = 0,74$

   b) índice de fluxo para o espaço anular: $n_a = 0,65$

2. **Velocidade média de fluxo**

Seção	Interior da coluna $\bar{v}_p = 0,4085Q/D^2$, ft/s	Seção	Espaço anular $\bar{v}_a = 0,4085Q/(D_o^2 - D_i^2)$, ft/s
1	10,8	5	2,2
2	21,9	6	1,8
3	25,0	7	1,7
4	21,9	8	1,5

3. **Taxa de cisalhamento à parede**

Seção	Interior da coluna $\gamma_w = 96\bar{v}_p/D$, s^{-1}	Seção	Espaço Anular $\gamma n_a = 144\bar{v}_a/(D_o - D_i)$, s^{-1}
1	242,5	5	70,4
2	700,8	6	43,2
3	853,3	7	39,1
4	700,8	8	28,7

4. Viscosidade equivalente (ou efetiva)

Da figura 64 → μ_e ou $\mu_e = 479\, K(\gamma)^{n-1}$

Seção	Interior da coluna		Seção	Espaço anular	
	μ_e, cp	μ_e^*, cp		μ_e, cp	μ_e^{**}, cp
1	53,0	56,4	5	82,0	91,3
2	36,5	38,9	6	96,0	106,9
3	34,0	36,2	7	99,0	110,2
4	36,5	38,9	8	110,0	122,5

$$*(\mu_e)\,\text{corr} = \mu_e \left(\frac{3n_p + 1}{4n_p}\right)^{n_p} \quad **\mu_e = \mu_e \left(\frac{2n_a + 1}{3n_a}\right)^{n_a}$$

5. Número de Reynolds

Seção	Interior da coluna	Seção	Do espaço anular
	$N_R = 987\,\rho D \bar{v}_p / \mu_e$		$N_R = 987\,\rho (D_o - D_i)\,\bar{v}_a / \mu_e$
1	6626	5	879
2	13669	6	817
3	15741	7	783
4	13669	8	774

6. Fator de Fricção

Seção	Interior da coluna (da fig. 57 ou procedimento pág. 145)	Seção	Espaço anular (da fig. 57 ou f = 24/NR)
1	0,0072	5	0,0273
2	0,0060	6	0,0294
3	0,0058	7	0,0307
4	0,0060	8	0,0310

7. Perda de carga

Seção	Interior da coluna $\Delta P = \dfrac{f \, \bar{v}^2 \rho L}{25,81 \, D}$, psi	Seção	Espaço anular $\Delta P = \dfrac{f \, \bar{v}_a^2 \cdot \rho L}{25,81 \, (D_o - D_i)}$, psi
1	332	5	1,0
2	36	6	1,0
3	73	7	0,0
4	27	8	16,0

8. Perda de carga na broca

$$\Delta P = \frac{156 \cdot \rho \cdot Q^2}{(D_{j1}^2 + D_{j2}^2 + D_{j3}^2)^2}$$

$$\Delta P_b = \frac{156 \times 8,2 \times 483,46^2}{(15^2 + 15^2 + 15^2)^2} = 656 \, \text{psi}$$

9. Perda de carga total

$\Delta P = \Delta P_i + \Delta P_b + \Delta P_a$

$\Delta P = (332 + 36 + 73 + 27) + 656 + (1 + 1 + 16)$

$\Delta P = 1142$ psi

Na perda de carga total, calculada acima, não está incluída a perda de carga no equipamento de superfície (ΔP_s). Como a pressão de bombeio lida no manômetro foi de 1350 psi, pode-se estimar que:

$\Delta P_s = P_B - \Delta P$

$\Delta P_s = 1350 - 1142 = 208$ psi

Esta perda de carga é relativamente alta (15%), mostrando que estas estimativas de queda de pressão podem conduzir a erros da ordem de 5 a 15%.

EXEMPLO 8

Considerando os enunciados e soluções dos exemplos 6 e 7, determine a densidade dinâmica ou equivalente de circulação, na sapata do revestimento e no fundo do poço, desprezando a incorporação de sólidos no espaço anular.

SOLUÇÃO

Empregando a equação 5.111

$$\rho_d = \rho + \frac{\Delta P_a}{0,052L}$$

Teremos as massas específicas para a sapata do revestimento e fundo do poço:

$$(\rho_d)_{sr} = 8,20 + \frac{(16)}{0,052\ (5387,40)} = 8,26 \text{lb/gal}$$

$$(\rho_d)_{fp} = 8,20 + \frac{(1+1+16)}{0,052\ (564,60)} = 8,26 \text{lb/gal}$$

Capítulo 6

Transporte de Sólidos

6.1 – Introdução

Transportar sólidos, desde o fundo do poço até a superfície através do espaço anular, é um dos principais objetivos dos fluidos usados na perfuração e em algumas operações de completação de poços. O termo carreamento é freqüentemente usado nos campos de petróleo para definir a habilidade do fluido efetuar este transporte. Teoricamente, a velocidade média de transporte ou de remoção ($\bar{v}_r$) pode ser definida pela diferença entre a velocidade média de fluxo do fluido carreador ($\bar{v}$) e a velocidade média terminal de sedimentação das partículas ($\bar{v}_s$).

$$\bar{v}_r + \bar{v} - \bar{v}_s \tag{6.1}$$

A velocidade média de fluxo é controlada pela vazão de bombeio e está limitada pelo seu valor máximo. A velocidade média de queda das partículas é definida como a velocidade na qual as partículas sedimentam no interior de um fluido em repouso devido ao seu próprio peso específico, tamanho e forma geométrica.

A razão de transporte (R_t), definida como a relação entre a velocidade de remoção e a velocidade média de fluxo, é o parâmetro que dá a idéia da capacidade de carreamento dos sólidos em um fluido em escoamento.

$$R_t = \left(\frac{\bar{v}_r}{\bar{v}}\right) = \left\{1 - \left(\frac{\bar{v}_s}{\bar{v}}\right)\right\} \tag{6.2}$$

Analisando a equação 6.2, pode-se inferir que a razão de transporte aumenta com a redução da velocidade de queda ou com o acréscimo da velocidade média de fluxo. Quando a velocidade de queda for igual a zero, a razão de transporte será igual a unidade, isto é, os cascalhos serão transportados, em média, com a mesma velocidade do fluido. Se a velocidade de queda dos sólidos aumenta, e a velocidade média de fluxo é mantida, a razão de transporte diminui e, por conseqüência, a concentração de sólidos no anular aumenta. Na perfuração de poços, alguns problemas que o acúmulo de sólidos no espaço anular podem gerar são:

    a) redução da taxa de penetração e da vida útil da broca;
    b) perda de circulação;

c) obstrução do anular; e

d) prisão da coluna de perfuração.

Os principais parâmetros que afetam a razão de transporte são:

a) vazão de circulação do fluido;

b) propriedades reológicas do fluido;

c) velocidade de sedimentação das partículas;

d) tamanho, distribuição, geometria, orientação e concentração das partículas;

e) densidade do fluido; e

f) perfil de velocidade de fluxo.

As propriedades reológicas e a densidade do fluido afetam diretamente a velocidade de sedimentação de um conjunto de partículas com propriedades (tamanho, geometria, densidade) definidas. Com todas estas variáveis atuando simultaneamente, é claro que a avaliação da capacidade de carreamento de um fluido é um problema complexo. Muitos métodos e várias equações de correlação têm sido propostas para se prever a velocidade de queda dos cascalhos durante a perfuração. Em cada caso, a equação de correlação encontrada baseia-se na medida da velocidade de sedimentação da partícula num fluido em repouso, ou na velocidade de remoção da partícula num fluido em escoamento. Contudo, a medida da velocidade de remoção exige a montagem de simulador físico, que aumenta bastante o custo do experimento.

Em geral, os sólidos naturais gerados durante a perfuração, encontrados na subsuperfície, têm uma densidade que varia de 1,5 a 3,0. Uma densidade média igual a 2,5, às vezes, é considerada para fins de estimativa de cálculo. Portanto, como esses sólidos são mais densos que o fluido que está no poço, há uma tendência ao acúmulo no anular ou à decantação dos mesmos para o fundo do poço, formando o que se denomina comumente de "anéis de obstrução" ou "fundo falso".

A velocidade de queda dos sólidos, enquanto o fluido se encontra em fluxo laminar, é afetada diretamente pelas "características viscosas" do fluido. Então, quando muitas vezes a velocidade de fluxo do fluido no espaço anular está limitada pela vazão da bomba ou por seções alargadas do poço, é necessário viscosificar ou "engrossar" o fluido para reduzir a velocidade de queda dos sólidos e, conseqüentemente, limpar o poço.

Nos fluidos de perfuração à base de água, por exemplo, o aumento da viscosidade ou "espessamento" pode ser conseguido pela adição de bentonita (argila), incorporação de sólidos da formação ao fluido, adição de floculantes, ou adição de viscosificantes especiais, tais como polímeros. Isto causa um aumento na taxa de remoção dos sólidos. Já nos fluidos de completação à base de água, o aumento de viscosidade deve ser conseguido somente com a adição de polímeros, dando-se preferência a aqueles isentos de impurezas e totalmente solúveis em ácidos, isto é, sem resíduo após dissolução ácida, ou passíveis de decomposição oxidativa ou enzimática, logo após a operação ser realizada.

De certa forma, sempre existem alternativas para alterar os parâmetros reológicos com a finalidade de melhorar a capacidade de carreamento do fluido, quer nas operações de perfuração ou de completação. Os principais métodos se fundamentam na:

a) viscosificação do fluido;
b) aumento da vazão de bombeio;
c) circulação do fluido com vazão definida;
d) deslocamento de tampões viscosos.

Muitas vezes, no entanto, a alteração dos parâmetros reológicos pode comprometer o desempenho do fluido com relação a outro parâmetro. Por exemplo, pode-se aumentar os valores dos parâmetros reológicos de um fluido de perfuração à base de água, aumentando-se o teor de bentonita, contudo isso pode levar a um acréscimo de peso específico acima dos valores desejados. Pode-se também aumentar os parâmetros reológicos desse fluido adicionando-se pequenas quantidades de um agente floculante sobre a bentonita, cuja concentração não afetará o peso específico, contudo essa floculação pode elevar os valores de filtrado ou "perda d'água" a níveis inaceitáveis.

Em resumo, a decisão final para o tratamento de um fluido, visando aumentar ou diminuir os parâmetros reológicos, deve ser um compromisso que permita um bom desempenho do fluido, sem causar problemas ao poço. Portanto, o que parece, às vezes, ser uma simples decisão de viscosificar o fluido para melhorar a capacidade de limpeza do poço, pode ser complicado pelos efeitos resultantes do método utilizado.

6.2 – Velocidade de Sedimentação ou de Queda

Devido à diferença de densidade, uma partícula sólida imersa em um fluido tende a sedimentar a uma velocidade constante, uma vez estabelecido o equilíbrio dinâmico, conhecida por velocidade terminal de sedimentação. A velocidade de sedimentação de qualquer partícula depende de sua densidade, tamanho e geometria, e das propriedades do fluido. Para uma partícula com características definidas, as propriedades reológicas e densidade do fluido são as variáveis que mais afetam a velocidade de sedimentação ou de queda de partícula.

Uma partícula em queda no interior de um fluido, está sujeita à ação de três forças: uma descendente devido à gravidade, isto é, o peso da partícula (P_e), outra ascendente devido ao empuxo (**E**), e a terceira força resistiva (**F**$_r$), também ascendente, devido ao atrito viscoso relativo ao deslocamento da partícula. Observe a figura 66.

O peso da partícula (P_e) é a sua massa (M_p) vezes a aceleração da gravidade (**g**), que pode ser expressa por:

$$P_e = M_p \cdot g = \rho_p \cdot V_p \cdot g \qquad (6.3)$$

onde ρ_p e **V**$_p$ são a massa específica e o volume da partícula, respectivamente.

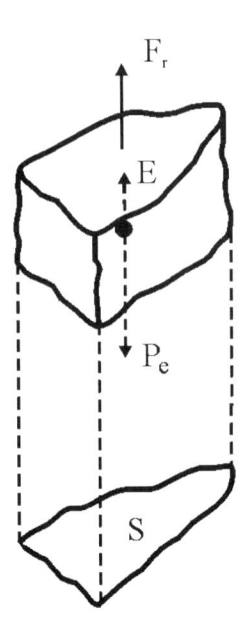

Figura 66. Esquema de forças atuantes em uma partícula em sedimentação no interior de um fluido, onde: **Fr** – é a força de atrito devido a resistência ao deslocamento da partícula; **E** – é a força devido ao empuxo; **P$_e$** – é a força devido à gravidade (Peso); **S** – é a área de projeção da partícula.

A força de empuxo (**E**) é igual ao peso da massa de líquido deslocada **M$_\ell$**. Então, considerando o volume do líquido deslocado igual ao volume da partícula, teremos:

$$E = M_\ell \cdot g = \rho V_\ell \cdot g \tag{6.4}$$

onde ρ e **V$_\ell$**, são a massa específica e o volume da massa de líquido deslocada, respectivamente.

A força de resistência ao deslocamento (**F$_r$**), proporcional à massa específica do fluido (ρ), a área de projeção da partícula (**S**), e ao quadrado da velocidade de sedimentação (**v$_s$**), é definida pela expressão:

$$F_r = \frac{C_r}{2} \cdot \rho \cdot S \cdot v_s^2 \tag{6.5}$$

onde **Cr** é o coeficiente de atrito ou resistência ao fluxo.

Quando a sedimentação da partícula atinge o equilíbrio dinâmico, a soma das forças de empuxo e de resistência se igualam ao peso da partícula. Então:

$$F_r + E = P_e \tag{6.6}$$

Substituindo as equações 6.3, 6.4 e 6.5 na equação 6.6, temos que a velocidade terminal de sedimentação pode ser expressa por:

$$v_s = \left[\frac{2(\rho_p - \rho)}{\rho} \cdot \left(\frac{V_p \cdot g}{S \cdot C_r} \right) \right]^{1/2} \qquad (6.7)$$

Portanto, as forças que atuam sobre uma partícula em sedimentação através de um fluido rapidamente alcançam o equilíbrio, e a partícula sedimenta a uma velocidade constante denominada de "velocidade de queda" ou "velocidade de sedimentação". A velocidade de queda de uma partícula depende de um número variado de fatores, tais como a densidade e viscosidade do fluido, o volume, a densidade, a forma e rugosidade da partícula, e ainda a forma e a área da face da partícula projetada perpendicularmente à direção do movimento relativo sólido-fluido.

O volume da partícula dividido pela sua área de projeção pode ser substituído por um parâmetro unidimensional definido por diâmetro equivalente de partícula (**Dp**) ou diâmetro de Stokes, que corresponde ao diâmetro de uma esfera de igual volume da partícula. Assim sendo, a equação 6.7 pode ser reescrita como:

$$v_s = \left[\frac{2(\rho_p - \rho)}{\rho} \cdot \left(\frac{D_p \cdot g}{C_r} \right) \right]^{1/2} \qquad (6.8)$$

O coeficiente de fricção, derivado da equação 6.8, fica, portanto, definido pela equação a seguir.

$$C_r = \frac{2g \cdot D_p}{v_s^2} \cdot \left(\frac{\rho_p - \rho}{\rho} \right) \qquad (6.9)$$

Sendo o número de Reynolds de queda de partícula (**NR$_s$**) definido por:

$$NR_s = \frac{\rho \cdot D_p \cdot v_s}{\mu} \qquad (6.10)$$

O coeficiente de resistência que aparece na equação 6.8 é função do tamanho, geometria, rugosidade e regime de queda da partícula. Para se definir expressões que possibilitem a determinação da velocidade de sedimentação em termos de propriedades mensuráveis da partícula e do fluido, é necessário, portanto, construir um gráfico de coeficiente de resistência contra número de Reynolds de queda de partícula, semelhante ao gráfico da figura 67.

Para os fluidos Newtonianos, a viscosidade é constante para uma dada condição de temperatura e pressão. Já os fluidos não-Newtonianos mostram viscosidade variável com a taxa de cisalhamento mesmo a uma temperatura e pressão definidas. Portanto, na equação

6.10 uma viscosidade efetiva ou equivalente (μ_e) deve ser determinada para uma certa condição de fluxo para os fluidos não-Newtonianos.

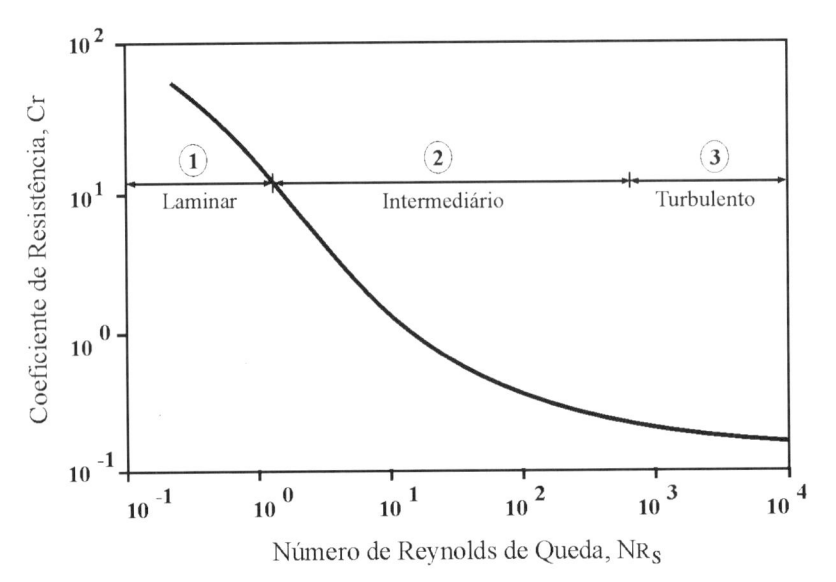

Figura 67. Curva de coeficiente de resistência ou de atrito em função do Número de Reynolds de Queda de partícula.

Geralmente, é possível se definir três regiões distintas em um gráfico de coeficiente de atrito versus número de Reynolds, semelhante ao da figura 67. A primeira região, de baixo número de Reynolds, em geral inferior a 1 (um), para sedimentação de partículas, denominada de regime de queda lento ou laminar, mostra um decréscimo linear. A segunda região, intermediária, com decréscimo exponencial, geralmente mostra um intervalo de número de Reynolds entre 1 e 1000. A região de altos números de Reynolds, geralmente superior a aproximadamente 1000, é conhecida por regime de queda turbulento e mostra uma tendência a um valor constante.

Portanto, as equações que correlacionam o coeficiente de resistência com o número de Reynolds de queda podem ser definidas, genericamente, pelas expressões:

$$Cr = \frac{a}{NR_s} \qquad \text{(regime laminar; } NR_s < 1\text{)} \tag{6.11}$$

$$Cr = \frac{b}{NR_s^c} \qquad \text{(regime intermediário, } 1 < NR_s < 1000\text{)} \tag{6.12}$$

$$Cr = d \qquad \text{(regime turbulento, } NR_s > 1000\text{)} \tag{6.13}$$

onde **a**, **b**, **c**, e **d** são constantes que dependem da natureza e forma de um determinado tipo de partícula.

Para partículas esféricas, por exemplo, em regime de queda muito lenta, isto é, $NR_S < 1$, através de um fluido Newtoniano, a = 24 e Cr = 24/ NR_S. Daí, a equação geral 6.8, assume a forma da expressão 6.14, conhecida por equação ou lei de Stokes.

$$v_s = \frac{D_p^2 (\rho_s - \rho) \cdot g}{18 \cdot \mu} \qquad (6.14)$$

Para partículas esféricas em regime turbulento, o coeficiente de atrito torna-se constante (Cr = 0,45) e a equação 6.8 toma a forma abaixo, conhecida por equação de Rittinger.

$$v_s = 5{,}39 \left[\frac{D_p (\rho_s - \rho)}{\rho} \right]^{1/2} \qquad (6.15)$$

Brown definiu uma expressão semelhante à equação 6.8, que relaciona a velocidade de queda e os demais fatores que afetam a sedimentação de esferas através de fluidos Newtonianos:

$$v_s = \left(\frac{4 D_p (\rho_s - \rho)}{3 C_r \cdot \rho} \right)^{1/2} \qquad (6.16)$$

onde v_s é a velocidade de queda; D_p é o diâmetro da esfera; ρ_s é a massa específica da esfera; ρ é a massa específica do fluido; C_r é o fator de fricção ou coeficiente de resistência; e g é a constante gravitacional. O fator de fricção C_r varia com o tamanho, forma, rugosidade da esfera, velocidade de queda da esfera, e com a densidade e viscosidade do fluido.

Waddel (1934) determinou experimentalmente que quando existe similaridade dinâmica, C_r é uma função do "número de Reynolds de queda (NR_S)" da esfera. A figura 68 mostra que C_r para esferas (linha cheia) varia de valores próximos de 10 para baixos NR_S, até em torno de 0,44 para NR_S acima de 1000.

Analiticamente, um corpo isométrico não tem tendência a assumir qualquer orientação particular quando sedimenta através de um fluido viscoso, portanto, tem uma velocidade de sedimentação constante independente da orientação. Entretanto, a posição de orientação de um corpo anisométrico tem um importante efeito sobre a velocidade da queda. Quanto mais o corpo se desvia da forma isométrica mais o efeito de orientação aumenta.

Waddel adaptou uma relação de Newton para determinar a velocidade de sedimentação de partículas de forma irregular, introduzindo um fator de correção para a forma. Muitos resultados de Waddel foram baseados na utilização da esfericidade (ξ) como fator de correção, definida por:

$$\xi = \frac{S_s}{S_p} \qquad (6.17)$$

onde S_s é a área da superfície de uma esfera de mesmo volume da partícula e S_p é a área da superfície da partícula.

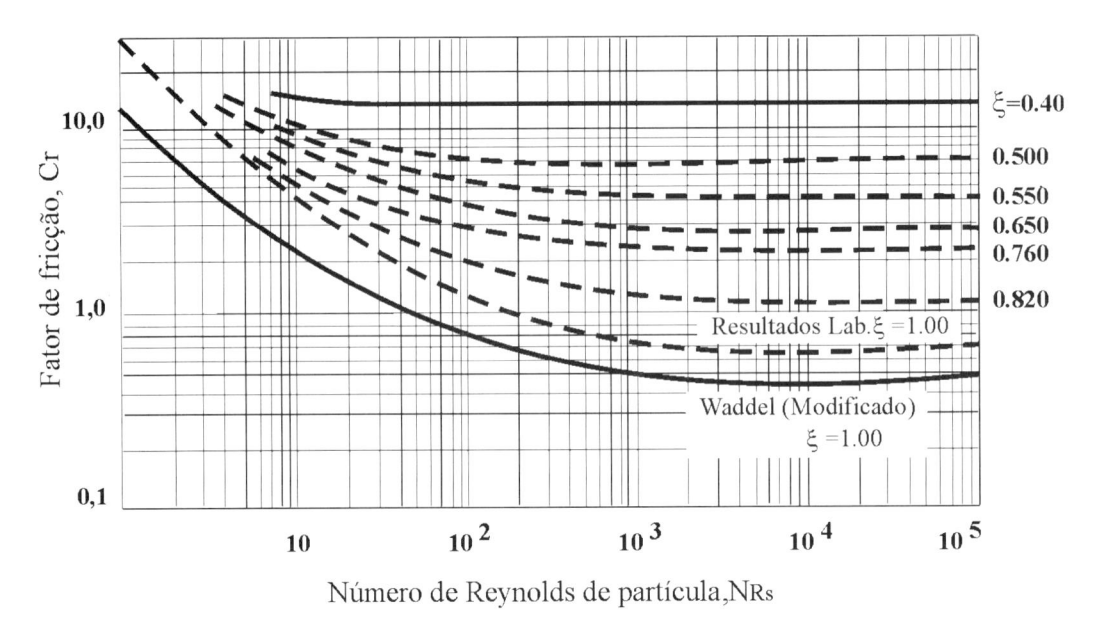

Figura 68. Curvas de coeficiente de fricção em função do Numero de Reynolds de queda de esferas.

A esfericidade tem sido introduzida em gráficos de fator de fricção *versus* Número de Reynolds de queda de partícula para investigar a influência de vários tamanhos e formas de partículas isométricas, à semelhança das curvas da figura 68. Observe que o fator de fricção, C_r, aumentou de aproximadamente 0,44 para esferas, até aproximadamente 10,0 para partículas com esfericidade de 0,40, considerando $NR_s > 1000$. O diâmetro usado para calcular o número de Reynolds de partícula, é o diâmetro esférico equivalente, D_p, definido como o diâmetro de uma esfera tendo o mesmo volume da partícula.

Uma das equações mais utilizadas para determinar a velocidade de queda de partículas, pela sua simplicidade física e matemática, é a equação 6.14 ou lei de Stokes. Como esta só é válida para partículas esféricas que se sedimentam em regime muito lento, isto é, $NR_S < 1$, através de fluidos Newtonianos, então a sua aplicação a qualquer tipo de problema pode gerar erros grosseiros.

Sá e outros (1996), baseado em resultados empíricos, obtidos em um simulador de fluxo, desenvolveram uma correlação para calcular as velocidades de sedimentação de partículas anisométricas, irregulares, transportadas por fluidos não-Newtonianos em espaço anular, considerando os efeitos de parede e de população. O método sugere calcular o coeficiente de resistência empregando a expressão:

$$C_r = \left[\left(\frac{24}{NR_w} \right)^s + \left(\frac{103,3}{e^{5,44\xi}} \right)^s \right]^{1/s} \qquad (6.18)$$

Com o coeficiente de atrito, **Cr**, o coeficiente de correlação, **s** e o número de Reynolds (**NR$_w$**) relativo à velocidade de sedimentação considerando os efeitos de parede ($\overline{v}_w$), definidos por:

$$C_r = \frac{4D_p \cdot g \left(\rho_p - \rho\right)}{3v_s \cdot \rho} \tag{6.19}$$

$$s = 0{,}9779 - 0{,}1557\xi \tag{6.20}$$

$$NR_w = \frac{v_s^2 \rho}{\tau} \tag{6.21}$$

A velocidade de sedimentação, considerando os efeitos de parede ($\overline{v}_w$), pode ser calculada por:

$$\frac{v_w}{v_s} = 1 - 0{,}8 \left(\frac{D_p}{D_h}\right)^{0{,}690} NR_w^{\ 0{,}042} \tag{6.22}$$

onde **D$_h$** é o diâmetro hidráulico do espaço anular, definido por 0,816 (Do – Di), τ é a tensão líquido-sólido, e ξ é a esfericidade.

A velocidade de sedimentação de uma partícula irregular, considerando um meio infinito, pode ser determinada dos experimentos, a partir da medida do tempo de sedimentação. A densidade e o diâmetro das partículas podem ser determinadas através do ensaio com picnômetro.

A influência do efeito de população (ou concentração) de partículas pode ser estimada pela expressão:

$$\frac{v_p}{v_w} = \phi^t$$

sendo que:

$$t = \left[3{,}44 + 2{,}66 \left(\frac{D_p}{D_h}\right)\right] NR_w^{\ -0{,}082} \tag{6.23}$$

onde **v$_p$** é a velocidade de queda de partículas considerando o efeito de população e ϕ é a porosidade do leito de partículas, definida por

$$\phi = 1 - \textcent_p \tag{6.24}$$

Onde $\textcent_p$ é a concentração volumétrica de partículas sólidas suspensas no leito.

6.3 – Velocidade e Razão de Transporte

6.3.1 – Poços verticais

Durante o escoamento ascendente de um fluido contendo partículas sólidas no anular de um poço, conforme modelo ilustrado na figura 69, podemos considerar três componentes de velocidade: velocidade de fluxo do fluido ($\bar{v}$), velocidade de sedimentação dos sólidos ($\bar{v}_s$), e velocidade de transporte dos sólidos ($\bar{v}_t$). Como a velocidade de escoamento do fluido é ascendente e a velocidade de sedimentação é descendente, então a velocidade líquida de transporte poderá, teoricamente, ser ascendente, se $\bar{v} > \bar{v}_s$, ou descendente, se $\bar{v}_s > \bar{v}$. Em qualquer dos dois casos podemos definir a velocidade de transporte como a diferença entre a velocidade do fluido e a velocidade de queda das partículas.

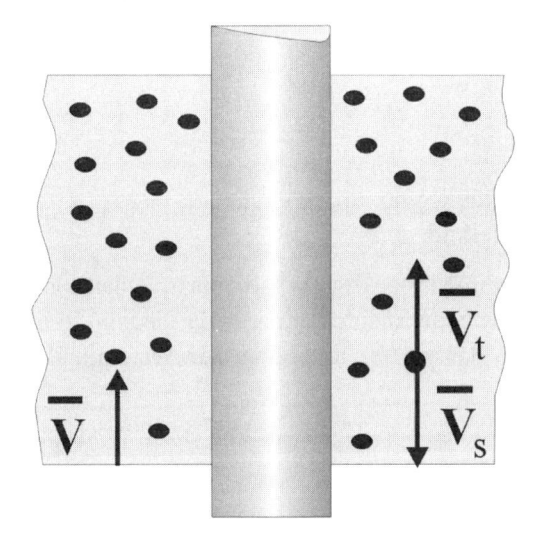

$$\bar{v}_t = \bar{v} - \bar{v}_s \tag{6.25}$$

Figura 69. Componentes de velocidade atuantes no transporte de partículas sólidas no anular de um poço vertical

Observe que a equação 6.25 necessita da estimativa da velocidade de queda ou sedimentação das partículas. Esta, uma vez calculada da maneira mais adequada e precisa possível, possibilita a análise da ascensão e transporte dos sólidos através da equação 6.25 ou da razão de transporte (R_t) definida por:

$$R_t = \frac{\bar{v}_t}{\bar{v}} \tag{6.26}$$

Este método tem mostrado resultados satisfatórios para poços verticais, sendo freqüentemente empregado para quantificar o transporte de sólidos em poços com inclinação ou afastamento da vertical inferior a 5°. Trabalhos mais conservativos de perfuração de poços têm mostrado que quando a razão de transporte é superior a 50% e as velocidades anulares são superiores a 120 ft/min, os problemas de perfuração, tais como altos troques e drags, formação de anéis de cascalhos, elevação de pressão, etc., são minimizados.

6.3.2 – Poços inclinados e horizontais

O transporte de sólidos em operações de perfuração e completação de poços tomou um grande impulso na década 80, em virtude do número cada vez maior dos projetos relativos a poços de grande inclinação e horizontais. Nestes casos, os cálculos usados para solucionar os problemas de carreamento em poços verticais, já não apresentavam uma solução satisfatória.

Analisando as forças atuantes sobre uma partícula em um espaço anular inclinado, vê-se que, devido a forças gravitacionais, uma das componentes do peso irá forçar a partícula a encontrar a parede do poço, em um tempo relativamente curto, causando a formação de um leito, conforme ilustra a figura 70. Neste caso, a velocidade de transporte é expressa por:

$$\bar{v}_t = \bar{v} - \bar{v}_s \cdot \cos\theta \qquad (6.27)$$

Observe que a componente de velocidade de queda- $v_s \cdot \text{sen}\theta$, força a segregação das partículas sólidas, possibilitando a formação de um leito. A razão de transporte definida pela equação 6.26 já não é representativa do fenômeno. Portanto, para o escoamento inclinado sólido-líquido, o conceito de velocidade de transporte mostra-se insatisfatório para caracterizar e analisar o problema.

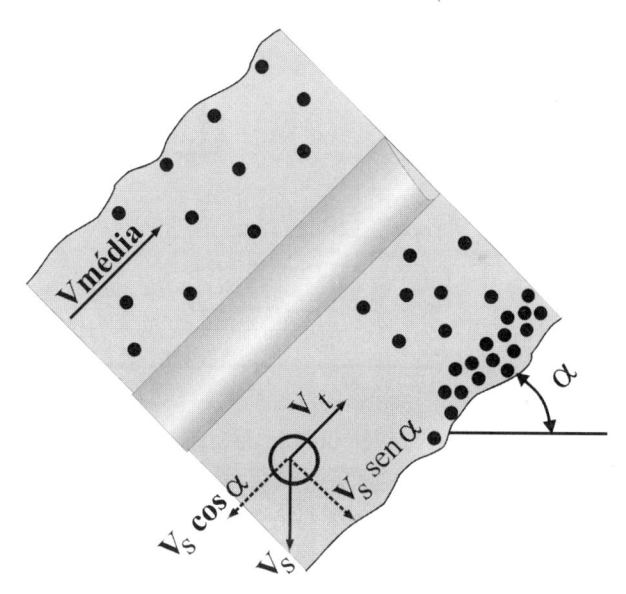

Figura 70. Esquema de um poço altamente inclinado e componentes de velocidade atuantes sobre uma partícula.

O conceito de padrões de escoamento parece mais adequado e consiste em definir a configuração de fases possíveis, considerando a região anular, excêntrica e inclinada. Uma classificação simplificada que tem sido adotada define quatro padrões de escoamento:

a) leito estacionário;
b) leito móvel;
c) suspensão heterogênea; e
d) suspensão pseudo-homogênea. Veja ilustração da figura 71.

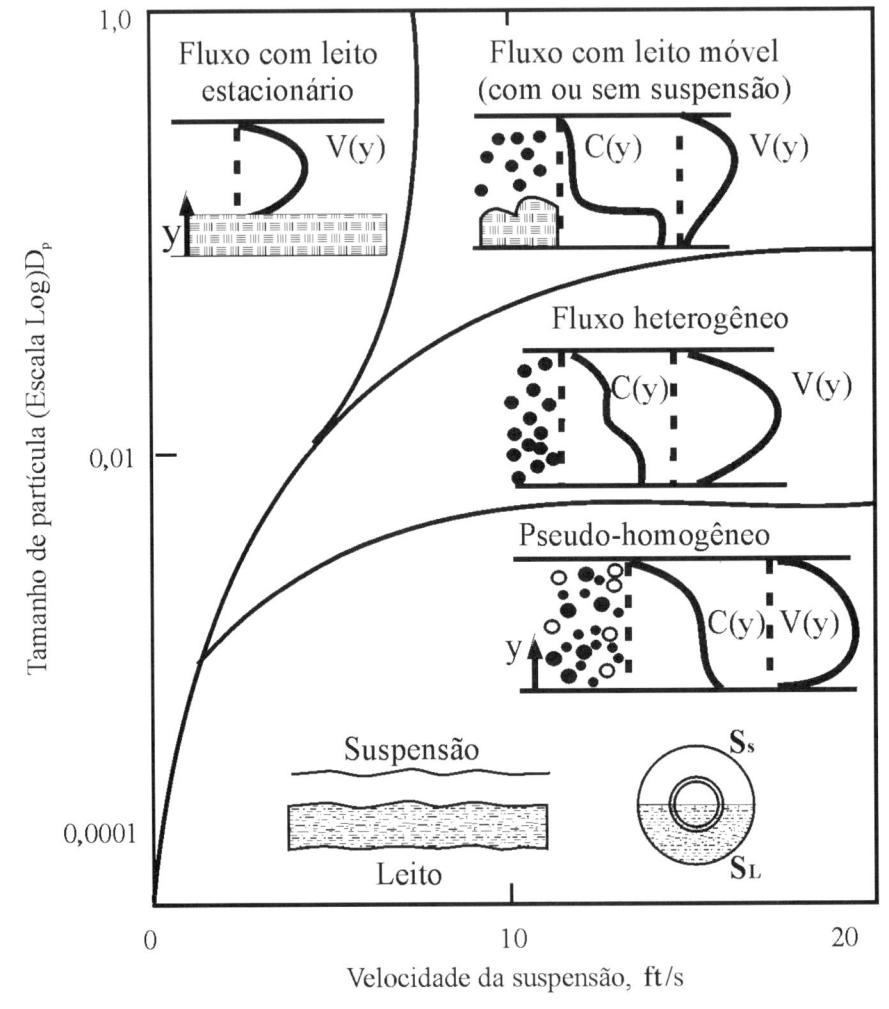

Figura 71. Padrões de escoamento e formação de leitos em fluxo horizontal.

Os dois primeiros padrões de escoamento, estratificados, caracterizam-se pela acumulação de partículas sólidas na parte inferior da região anular, formando leito estacionário ou móvel. Esta situação é típica de poços altamente inclinados e horizontais, que podem apresentar deficiência de limpeza, necessitando deslocamento de tampões viscosos para auxiliar no carreamento. Os dois últimos padrões representam escoamento de suspensões com perfis de concentração de sólidos:

a) variável ao longo da seção (heterogênea); ou

b) uniformemente distribuída ao longo da seção (pseudo-homogênea).

Geralmente, estes dois últimos padrões implica em boas condições de transporte.

Em fluxo vertical ou quase vertical, um padrão de fluxo denominado de transporte deficiente é definido para descrever situações onde a velocidade de sedimentação dos sólidos é maior do que 50% da velocidade do fluido no anular. Esta situação pode ser encontrada em regiões onde a área da seção exposta ao fluido é muita elevada, a exemplo do que acontece nos 'risers' das unidades de perfuração flutuante, por exemplo.

Na solução de problemas de carreamento de sólidos em poços inclinados e horizontais, a estimativa da velocidade de transporte, através do conceito de velocidade relativa entre as fases sólida e líquida, não apresenta resultados satisfatórios. A melhor alternativa tem sido a quantificação dos sólidos na região de escoamento. Neste caso, os melhores indicadores são:

a) a altura do leito de sólidos, que é a porção da seção ocupada pelo leito;

b) a concentração de sólidos, que é a fração volumétrica de sólidos por unidade de volume da mistura sólido-líquido; e

c) a razão de transporte generalizada, **Rt$_g$**, definida pela expressão a seguir.

$$Rt_g = \frac{100 \cdot \text{\textcent}_a}{f_s \cdot \text{\textcent}_s} \qquad (6.28)$$

onde $\text{\textcent}_a$ é a concentração de alimentação, ou taxa de penetração nas operações de perfuração, $\text{\textcent}_s$ é a concentração de sólidos, e f_s é um fator de área, definida pela fração da área exposta ao fluxo, isto é, $f_s = S_s/(S_S+S_L)$, onde S_S e S_L são as áreas ocupadas pela suspensão e pelo leito de sólidos, respectivamente. Veja figura 71.

Estas variáveis, entretanto, não são facilmente medidas durante as operações de perfuração ou completação. Isto implica que a solução do problema de carreamento de sólidos em poços altamente inclinados e horizontais requer simulação computacional complexa, fundamentada em métodos mecanicista, empírico ou mixto (empiro-mecanicista), que é desenvolvida considerando parâmetros mensuráveis, tais como vazão, taxa de penetração (ou avanço de coluna ou de flexi-tube), densidade e diâmetro médio de Stokes das partículas sólidas, parâmetros reológicos do fluido, geometria da seção de fluxo (diâmetro do tubo, ou diâmetros externo e interno do anular), velocidade de rotação e excentricidade da coluna, etc. Um destes simuladores, desenvolvido pelo Centro de Pesquisas da Petrobrás denomina-se de SIMCARR – simulador de carreamento de cascalhos para poços verticais, inclinados e horizontais.

Alguns indicadores qualitativos de dificuldades de carreamento dos sólidos também podem ser levados em consideração na análise do carreamento de sólidos durante as operações de perfuração ou completação:

a) pouca quantidade de sólidos na linha de retorno ou peneiras;
b) grandes oscilações de torque e *drag*;
c) elevação na pressão de bombeio;
d) freqüentes necessidades de repasse ou reperfuração;
e) ameaças de prisão de coluna.

6.4 – Influência dos Parâmetros Reológicos

No caso de fluidos Newtonianos, a viscosidade, a uma certa temperatura e pressão, é única e absoluta. Portanto, quanto maior a viscosidade maior será a resistência à sedimentação, menor será a velocidade de queda e maior será a capacidade de carreamento do fluido, para uma certa condição de fluxo. No entanto, para fluidos não-Newtonianos, tais como o modelo de Bingham (plástico ideal) e o modelo de Herschell-Buckley (Potência), a viscosidade considerada nas equações de velocidade de sedimentação deve ser a viscosidade equivalente do fluido.

Para os fluidos Binghamianos, por exemplo, a viscosidade equivalente pode ser definida através da expressão:

$$\mu_e = \mu_p + A_1 \left(\frac{\tau_L \cdot D_e}{\bar{v}} \right) \quad (6.29)$$

onde μ_e é a viscosidade equivalente de fluxo; μ_p é viscosidade plástica do fluido; τ_L é o limite de escoamento do fluido; D_e é o diâmetro equivalente à área da seção de escoamento; $\bar{v}$ é a velocidade média do escoamento; e A_1 é uma constante dependente do sistema de unidades.

Substituindo a equação 6.29 na equação de Stokes generalizada, válida para partículas esféricas e regime de queda lento, definida por

$$v_s = A_2 \cdot \left[\frac{D_p^2 (\rho_s - \rho) g}{\mu} \right] \quad (6.30)$$

Chegaremos facilmente à equação de sedimentação para partículas corpusculares em fluidos plásticos ideais ou de Bingham:

$$v_s = \frac{A_2 \cdot D_p^2 (\rho_s - \rho) g \cdot \bar{v}}{\mu_p \cdot \bar{v} + A_1 \cdot \tau_L \cdot D_e} \quad (6.31)$$

Esta última expressão deixa claro que a velocidade de sedimentação é inversamente proporcional aos parâmetros reológicos (μ_p e τ_L) do fluido Binghamiano. Isto é, em primeira análise, aumentando-se os valores desses parâmetros, a velocidade de sedimentação diminui.

Fazendo-se uma análise mais minuciosa dos termos do denominador da equação 6.31 podemos concluir que:

a) quando o diâmetro equivalente da área de fluxo for elevada, a velocidade média de fluxo será baixa e o primeiro termo do denominador pode ser desprezado com relação ao segundo, isto é ($\mu_p . \bar{v} \ll A_1 . \tau_L . D_e$). Ou, de outro modo, para grandes espaços anulares, o parâmetro reológico mais importantes na redução da velocidade de sedimentação é o limite de escoamento;

b) quando o diâmetro equivalente da seção for baixo, a velocidade média de fluxo será alta e, conseqüentemente, o segundo termo do denominador pode ser desprezado com relação ao primeiro, isto é ($\mu_p . \bar{v} \gg a_1 . \tau_L . D_e$). Portanto, para pequenos espaços anulares, a viscosidade plástica supera o limite de escoamento em importância.

Para os fluidos de Potência (ou de Ostwald), a viscosidade equivalente pode ser determinada usando-se a expressão:

$$\mu_e = K . A_3 \left[\frac{A_4 . \bar{v}}{D_e} \left(\frac{2n+1}{3n} \right) \right]^{n-1} \quad (6.32)$$

onde μ_e é a viscosidade equivalente; **K** é o índice de consistência do fluido; **n** é o índice de comportamento do fluido; **A₃** e **A₄** são constantes dependentes da geometria de fluxo do fluido e das unidades.

Comparando as equações 6.32 e 6.30, podemos observar que o índice de consistência é o parâmetro reológico mais decisivo na redução da velocidade de sedimentação de partículas corpusculares através de um fluido classificado como de Potência. Quando este aumenta, a viscosidade equivalente aumenta e, conseqüentemente, a velocidade de queda diminui, provocando um aumento na capacidade de carreamento.

Um dos primeiros trabalhos a respeito da influência dos parâmetros reológicos sobre o carreamento de sólidos na perfuração de poços foi realizado por Hopkin (1967), que determinou a velocidade de queda de partículas, de várias formas e tamanhos, através de vários tipos de fluidos com parâmetros reológicos distintos. Veja tabela 17. Os sólidos eram injetados enquanto o fluido circulava no sentido ascendente, através de uma coluna vertical cilíndrica, daí a velocidade do fluido e a velocidade de queda dos sólidos podiam ser determinadas. Um total de 52 sólidos de diferentes formas foram usados no teste. As propriedades de alguns deles estão registradas na tabela 18. Como se pode notar, a maioria desses sólidos eram de vidro sintético, isto porque o vidro tem uma massa específica próxima da dos sólidos encontrados na subsuperfície e é de fácil moldagem. Foram usados também discos de arenitos e partículas de folhelhos com forma laminar.

TABELA 17
Propriedades dos fluidos de perfuração usados por Hopkin.(1967)

Tipo	ρ	V. M.	θ_{600}	θ_{300}	μ_p	τ_L	G_0	G_{10}
Água	8,3	26	2	1	1	0	0	0
C/amido	8,3	32	17	9	8	1	0	0
Disperso	8,4	53	49	30	19	11	0	25
C/amido	8,3	55	60	35	25	10	0	0
Gesso	8,4	70	52	38	14	24	20	53
C/amido	8,3	87	104	61	43	18	0	0
Disperso	8,5	91	87	55	32	23	2	35
Disperso	8,6	108	110	67	43	24	1	8
Gel	8,8	166	80	61	23	38	45	60
Disperso	8,8	184	130	88	48	40	8	36
Gel	8,8	260	108	75	33	42	40	85
Gel	8,8	420	115	90	25	65	62	86
Gel	8,8	1000	112	96	16	80	63	111

* Os parâmetros reológicos dos fluidos acima foram medidas com o Viscosímetro Rotativo Fann VG Metter.

onde ρ é a massa específica, em ℓb/gal; **V. M.** é a viscosidade Marsh, em s/994 ml; θ_{600} e θ_{300} são as leituras de deflexão do viscosímetro Fann, nas unidades da escala; μ_P é a viscosidade plástica do fluido, em cP; τ_L é o limite de escoamento, em lbf/100 ft²; e G_0 e G_{10} são as forças géis, inicial (após 10 s) e final (após 10 min), em em lbf/100 ft².

A velocidade de queda registrada foi a média de três ou cinco testes para cada condição. Com exceção dos resultados obtidos com partículas laminares, a reprodutibilidade foi considerada excelente. Isto evidenciou que a orientação de partículas finas e laminares afeta a velocidade de queda e os valores são apenas razoavelmente reproduzidos.

No gráfico da figura 72 encontramos a correlação entre a velocidade de queda das partículas e o tempo de escoamento ou "pseudo-viscosidade" determinada no Funil Marsh. Pode-se observar nitidamente que até a 'viscosidade' Marsh de, aproximadamente, 90 s/994 ml, a velocidade de queda fica constante, decrescendo a partir desse ponto para valores relativamente baixos e alcançando valores de v_s baixíssimos para "viscosidade" Marsh acima de 200 s/994 ml. Este comportamento fica ilustrado de uma maneira ainda mais clara observando-se os resultados na figura 73, os quais foram obtidos com a partícula S-A, esférica e com diâmetro de 0,95 in.

TABELA 18

Propriedades de algumas partículas testadas por Hopkin (1967). Com Dp – diâmetro equivalente de partícula; ÁREA – área da superfície; x – esfericidade; e – espessura; r_s – massa específica; v_s – velocidade de sedimentação

Forma	Cód.	Dimensão (in)	ρ (ℓb/ft³)	Volume (in)	D_p* (in)	Área** (in²)	ξ	v_s, em água (ft/min)
Esferas de vidro	S-A	0,954	168	0,454	0,954	2,86	1,0	157,8
	S-B	0,892	158	0,372	0,892	2,50	1,0	151,2
	S-C	0,837	157	0,307	0,837	2,20	1,0	139,2
Placas de vidro (e = 0,26 in)	PA1	0,26×1×1	156	0,260	0,796	3,00	0,64	62,4
	PA2	0,26×1×0,75	156	0,195	0,719	–	–	60,0
	PA4	0,26×1×0,25	156	0,065	0,498	1,150	0,677	58,8
Placas de vidro (e = 0,165 in)	PB1	0,165×1×1	156	0,165	0,681	2,66	9m548	45,0
	PB2	0,165×1×0,75	156	0,124	0,619	–	–	46,8
	PB4	0,165×1×0,25	156	0,041	0,442	0,912	0,673	51,6
Placas de vidro (e = 0,115 in)	PC1	0,115×1×1	156	0,115	0,604	2,46	0,465	37,2
	PC2	0,115×1×0,75	156	0,086	0,548	–	–	38,4
	PC4	0,115×1×0,25	156	0,029	0,380	0,788	0,578	39,0
Placas de vidro (e = 0,077 in)	PD1	0,077×1×1	156	0,077	0,528	2,308	0,379	29,4
	PD2	0,077×1×0,75	156	0,058	0,480	–	–	30,0
	PD4	0,077×1×0,25	156	0,019	0,381	0,693	0,496	33,6
Discos de arenitos	D1	0,750×D×0,115	160	0,051	0,460	–	–	–
	D2	0,750×D×0,21	160	0,093	0,562	–	–	–
	D3	0,750×D×0,30 (Aproximado)	160	0,132	0,632	–	–	–
Folhelhos desmo- ronados (laminar e finos	CA	0,10×0,88×0,50	157	0,398	0,913	–	–	105,6
	CB	0,50×0,75×0,38	157	0,288	0,820	–	–	90,0
	CC	0,87×0,50×0,38	157	0,205	0,732	–	–	88,2
	CD	0,87×0,38×0,25	157	0,104	0,584	–	–	77,4

Hopkin (1967) concluiu que o limite de escoamento, τ_L, dos fluidos de perfuração, determinados com o viscosímetro Fann VG Metter, parece ser uma medida mais confiável na quantificação da influência dos parâmetros reológicos sobre a velocidade de queda do que a 'viscosidade' Marsh. A anomalia que aparece nos gráficos da figura 72 para o ponto da viscosidade Marsh 70 s/994 ml não se repete nos gráficos da figura 73, isto porque o valor do limite de escoamento deste fluido deve ser o mesmo do fluido com viscosidade Marsh mais alta. Os gráficos da figura 73, portanto, mostram um decréscimo marcante da velocidade de queda com o acréscimo do limite de escoamento.

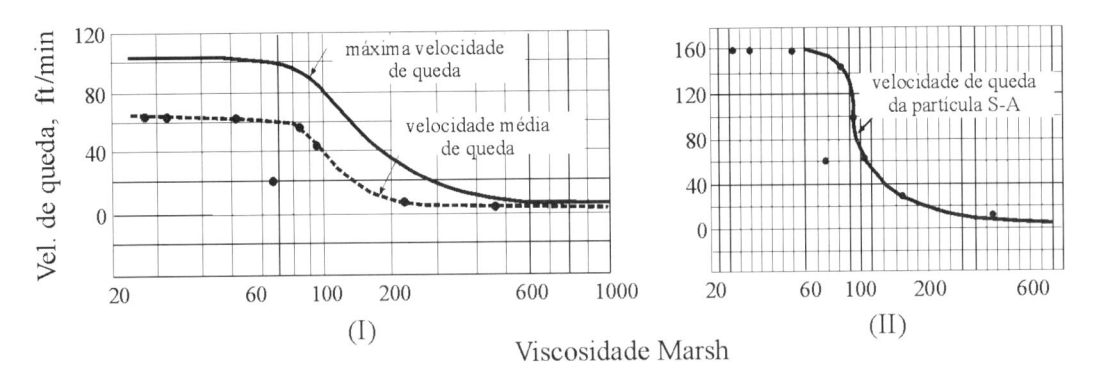

Figura 72. Velocidade de queda *versus* "viscosidade" Marsh para:
(I) partículas anisométricas e (II) partículas esféricas.

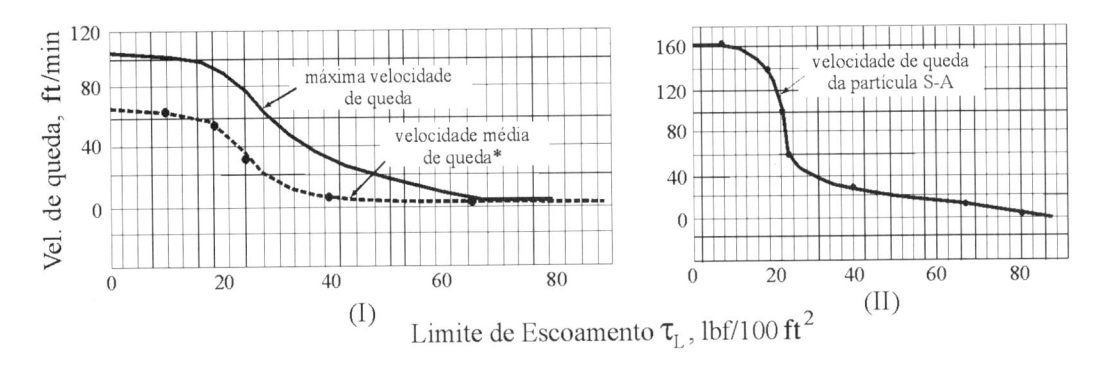

Figura 73. Velocidade de queda em função do limite de escoamento para:
(I) partículas anisométricas; e (II) partículas esféricas.

Como se nota, estes resultados obtidos por Hopkin implicam na necessidade de uma velocidade média de fluxo superior a cerca de 120 a 160 ft/min para limpar o poço com fluidos de baixa viscosidade. Porém, velocidades consideravelmente mais baixas (40 a 80 ft/min) podem ser toleradas quando fluidos de alta viscosidade são utilizados. Embora os programas de perfuração raramente planejem usar velocidades baixas, o alargamento do poço freqüentemente concorre para que isso aconteça e essa é a principal razão para aumentar a viscosidade do fluido visando uma melhor limpeza do poço.

Machado (1986) estudou como os parâmetros reológicos limite de escoamento (τ_L) e força gel a 10 s (G_o), medidos rotineiramente nas operações de perfuração, influenciam na velocidade de sedimentação. As partículas sólidas foram selecionadas de amostras naturais de cascalhos, produzidas em operações de perfuração, cujas características e propriedades estão registradas na tabela 19. O diâmetro equivalente de Stokes das partículas variou entre 0,26 a 0,45 in.

TABELA 19
Características e propriedades de partículas sólidas naturais (cascalhos), obtidas em operações de perfuração (Machado, 1986)

Características	Amostra				
	A	B	C	D	E
– Forma	Esférica	Esférica	Laminar	Laminar	Esférica
– Dimensão, cm³	–	–	1,345x0,856x0,302	1,575x0,820x0,425	–
– Massa, g	0,56	0,40	0,40	0,70	1,77
– Densidade	2,4434	2,4434	2,4434	2,4434	2,4434
– Diâmetro equivalente, in	0,29	0,26	0,27	0,33	0,45

As velocidades de sedimentação foram determinadas através de fluidos em repouso, em tubos cilíndricos de vidro. Os fluidos empregados foram dispersões aquosas de polímeros e de bentonita ativada. Foram realizados cerca de 5 a 10 experimentos para cada conjunto de partículas e tipo de fluido. As medidas dos parâmetros reológicos foram efetuadas no viscosímetro Fann VG Metter, mod. 35A, equipado com mola de torção F-0,2 e combinação R1-B1, na condição de 1 atm de pressão e temperatura de 24±1° C.

Os gráficos da figura 74 mostram alguns dos resultados deste estudo. A velocidade de queda das partículas em água variou de 50 a 65 ft/min. Sendo que esta decresce acentuadamente quando a força gel inicial é superior a 4,0 lbf/100 ft², ou o limite de escoamento de Bingham é superior a 15,0 lbf/100 ft².

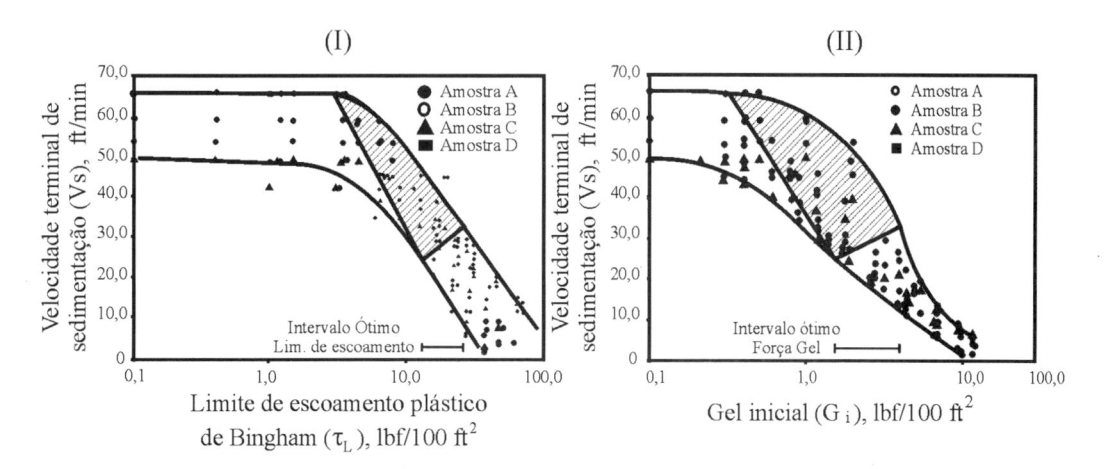

Figura 74. Velocidade de sedimentação de partículas em função de:
(I) Limite de Escoamento de Bingham e (II) Força Gel Inicial.

O trabalho concluiu que:

a) a força gel é o parâmetro reológico mais adequado ao controle do carreamento dos sólidos, uma vez que ele representa uma grandeza mais real, em comparação com o limite de escoamento do modelo de Bingham, cujo valor pode apresentar erros grosseiros, principalmente para os fluidos poliméricos, cujo comportamento se afastam bastante deste modelo;

b) uma força gel inicial da ordem de 7,0 a 9,0 lbf/100 ft^2 é suficiente para efetuar um carreamento com velocidade de remoção superior a 50% da velocidade de fluxo do fluido, mesmo que estas sejam da ordem de 50 ft/min;

c) um limite de escoamento de Bingham da ordem de 13 a 28 lbf/100 ft^2, deve ser programado para se atingir um carreamento com razão de transporte (**Rt**) superior a 50%;

d) em escoamentos com velocidades médias superiores a 140 ft/min, a influência dos parâmetros reológicos é irrelevante.

A partir de meados da década de 80, começaram a se intensificar os trabalhos de carreamento em poços inclinados. Okrajni (1985) estudou os efeitos das propriedades reológicas no transporte de sólidos, variando a inclinação de 0º a 90º. Os fluidos empregados foram água, soluções poliméricas e dispersões de bentonita. Ele distinguiu três intervalos:

a) zero a 45º;

b) 45 a 55º; e

c) 55 a 90º.

E concluiu que para inclinações abaixo de 45º, o fluxo laminar produz um melhor carreamento do que o turbulento. Esta situação se inverte para inclinações altas (55 a 90º). Para inclinações intermediárias (45 a 55º), o tipo de fluxo é indiferente. Em fluxo laminar, o transporte de sólidos melhorou quando se aumentou o limite de escoamento, sendo este efeito mais significativo para inclinações inferiores a 45°, sendo irrelevante para inclinações de 55 a 90º. Em fluxo turbulento, o transporte dos sólidos não foi afetado pelas propriedades reológicas do fluido.

Os estudos de Tomrey, Iyoho e Azar (1986) foram conduzidos de forma semelhante ao de Okrajni. Eles concluiram que:

a) o conceito da razão de transporte deve ser aplicada apenas a poços verticais;

b) em inclinações superiores a 40º há a formação de leito de sólidos, independente da velocidade de escoamento, reduzindo significativamente a área da secção transversal ao fluxo;

c) os parâmetros que mais afetam o carreamento dos sólidos são a velocidade de fluxo do fluido, inclinação e propriedades reológicas do fluido;

d) em um regime de fluxo particular, os fluidos mais viscosos apresentaram um melhor carreamento, porém, uma dispersão de bentonita em água de baixa viscosidade em fluxo turbulento apresentou desempenho equivalente a uma outra de alta viscosidade em fluxo laminar;

e) rotação e excentricidade da coluna apresentam efeito apenas moderado sobre o carreamento;

f) ângulos de inclinação da ordem de 35 a 55° foram considerados críticos em relação à capacidade de transporte do fluido.

Baseado nas conclusões descritas nos parágrafos anteriores, podemos resumir a influência dos parâmetros reológicos e do regime de escoamento do fluido, distinguindo três faixa de inclinação:

(I) **baixa inclinação (<35°)** – caracteriza-se pela inexistência de leito de sólidos, o fluxo laminar é o mais adequado para proporcionar uma ótima limpeza do poço, deve-se empregar fluidos com limite de escoamento elevado (25,0 a 35,0 lbf/100 ft^2), e a circulação de tampões viscosos é uma opção para melhorar o transporte de sólidos;

(II) **inclinação intermediária (35 a 55°)** – intervalo crítico com tendência à formação de leito de sólidos e deslizamento em sentido contrário ao fluxo. Manter a relação entre limite de escoamento/viscosidade plástica superior a unidade, sugere-se perfurar com velocidades média de fluxo superiores a 160,0 ft/min;

(III) **alta inclinação (> 55°)** – formação de leito de sólidos, móvel ou estacionário, sem deslizamento para o fundo, o regime turbulento é o mais recomendado, caso não provoque desestabilização as paredes do poço. A altura do leito formado é função da velocidade de fluxo.

A classificação do parágrafo anterior serve apenas para se ter uma idéia de como a análise do carreamento de sólidos é influenciada pela inclinação. Entretanto, não existe um consenso sobre o regime de escoamento mais adequado para promover uma boa limpeza do poço, principalmente em relação a trechos com inclinação intermediária (II-35 a 55°). Este tem sido considerado o intervalo mais crítico pela maioria dos trabalhos de laboratório e de campo. Tanto nestes trechos, quanto em trechos altamente inclinados, isto é, com inclinação maior do que 55°, a sugestão tem sido perfurar em regime laminar com fluidos de Gel inicial (G_o) superior a 7,0 lbf/100 ft^2, efetuando limpeza intermitente com o deslocamento de 'tampões viscosos', sempre que forem evidenciados indícios de má limpeza do poço. Às vezes, pode-se decidir não avançar na perfuração, isto é, apenas circular o fluido, até que o poço esteja limpo de cascalhos.

6.5 – Influência de Outros Parâmetros

6.5.1 – Perfil de velocidade

Em fluxo turbulento, o perfil de velocidade do fluido é bastante achatado, em relação ao perfil de fluxo laminar, como mostra a figura 75-I. Se a velocidade do fluido é superior à velocidade de queda dos sólidos, estes serão removidos continuadamente. Em regime laminar, a distribuição de velocidade é afetada pelas propriedades do fluido. Uma distribuição típica de velocidade de fluxo no regime laminar é mostrada na figura 75-II.

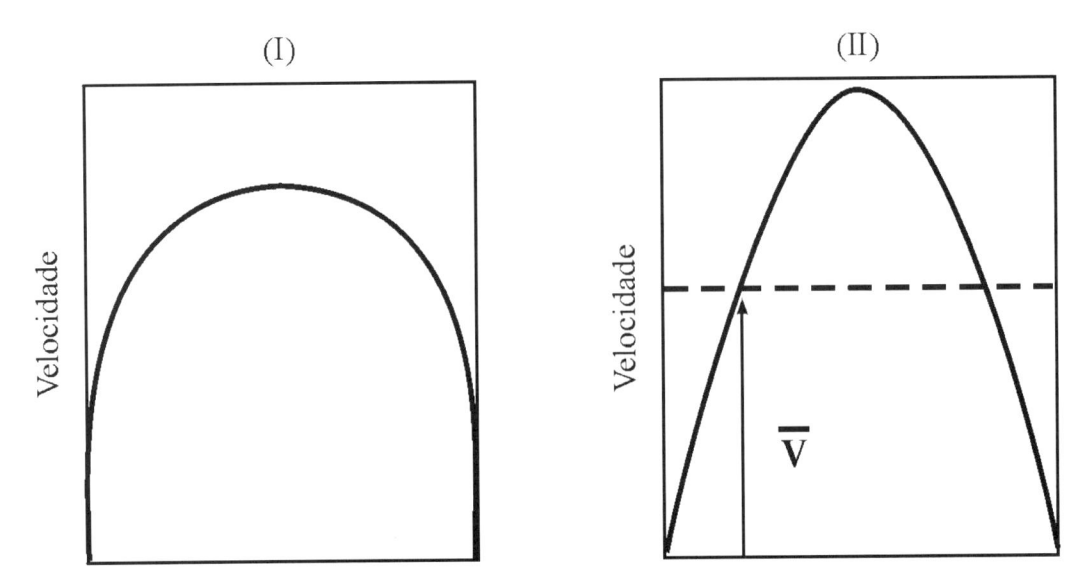

Figura 75. Perfil de velocidade em fluxo (I) turbulento e (II) laminar.

Observando a figura 75-II, a velocidade anular média estaria localizada em um ponto definido do perfil parabólico. Isto significa que parte do fluido está escoando a velocidades mais altas, enquanto que outra parte está escoando a velocidades mais baixas do que a velocidade média do fluido. Então na parte central do perfil, as partículas podem realmente ser projetadas para cima, mas, principalmente próximo da parede do poço, algumas partículas podem estar sendo deslocadas no sentido contrário ao fluxo, isto é, pode estar ocorrendo acúmulo de sólidos ou decantação nesta região.

A importância da distribuição da velocidade na capacidade de remoção dos sólidos foi reconhecida primeiramente por Williams e Bruce(1951), no entanto foi Walker quem determinou quantitativamente estes efeitos. Walker observou que a distribuição da velocidade de fluxo é função das propriedades reológicas do fluido. Em geral, um acréscimo na razão τ_L/μ_p (parâmetros do modelo de Bingham) ou um decréscimo no valor de n (índice de fluxo do fluido de Potência), resulta no "achatamento" do perfil de velocidade, como mostra a figura 76. A parte reta do perfil de velocidade da figura 76 é característica de fluxo tampão, isto é, não há deslizamento relativo entre as camadas de fluido. Então, quanto mais larga fica a região do fluxo tampão, mais o trecho de baixas velocidades de fluxo se reduz, e a ação de limpeza do fluido aumenta. Existem expressões para se determinar os perfis de velocidade, seja usando o modelo de Potência ou o plástico ideal de Bingham.

A forma do perfil de velocidade, em espaços anulares, é significativamente afetada pela rotação da coluna de perfuração e por irregularidades geométricas na extensão do poço, tais como desvios e alargamentos. O aumento na rotação da coluna tende a auxiliar no transporte dos sólidos, enquanto as irregularidades dificultam. Portanto, é suficiente saber que um aumento do limite de escoamento e da força gel, ou um decréscimo do índice de fluxo do fluido, achatará o perfil de velocidade e isto concorre para uma melhor limpeza do poço.

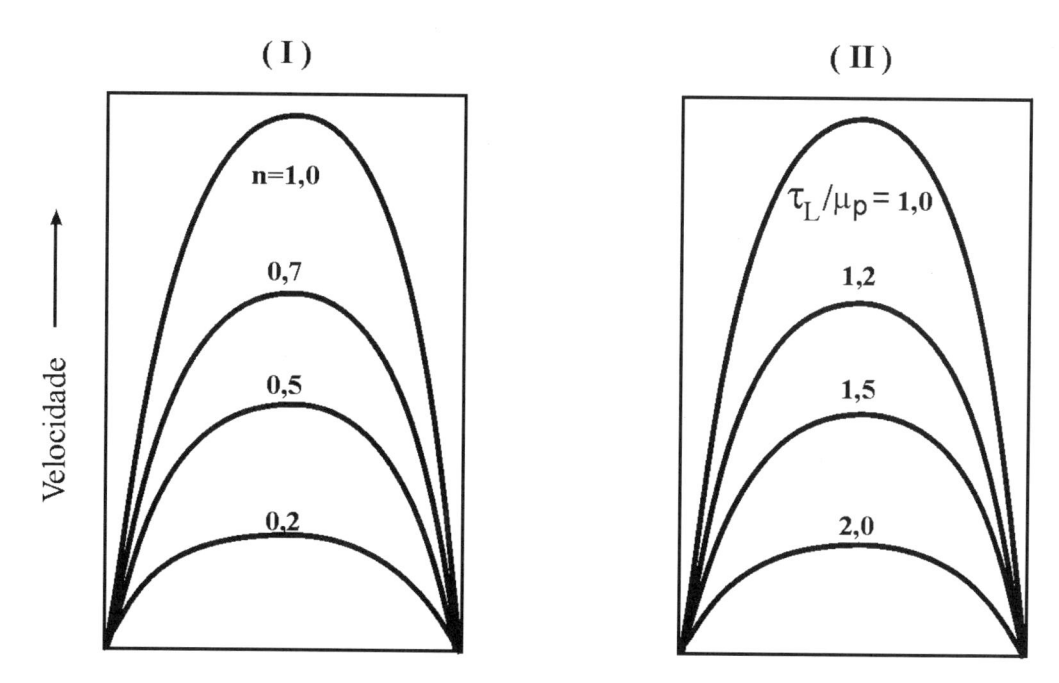

Figura 76. Alteração do perfil de velocidade de fluidos não-Newtonianos em função de:
(I) índice de fluxo (n), e (II) da relação τ_L/μ_p.

6.5.2 – Densidade do fluido

O efeito da densidade ou da massa específica do fluido de perfuração (ou de completação) sobre a velocidade de queda das partículas não tem sido contemplado. No trabalho de Hopkin, por exemplo, observe que o fluido de perfuração mais denso tinha 8,8 ℓb/gal de massa específica. No entanto, a influência deste efeito pode ser calculada, com razoável precisão, através de equações que se fundamentam no princípio de flutuação de corpos. A figura 77 mostra esta tendência, onde a velocidade de sedimentação da partícula está expressa como uma percentagem da velocidade de queda desta mesma partícula em água. Observe que o aumento de 2,0 lb/gal na massa específica, reduz a velocidade de queda em cerca de 20%. Mas a partir da massa específica de 12,0 lb/gal, esta taxa de redução cai significativamente.

Entretanto, a menos que o peso específico do fluido seja programado para conter as pressões das formações atravessadas, este procedimento é provavelmente uma solução pouco prática para melhorar a capacidade de carreamento dos sólidos. Isto porque alguns problemas indesejáveis podem ocorrer com o aumento em demasia da massa específica do fluido. Os problemas mais freqüentes, decorrentes do aumento da densidade do fluido, são:

a) indução à fratura das formações, com conseqüente "perda de circulação" do fluido;
b) aumento da possibilidade de prisão da coluna por diferencial de pressão;
c) redução da taxa de penetração da broca, durante operação de perfuração;
d) maiores dificuldades no controle das propriedades do fluido.

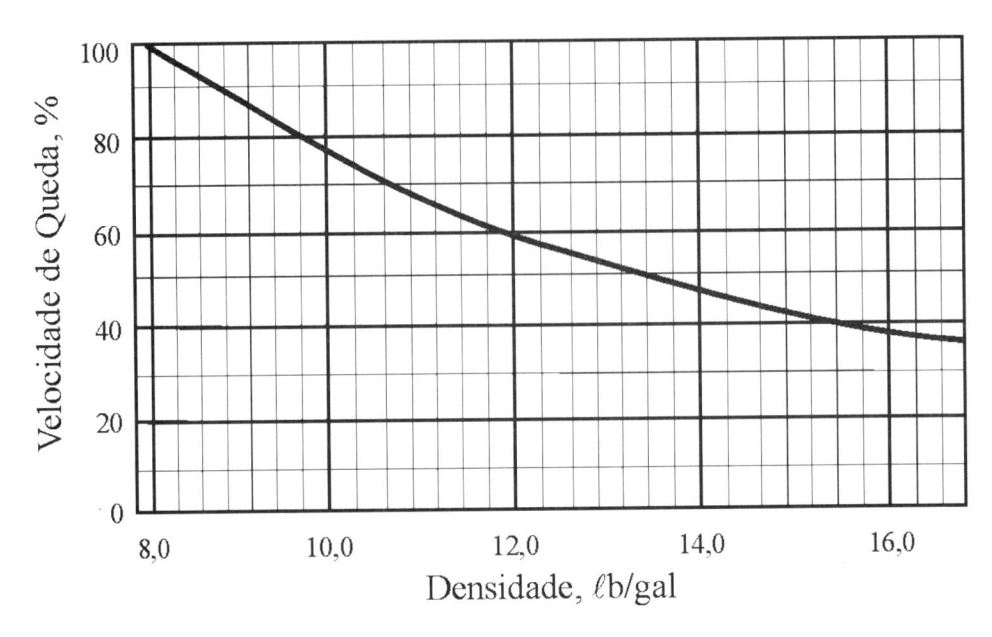

Figura 77. Variação de velocidade de queda de partículas em função da densidade.

6.5.3 – Taxa de penetração

Durante a perfuração de formações duras, onde a taxa de penetração é baixa, uma velocidade anular apenas um pouco superior à velocidade de decantação dos sólidos é, usualmente, suficiente para manter o poço "limpo". Um pequeno aumento na concentração de sólidos implica num aumento significativo do tempo de remoção. Experiências têm indicado que, para prevenir a formação de "anéis de obstrução" ou "fundo falso", com conseqüente redução na taxa de penetração, a retirada contínua dos sólidos perfurados e o controle do teor volumétrico destes no anular são decisivos. Veja tabela 20.

TABELA 20
Efeito da concentração dos sólidos no anular sobre as condições do poço

Poço	Dh (in)	Dt (in)	Tp (fy/min)	v (ft/min)	Vr* (ft/min)	¢** (% vol)	Registro
A	7 7/8	4 1/2	4,50	350	240	4,62	– "Anéis de sólidos" no anular
B	7 7/8	4 1/2	2,25	250	140	3,98	– Nenhum problema
C	8 ¾	4 1/2	1,00	180	70	3,30	– Nenhum problema
D	7 7/8	4 1/2	4,50	410	300	3,70	– Nenhum problema
E	9	4 1/2	3,00	240	130	5,10	– Nenhum problema
F	7 7/8	4 1/2	3,00	300	190	3,90	– Nenhum problema

(continua)

(continuação)

Tabela 20. Efeito da concentração dos sólidos no anular sobre as condições do poço

Poço	Dh (in)	Dt (in)	Tp (ft/min)	v (ft/min)	Vr* (ft/min)	ç** (% vol)	Registro
G	7 7/8	4 1/2	4,50	310	200	5,56	– Prisão da coluna
H	7 7/8	4 1/2	2,50	230	120	5,15	– Ameaça de "Prisão"
I	8 ¾	4 1/2	1,00	150	40	5,75	– Redução do Caliper do poço
J	9	4 1/2	3,25	230	120	6,00	– Prisão da coluna
K	7 7/8	4 1/2	3,00	260	150	4,94	– Ameaça de "prisão"

Onde **Dh** é o diâmetro do poço (broca); **Dt** é o diâmetro dos tubos de perfuração; **Tp** é a taxa de penetração; $\overline{v}$ é a velocidade média no espaço anular; v_r é a velocidade de remoção dos sólidos; ç é a concentração volumétrica média dos sólidos no anular.

* Todos os resultados foram obtidos na perfuração de poços com fluido de baixa densidade e baixa viscosidade. Entretanto, a mínima velocidade de elevação dos sólidos foi calculada subtraindo a máxima velocidade de queda (110 ft/min) da velocidade média do fluido no anular.

** A concentração de sólidos no anular foi determinada baseando-se no volume de sólidos por minuto, na velocidade de remoção desses sólidos e na área do anular.

Experiências de campo também têm indicado que, durante a perfuração de formações moles, com elevada taxa de penetração, utilizando fluido de baixa viscosidade, as baixas velocidades de remoção dos sólidos são insuficientes para limpar o poço adequadamente. Pigott registrou que a máxima concentração de sólidos permitida (excluindo a concentração normal de sólidos do fluido) no anular, para evitar problemas durante a perfuração do poço, deve estar em torno de 5% em volume. Alguma confirmação do estudo de Pigott foi obtida através de resultados colhidos durante a perfuração de poços, utilizando água como fluido circulante, e com taxas de penetração elevadíssima. A tabela 20 registra alguns resultados de campo e mostra que quando a concentração de sólidos no anular foi menor do que 5% em volume, pouco ou nenhum problema aconteceu.

Vale registrar ainda que os resultados da tabela 20 foram obtidos sob condições onde o tempo médio para a conexão dos tubos de perfuração foi de, aproximadamente, 3 minutos, o fluido de perfuração era à base de água e a formação perfurada era um folhelho mole não dispersivo. Acredita-se então que as más condições de poço podem ter ocorrido como resultado da sedimentação dos sólidos em torno dos tubos de perfuração ou da broca, com formação de "anéis de sólidos" dentro do espaço anular, durante o tempo em que a circulação no poço se encontrava parada.

A informação importante da tabela 20 é que quando a concentração dos sólidos ultrapassou 5% vol., foram registrados problemas graves com o poço. Então, para se evitar problemas, considerando um máximo teor volumétrico de incorporação de sólidos no anular de 5%, podemos limitar a taxa de penetração em:

$$T_X = 0,0526 \cdot \left(\frac{Q}{f_v \cdot C_a} \right) \qquad (6.33)$$

onde T_X é a taxa de penetração, em ft/min, Q é a vazão de bombeio, em bbl/min, f_v é um fator volumetrico de alargamento, e C_a é a capacidade volumétrica do anular.

6.5.4 – Alargamento do poço

Vários problemas associados com a limpeza inadequada no anular são decorrentes do alargamento do poço. Baseando-se no diâmetro nominal do poço, no diâmetro dos tubos de perfuração e na bomba do fluido utilizada, podemos encontrar a velocidade anular adequada para evitar a obstrução do anular. O uso de perfis de calibre (Caliper) de um poço do mesmo campo, que informam sobre os diâmetros reais praticados, pode servir como laboratório para auxiliar na programação de novos poços. Veja figura 78.

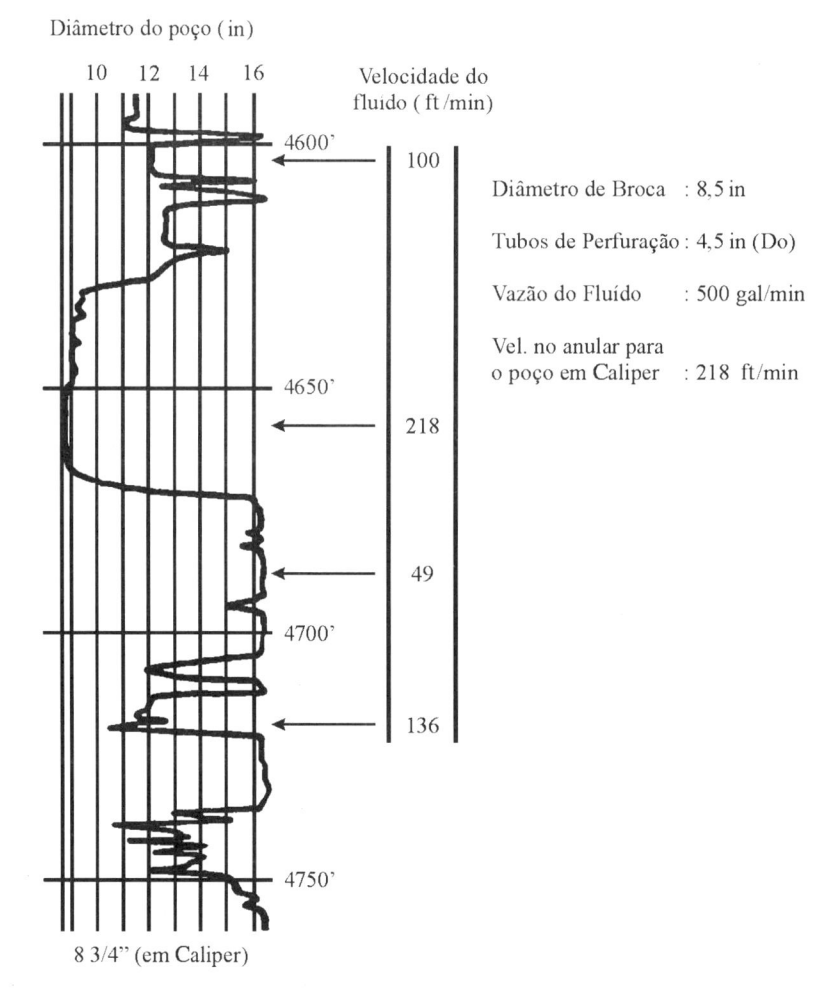

Figura 78. Perfil típico de diâmetro (Caliper) de poço.

Mas, o alargamento é quase sempre inevitável e pode reduzir a velocidade de fluxo no anular para valores abaixo de 50 ft/min. Sob essas condições, fluidos com baixa viscosidade podem ser ineficientes na remoção dos sólidos. Por esta razão, uma avaliação do alargamento do poço próximo do real é extremamente importante no planejamento da "hidráulica" do poço e na programação das propriedades reológicas do fluido circulante. Isto pode ser conseguido através de perfis que definem o diâmetro real do poço, ao longo de diversos trechos, servindo como referência.

A tabela 21, a seguir, faz um resumo da influência de diversos parâmetros no carreamento dos sólidos na perfuração de poços.

TABELA 21
Grau de influência dos parâmetros envolvidos no carreamento dos sólidos

Parâmetro/Grau de influência	Alto	Moderado	Pequeno
Vazão	↗↗↗		
Inclinação	↙↙↙		
Propriedades Reológicas	↗↗↗ (laminar)	↗↗ (turbulento)	
Vazão de Sólidos		↙↙	
Conc. de Sólidos		↙↙↙	
Excentricidade		↙↙↙	
Regime de Fluxo		X	
Perfil – Velocidade		X	
Rotação da Coluna		↗↗ Verticais; laminar	↗ (inclinado)

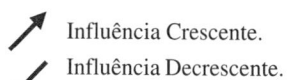

↗ Influência Crescente.
↙ Influência Decrescente.
X = Influência crescente ou decrescente, a depender da análise.

6.6 – Aplicações Simplificadas

A capacidade de limpeza de um fluido está relacionada diretamente com a taxa de sedimentação dos sólidos através desse fluido. Uma equação de velocidade de queda, derivada da equação 6.7, utilizada para aceitar diretamente as unidades usuais de campo, está descrita a seguir.

$$v_s = 113,4 \cdot \left(\frac{D_p (\rho_s - \rho)}{C_r \cdot \rho} \right)^{1/2}$$ (6.34)

onde v_s é a velocidade de sedimentação, em ft/min; D_p é o diâmetro equivalente da partícula, em in; ρ_s é a massa específica do sólido, em ℓb/gal; ρ é a massa específica do fluido, em ℓb/gal; e C_r é o coeficiente de atrito.

Para aplicações operacionais de campo, o diâmetro da partícula pode ser estimado através de uma inspeção visual ou, se for necessário uma precisão maior, o diâmetro equivalente de Stokes pode ser determinado através de peneiras. A massa específica média dos sólidos, nas operações de perfuração, pode ser considerada igual a 2,50 g/cm³ (21,0 ℓb/gal).

O coeficiente de atrito é a força de fricção entre o fluido e a partícula. Não há nenhum método matematicamente preciso para se determinar o coeficiente de atrito. Entretanto, como foi comentado antes, trabalhos em laboratório têm sido feitos em situações semelhantes às operacionais no sentido de conseguir meios para definir equações de coeficiente de resistência, C_r, em função das condições de fluxo. A figura 79 mostra um desses resultados, onde os valores do coeficiente de atrito, obtidos com o auxílio de uma equação semelhante à equação 6.9, onde valores de v_s, determinados experimentalmente, estão relacionados com o número de Reynolds de queda da partícula (NR_s), cuja expressão para aceitar as unidades usuais de campo (ρ-lb/gal, v-ft/min e D-in), com a viscosidade equivalente do fluido (μ_e), em cP, é:

$$NR_s = 15,47 \cdot \left(\frac{\rho \cdot v_s \cdot D_p}{\mu_e} \right)$$ (6.35)

O gráfico da figura 79 foi preparado usando arenitos e folhelhos desmoronados, obtidos durante operações de campo. Água e glicerina misturada com água foram usados como fluido base para a construção do referido gráfico.

Do gráfico da figura 79, conclui-se que, acima do número de Reynolds de partícula igual de 1000, aproximadamente, o coeficiente de atrito permanece constante e igual a 1,50. Então, quando o regime de fluxo ao redor da partícula é turbulento, 1,50 pode ser usado como um valor adequado para C_r dentro da equação 6.33 e a velocidade de queda poderá ser determinada. Para o regime de fluxo laminar em torno da partícula, o coeficiente de atrito varia exponencialmente com o número de Reynolds de queda da partícula. Observemos, no entanto, que para $NR_s \leq 1$ esse trecho da função se torna linear e o coeficiente de atrito pode ser definido pela relação:

$$C_r = \frac{40}{NR_s}$$ (6.36)

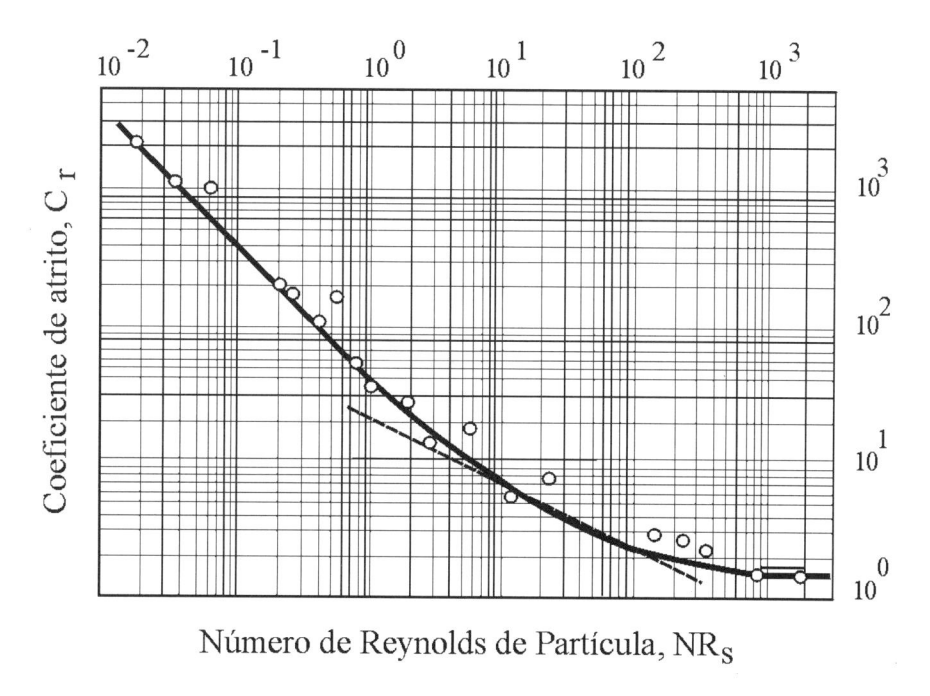

Figura 79. Coeficiente de atrito versus número de Reynolds de queda para partículas de arenito e folhelhos.

Substituindo a relação acima dentro da equação 6.34 chegaremos a uma expressão para a velocidade de queda com número de Reynolds de partícula menor do que 1,0:

$$v_s = 4980 \left[\frac{D_p^2 (\rho_s - \rho)}{\mu} \right] \qquad (6.37)$$

A equação 6.37 tem aplicação limitada porque na maioria dos casos o número de Reynolds de partícula ultrapassa de 1,0 quando o fluxo é laminar em volta da partícula.

Traçando a melhor correlação exponencial entre os números da Reynolds de partícula 1 a 1000, encontra-se a seguinte relação para o coeficiente de atrito:

$$C_r = \frac{22}{NR_s^{0,5}} \qquad (6.38)$$

Usando esta expressão do coeficiente de atrito dentro da equação 6.34, encontra-se a seguinte expressão para a velocidade de sedimentação:

$$v_s = 175 \cdot \left[\frac{D_p (\rho_s - \rho)^{0,667}}{\rho^{0,333} \cdot \mu^{0,333}} \right] \qquad (6.39)$$

A equação 6.39 é a mais utilizada nos trabalhos simplificados, nas operações de perfuração de poços de petróleo, para uma avaliação da capacidade de carreamento dos sólidos.

Em resumo:

a) se o regime de fluxo é turbulento em volta da partícula, isto é, $NR_s > 1000$, então $C_r = 1,50$, e a expressão 6.34 pode ser usada para determinar a velocidade de queda, v_s;

b) se o regime de fluxo é laminar ao redor da partícula, isto é, $NR_s \leq 1$, a expressão 6.37 pode ser usada para determinar v_s;

c) quando, na maioria das vezes, o número de Reynolds de partícula, durante as operações de rotina com fluidos de perfuração e completação, se situa entre 1 e 1000, então a expressão 6.39 pode ser aplicada para a determinação de v_s;

A eficiência dos fluidos em transportar os sólidos do interior do poço até a superfície pode ser definida por:

$$\textbf{Eficiência de limpeza} = \left(\frac{\overline{v}_r}{\overline{v}}\right) \times 100 \qquad (6.40)$$

onde $\overline{v}$ é a velocidade média de fluxo no anular, e v_r é a velocidade média de remoção dos sólidos.

Uma análise da equação 6.40 nos leva a concluir que a máxima eficiência de limpeza do poço será alcançada quando $(v_r/\overline{v}) = 1$, ou seja, quando a velocidade de remoção dos sólidos for igual à velocidade de fluxo do fluido no anular. Ou, de outro modo, quando a velocidade de sedimentação dos sólidos for próxima de zero ou muito pequena em relação à velocidade de fluxo.

EXEMPLO 9

Na perfuração de um poço, água está sendo empregada como fluido circulante e carreador de sólidos. Utilizando os dados sobre a perfuração do poço e alguns parâmetros da hidráulica e do fluido, determine a velocidade e a eficiência de remoção dos sólidos.

– profundidade do poço:	10000 ft
– diâmetro do poço:	8,5 in
– diâmetro dos tubos de perfuração:	4,5 in
– massa específica do fluido:	8,33 ℓb/gal
– massa específica média dos sólidos(folhelho):	21,0 ℓb/gal
– diâmetro médio dos sólidos eliminados na peneira:	0,3 in
– vazão da bomba:	250 gal/min

SOLUÇÃO

Primeiro, vamos calcular a velocidade de sedimentação dos sólidos no espaço anular, supondo que o fluxo ao redor da partícula é turbulento ($C_r = 1,5$), devido à baixa viscosidade do fluido circulante, isto é, água com 1 cP de viscosidade. A equação sugerida é a 6.34.

$$v_s = 113,4 \left(\frac{D_p (\rho_s - \rho)}{C_r \cdot \rho} \right)^{1/2}$$

$$v_s = 113,4 \left(\frac{0,3 \, (21,0 - 8,33)}{(1,5) \, (8,33)} \right)^{1/2}$$

$$v_s = 62,5 \text{ ft/min}$$

Determinemos agora a velocidade de remoção desses sólidos. A velocidade média de fluxo no anular é calculada pela expressão:

$$\bar{v} = \frac{Q}{2,448 \, (D_o^2 - D_i^2)}$$

com v, em ft/s; D_o e D_i, em in; e Q, em gal/min. Então:

$$\bar{v} = \left(\frac{250}{2,448 \, (8,5^2 - 4,5^2)} \right) \times 60 = 118,0 \text{ ft/min}$$

A velocidade de remoção dos sólidos será:

$$v_r = \bar{v} - v_s \qquad v_r = 118 - 62,5 \qquad v_r = 55,5 \text{ ft/min}$$

E a eficiência de remoção, em percentual da velocidade média de fluxo:

$$\% \text{ E.R.} = \frac{55,5}{118,0} \times 100 = 47,0\%$$

Concluindo-se, portanto, que a limpeza deve ser satisfatória, isto é, em torno de 50%, sem causar a formação de "fundo falso" ou "anéis de obstrução".

EXEMPLO 10

Consideremos os dados do exemplo 9, e troquemos o fluido circulante, água, por um fluido de perfuração viscoso, do tipo água-bentonita-soda cáustica, cujas propriedades são:

- massa específica: 9,5 ℓb/gal
- resultados do Fann V.G. Metter: $\theta_{600} = 46$
  $\theta_{300} = 30$

Faça uma avaliação da remoção dos sólidos no poço, considerando-o:

a) sem alargamento;

b) com alargamento para um diâmetro real de 20 in.

SOLUÇÃO

a) Calculemos a velocidade de queda dos sólidos usando a equação 6.39. Antes, porém, precisamos encontrar a viscosidade equivalente do fluido, considerando o poço sem alargamento.

$$n = 3,32 \cdot \log\left(\frac{\theta_{600}}{\theta_{300}}\right) = 3,32 \log\left(\frac{46}{30}\right) = 0,616$$

$$K = \frac{1,066\,(\theta_{600})}{1022^n} = \frac{1,066 \times 46}{1022^{0,616}} = 0,687 \text{ lbf.s}^{0,616}/100 \text{ ft}^2$$

$$\mu_e = 479K \cdot \left[\left(\frac{2,4\bar{v}}{D_o - D_i}\right)\left(\frac{2n+1}{3n}\right)\right]^{n-1}$$

$$\mu_e = 479 \times 0,687 \left[\left(\frac{2,4 \times 118}{8,5 - 4,5}\right)\left(\frac{(2 \times 0,616)+1}{3 \times 0,616}\right)\right]^{0,616-1}$$

$\mu_e = 60,0$ cP

Aplicando, agora, os valores encontrados na equação 6.39, teremos:

$$v_s = 175 \left[\frac{0,3 \, (21,0 - 9,5)^{0,667}}{(9,5)^{0,333} \, (60,0)^{0,333}}\right] = 32,3 \text{ ft/min}$$

b) Calculemos a velocidade de queda dos sólidos na região do poço com alargamento e diâmetro real de 20 in.

$$\bar{v} = \left(\frac{250}{2,448 \, (20^2 - 4,5^2)}\right) \times 60,0 = 16,0 \text{ pés/min}$$

$$\mu_e = 479 \times 0,687 \cdot \left[\left(\frac{2,4 \times 16}{20 - 4,5}\right)\left(\frac{(2 \times 0,616)+1}{3 \times 0,616}\right)\right]^{0,616-1}$$

$\mu_e = 216,0$ cP

Daí, então, a velocidade de queda será:

$$v_s = 175 \left[\frac{0,3 \, (21,0 - 9,5)^{0,667}}{(9,5)^{0,333} \, (216,0)^{0,333}}\right]$$

$v_s = 21$ ft/min

c) Calculemos agora a velocidade de remoção dos sólidos no anular do poço, onde não há alargamento e onde há alargamento, respectivamente.

Trecho normal, $(\bar{v}_r) = 118 - 32,3 = 85,7$ ft/min

Trecho alargado, $(\bar{v}_r) = 16 - 21 = -5$ ft/min

Donde se conclui que na região onde o poço está alargado, os sólidos estão decantando, e, conseqüentemente, formarão anéis de obstrução.

EXEMPLO 11

Tomemos novamente os mesmos dados do exemplo 9 e vamos supor que o fluido circulante tenha alto peso específico, alta viscosidade, e que as suas propriedades sejam:

- massa específica: 15,0 ℓb/gal
- resultados do viscosímetro Fann: $\theta_{600} = 83,0$
  $\theta_{300} = 49,0$

Faça uma avaliação da remoção dos sólidos no poço, considerando-o:
a) sem alargamento;
b) e com alargamento para um diâmetro real de 20 in.

SOLUÇÃO

a) Vamos determinar a velocidade de queda dos sólidos numa secção do poço em caliper, isto é, sem alargamento. Consideremos o modelo de Potência e determinemos a viscosidade do fluido no espaço anular:

$$n = 3,32 \log \left(\frac{83}{49}\right) = 0,760$$

$$K = \frac{1,066 \, (83)}{1022^{0,76}} = 0,457 \text{ lbf.s}^{0,760}/100 \text{ ft}^2$$

$$\mu_e = 479 \times 0,457 \cdot \left[\left(\frac{2,4 \times 118}{8,5 - 4,5}\right)\left(\frac{(2 \times 0,760) + 1}{3 \times 0,760}\right)\right]^{0,760-1}$$

$$\mu_e = 77 \text{ cP}$$

$$v_s = 175 \left[\frac{0,3 \, (21,0 - 15,0)^{0,667}}{(15,0)^{0,333} \, (77)^{0,333}}\right]$$

$v_s = 16,5$ ft/min

Então, a velocidade de remoção dos sólidos é:

$v_r = 118 - 16,5 = 101,5$ ft/min

E a eficiência do fluido em remover os sólidos é:

$$ER = \left(\frac{v_r}{\bar{v}}\right) \times 100 = 86{,}0 \%$$

b) Vamos determinar agora a eficiência do fluido em remover sólidos na secção alargada, com 20 in de diâmetro.

$$\mu_e = 479 \times 0{,}457 \left[\left(\frac{2{,}4 \times 16}{20 - 4{,}5}\right)\left(\frac{(2 \times 0{,}760) + 1}{3 \times 0{,}760}\right)\right]^{0{,}760-1}$$

$$\mu_e = 172{,}0 \text{ cP}$$

A velocidade de queda é:

$$v_s = 175 \left[\frac{0{,}3\,(21{,}0 - 15{,}0)^{0{,}667}}{(15{,}0)^{0{,}333}\,(172{,}0)^{0{,}333}}\right] = 12{,}7 \text{ ft/min}$$

A velocidade de remoção:

(v_r) alarg = 16,0 – 12,7 = 3,3 ft/min

E a eficiência de remoção:

$$ER = \frac{3{,}3}{16} \times 100 = 21\%$$

Com conseqüente transporte deficiente e possível acúmulo de sólidos no anular. Entretanto, já houve alguma melhora no carreamento deste fluido em relação ao fluido do exemplo 10.

Exercícios

1. Defina, sumariamente, porém de maneira precisa, os termos abaixo usados em reologia de fluidos:
   (a) Taxa de cisalhamento.
   (b) Tensão de cisalhamento.
   (c) Viscosidade dinâmica.
   (d) Viscosidade cinemática.
   (e) Grau API.

2. Determine os fatores constantes que permitem transformar as unidades de viscosidade dinâmica de um fluido.

De	Fator	Para
dina.s/cm^2		Pa.s
mPa.s		cP
Pa.s		lbf.s/ft^2
dina.s/cm^2		lbf.s/ft^2

   Respostas: 0,1; 1,0; 0,671; 0,0671

3. Considere a equação de correlação entre a viscosidade dinâmica e a cinemática, válida para qualquer fluido. Determine os valores da constante **c**, para a equação $v = c\,(\mu/\rho)$, de modo que possam ser utilizadas as grandezas μ e ρ nas unidades listadas no quadro abaixo:

Grandeza	Unidades				
v	cSt	St	mm^2/s	cSt	cSt
μ	cP	cP	P	Pa.s	cP
ρ	lb/ft^3	g/cm^3	g/cm^3	kg/m^3	g/cm^3
C					

   Respostas: 62,41; 0,01; 100; 10^6; 1,0

4. Classifique os fluidos segundo os modelos reológicos estudados, apresentando a curva de fluxo (reograma) e as propriedades que caracterizam cada modelo.

5. Demonstre as equações (2.4), (2.6), (2.9), e (2.11), válidas para a viscosidade aparente dos fluidos Binghamiano, de Potência, Casson e Robertson-Stiff. Considere a definição da viscosidade aparente e a equação de cada modelo.

5. Dê uma interpretação física para os parâmetros reológicos envolvidos na equação de fluxo: $\tau = K \cdot \gamma_n + \tau_o$. Analise os casos particulares mais usuais, considerados como modelos, para aplicação no escoamento de fluidos na indústria de petróleo.

7. Assinale a curva que melhor representa a variação da viscosidade efetiva de um fluido de potência, pseudo-plástico, como função da taxa de cisalhamento, em escala log-log; Comente.

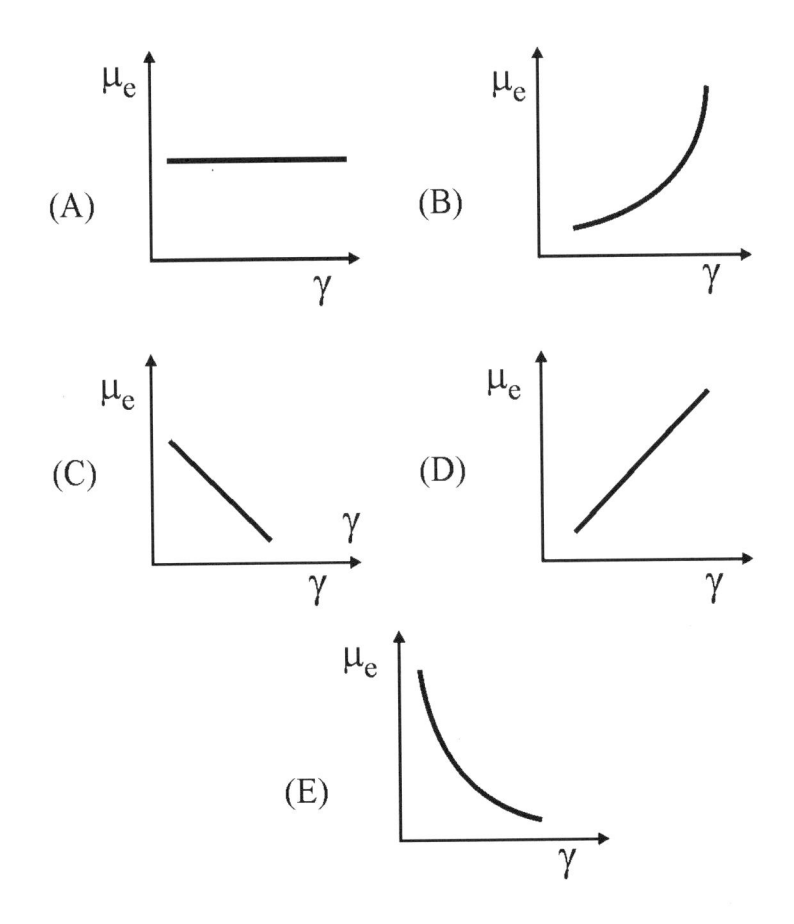

(A) μ_e constante vs γ

(B) μ_e crescente vs γ

(C) μ_e decrescente linear vs γ

(D) μ_e crescente linear vs γ

(E) μ_e decrescente exponencial vs γ

8. Faça um esboço das curvas de fluxo e de viscosidade para os seguintes fluidos:
   a) O modelo de potência para 0 < n < 1 (gráfico cartesiano).

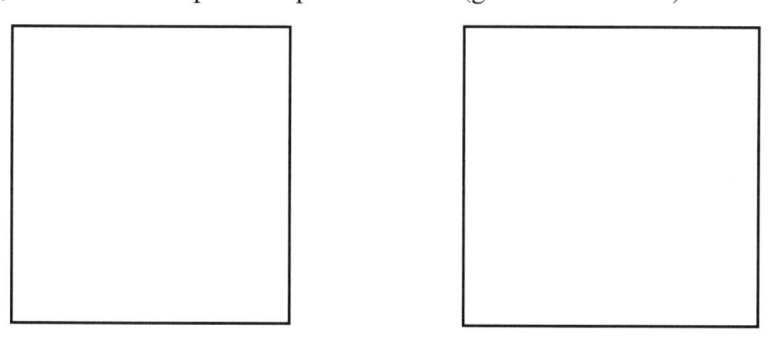

   b) Modelo Binghamiano (gráfico log-log).

9. Os resultados a seguir foram determinados com um viscosímetro tubo de aço com comprimento de 6,92 ft e 0,278 in de diâmetro. O fluxo laminar de uma suspensão de carbonato de cálcio, de massa específica 73,5 lb/pe^3, foi criado por uma bomba de vazão variável.

Vazão, Q x 10^3 (ft^3/min)	Queda de pressão (psi)
1,764	2,37
8,789	3,73
25,110	5,07
46,040	5,83
84,540	6,94
144,800	8,06
212,600	8,84
260,700	9,74

(a) Determine os valores de **n** e **K$_p$**, analiticamente.
(b) Calcule a taxa de cisalhamento na parede do tubo, para cada determinação.

(c) Construa uma curva de fluxo absoluta, isto é, trace uma curva de $\tau_w \times \gamma_w$ em coordenadas cartesianas. Posteriormente, leve esses valores a um gráfico log-log e determine os valores de **n** e $\mathbf{K_p}$, graficamente.

Resposta: (a) 0,275 e 0,120 lbf.s^n/ft^2

10. Através de um viscosímetro tubular, cujo diâmetro interno (D) era 2,05 cm e comprimento (L) 315,3 cm, foram obtidos os seguintes valores de vazão (Q) e diferença de pressão (ΔP), com uma amostra de glicerina comercial.

Q (cm³/s)	ΔP (dina/cm²) × 10³
14,8	67,5
35,6	147,6
74,2	307,6
142,4	590,6

(a) Determine graficamente os valores de **n** e **K** da glicerina.
(b) Determine o valor da viscosidade absoluta da glicerina.
(c) Determine, a partir da viscosidade absoluta, o teor de glicerina no produto comercial. Consulte uma tabela de propriedades das soluções de Glicerina.

Respostas: (a) 1,0 e 5,7 dina/cm²; (b) 570,0 cP; (c) 98% em peso

11. Os resultados abaixo foram determinados em laboratório, utilizando-se um viscosímetro tubular com 2,0 m de comprimento e 0,007 m de diâmetro. O fluxo laminar do fluido testado, de massa específica 1,282 g/cm³, foi criado por uma bomba de deslocamento positivo, de vazão variável.

Resultados experimentais:

Q . 10⁴ (m³/s)	1,052	2,532	5,410	9,684	16,794	28,424	34,962
ΔP (Pa)	4,833	10,198	19,443	31,893	50,924	79,649	94,975

(a) Construa a curva de fluxo (reograma) $\tau_W \times \gamma_W$.
(b) Trace a curva $\tau_W \times \gamma_W$, em coordenadas log-log.
(c) Sugira uma classificação para o fluido.
(d) Determine os valores dos parâmetros reológicos, mais representativo.
(e) Construa, em coordenadas log-log, uma curva $\mu_a \times \gamma_w$.
(f) Determine o valor da viscosidade cinemática a uma vazão de 10,5.10⁻⁴ m³/s.

Respostas: (a) $\tau_w = 8,755.10^{-4}$ (ΔP); $\gamma = 29,77$ (Q).10⁶;
(d) n = 0,84 e K = 4,895 . 10⁻⁶ Pa . s^{0,84}; (f) 7,22.10⁻⁴ m²/s

12. Defina os regimes de fluxo estabelecidos durante a determinação da viscosidade cinemática de um líquido, utilizando os seguintes viscosímetos capilares de vidro:

    (a) *Cannon-fenske*, para líquidos transparentes.
    (b) *Zeitfuchs*, para líquidos transparentes.
    (c) *Ubbelohde*, para líquidos transparentes.
    (d) *Zeitfuchs*, para líquidos opacos e transparentes.
    (e) *Cannon-fenske*, para líquidos transparentes e opacos.
    (f) Atlantic.

Consulte a norma ASTM D446-93 e considere a situação de escoamento na maior velocidade de fluxo.

13. Um produto derivado do petróleo foi testado em viscosímetro capilar de vidro, nas temperaturas 40 e 100°C, e forneceu os seguintes valores de viscosidades cinemáticas: 484,0 e 31,8 cSt, respectivamente. Estime a viscosidade cinemática deste produto a 60°C, empregando cada uma das correlações a seguir:

    (a) Logarítmica (ASTM D341-89). $\log \log (z) = A - B \log T$, com T em K, $z = \nu + 0,7$, e ν em cSt;
    (b) Exponencial. $\nu = A\, e^{(B/T)}$, com T em K e ν em cSt.;
    (c) Linear.

Compare os resultados e calcule o afastamento ou erro relativo, em relação à equação do item a.

Resposta: (a) 154,75 cSt; (b) 175,15 cSt; (c) 333,27 cSt; erro = 13 e 115%.

14. A análise de dois fluidos padrões, A e B, no viscosímetro capilar de vidro cannon-fenske apresentou o seguinte quadro de resultados:

Ensaio	Óleo padrão	Tempo, s	ν, cSt
1	A	50	10,0
2	B	250	23,0

Construa uma tabela de viscosidades cinemáticas em função do tempo, considerando as equações 3.21 e 3.22, avalie os afastamentos dos valores obtidos e analise os resultados.

Tempo, s	$v_a = k_1 t - k_2/t^2$	$v_b = c \cdot t$	$e = \left\{ \dfrac{|v_a - v_b|}{v_a} \right\} 100$
10			
50			
100			
200			
400			
600			
800			

Resposta: $k_1 = 0{,}091$; $k_2 = -13608{,}87$; $c = 0{,}092$

15. Mostre que a tensão de cisalhamento que se desenvolve na parede do cilindro interno do viscosímetro rotativo de cilindros coaxiais Fann 35A, equipado com mola de torção F-1, é expressa por:

    $\tau_b = 5{,}10 \cdot \theta$, onde τ_b está em dina/cm^2 e θ está em grau

    Mostre também que a relação entre taxa de cisalhamento, em s^{-1}, e velocidade de rotação, em rpm, para fluido Newtoniano ou fluido de Potência, para $0{,}8 < n < 1{,}0$ (erro < 10%), é dada pela expressão:

    $\gamma_b = 1{,}703 \cdot N$

    Construa uma tabela com os valores de taxa de cisalhamento (γ), s^{-1} e velocidade de rotação (N), em rpm.

    Dados: $r_1 = 1{,}725$ cm; $r_2 = 1{,}842$ cm; $H = 3{,}80$ cm; $k = 386$ dina.cm/grau;

    $\varepsilon = 0{,}25$ cm (fator de correção para efeitos de borda)

16. (A) Determine as expressões analíticas para o cálculo dos parâmetros reológicos característicos dos modelos Newtoniano, Binghamiano e de Potência, em unidades usuais de perfuração(viscosidade em cP, limite de escoamento em lbf/100 ft^2 e índice de consistência em lbf.s^n/100 ft^2), a partir dos dados obtidos com o viscosímetro rotativo de cilindros coaxiais Fann mod. 35A, equipado com mola de torção F-1 e combinação do rotor-bob R1-B1 (usar os dados do exercício 09).

    (B) Determine também as expressões analíticas para o cálculo dos mesmos parâmetros citados no item (A), considerando os pontos do intervalo convencional do API (300 e 600 rpm), empregado no controle dos fluidos nas operações de perfuração.

    Resposta: (A) $\mu = 300\,(\theta/N)$; $\mu_p = 300\,(\theta_2 - \theta_1)/(N_2 - N_1)$; $\tau_1 = (N_1\theta_2 - N_2\theta_1)/(N_2 - N_1)$; $n = \log(\theta_2/\theta_1)/\log(N_2/N_1)$; (B) $\mu_a = 300/2$, em cP; $\mu_p = (\theta_{600} - \theta_{300})$, em cP; $\tau_1 = \theta_{300} - \mu_p$, em lbf/100 ft^2.

17. Quatro diferentes dispersões poliméricas foram preparadas e testadas no viscosímetro Fann Mod. 35A, com comb. R1-B1 e mola F-01, obtendo-se os valores encontrados na tabela abaixo:

Polímero	Conc.	θ_{600}	θ_{300}	θ_{200}	θ_{100}	θ_6	θ_3	G_i	G_f
HEC	1,5	39,0	27,0	21,5	14,5	2,0	1,5	1,5	1,5
HP-GUAR	1,5	33,0	24,0	19,0	13,5	2,5	2,0	2,0	2,0
CMC	2,4	61,0	38,0	29,0	16,5	2,0	1,0	1,0	1,0
XC	1,4	38,0	26,5	22,0	16,0	5,5	4,0	4,0	5,5

A partir destes dados pede-se:

a) Determinar os parâmetros reológicos, considerando o fluido como Binghamiano e de Potência, no intervalo convencional API (300-600 rpm).

b) Determinar os parâmetros reológicos, considerando o fluido como Binghamiano e de Potência, no intervalo 3-100 rpm.

c) Comentar os resultados obtidos em (a) e (b).

18. Quais os valores de máxima e de mínima viscosidade que podem ser obtidos com o viscosímetro rotativo Fann mod. 35A, com combinação R1-B1.. Considere os valores das constantes da mola de torção e as combinações rotor-bob fornecidos pelo manual do fabricante para: (a) à 5,11 s⁻¹ (3 rpm) e (b) à 1022 s⁻¹ (600 rpm).

Resposta: 30000,0 e 100,0 cP;   150,0 e 0,5 cP.

19. Um fluido de perfuração com bentonita e polímero foi testado no viscosímetro Fann mod. 35A e forneceu os seguintes resultados:

Rotação, rpm	3	6	100	200	300	600
Deflexão, grau	6,5	9,5	32,0	43,0	50,0	62,0

Os géis, inicial e final, determinados segundo a especificação API foram 6,5 e 16,0 lbf/100 ft², respectivamente.

(a) Estime o valor do limite de escoamento real deste fluido.

(b) Estime a força de gelificação do fluido, após 10 minutos de repouso.

Resposta: (a) 6,5 lbf/100 ft², aprox.;   (b) 9,5 lbf/100 ft²

20. Dois fluidos de perfuração à base de água mostraram os seguintes resultados de reologia, após teste no viscosímetro Fann mod. 35A:

	θ_{600}	θ_{300}	θ_3	G_0	G_{10}
Fluido A	42,0	32,0	7,0	7,5	21,0
Fluido B	42,0	26,0	5,0	5,0	12,0

(a) O que se pode inferir a respeito do grau de dispersão dos fluidos?

(b) Qual o fluido que possivelmente apresentará maior valor do filtrado?

21. Um fluido de perfuração, testado no viscosímetro rotativo Fann, gerou os resultados abaixo.

Velocidade angular (ϖ . rad/s)	Deflexão (grau)
10,47	23,0
41,89	45,0

Determine os valores da viscosidade plástica e do limite de escoamento, aplicando o modelo Binghamiano no intervalo testado.

Resposta: $\mu_p = 22$ cP e $\tau_L = 16,8$ lbf/100 ft^2

22. O reograma de um fluido, testado no viscosímetro rotativo Fann, com mola de torção F-01 e combinação R1-B1, apresentou-se conforme a curva da figura a seguir.

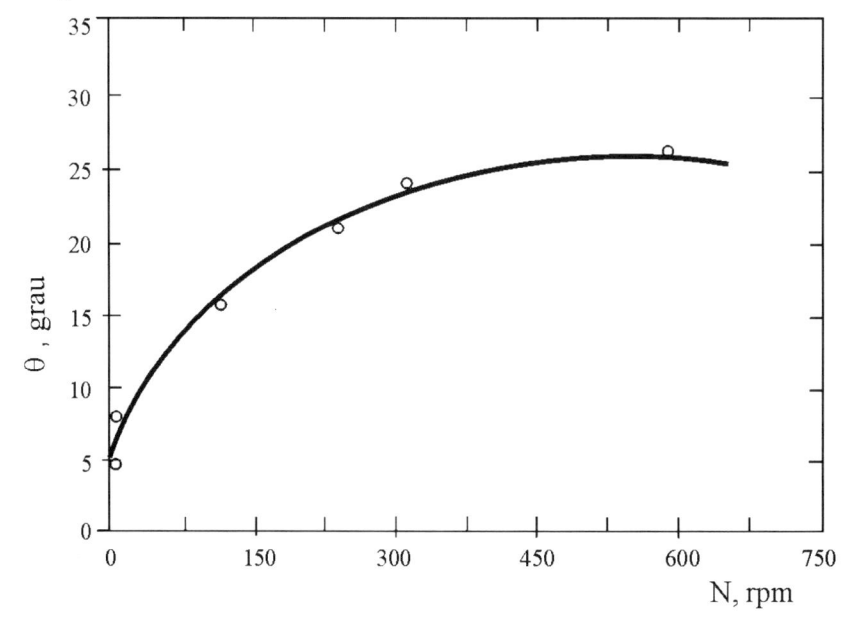

Determine:

a) O índice de fluxo e o índice de consistência considerando o modelo de potência no intervalo 50 – 300 rpm.

b) A viscosidade plástica e o limite de escoamento aplicando o modelo Binghamiano no intervalo convencional.

c) A viscosidade plástica e o limite de escoamento considerando o modelo Binghamiano no ponto de 400 rpm.

23. Uma dispersão de HEC em água doce, com concentração 1,5 lb/bbl, testada no viscosímetro Baroid 286, cujos parâmetros construtivos são idênticos do Fann 35A, apresentou os seguintes valores:

Rotação, rpm	600	500	400	300	200	100	60	30	10	5	3
Deflexão, grau	48,5	46,5	42,0	37,0	29,5	21,0	16,0	11,0	6,0	4,0	3,0

a) Trace, em papel cartesiano, as curvas θ versus N e τ_b *versus* γ_b. Sugira uma classificação para o fluido em análise;

b) Trace, em papel log-log, as curvas θ versus N e τ_b versus γ_b;

c) Determine os valores de n e K para o intervalo convencional API. Determine estes mesmos parâmetros por aproximação linear no gráfico log-log, considerando os intervalos 3 – 100rpm e 100-600 rpm. Compare os resultados e comente.

Resposta: (c) n = 0,39; 0,54; e 0,45;   K = 3,466; 1,40; e 2,24

24. Uma pasta de cimento, testada no viscosímetro Fann mod. 35A, com mola F-1 e combinação R1-B1, apresentou a seguinte curva de fluxo:

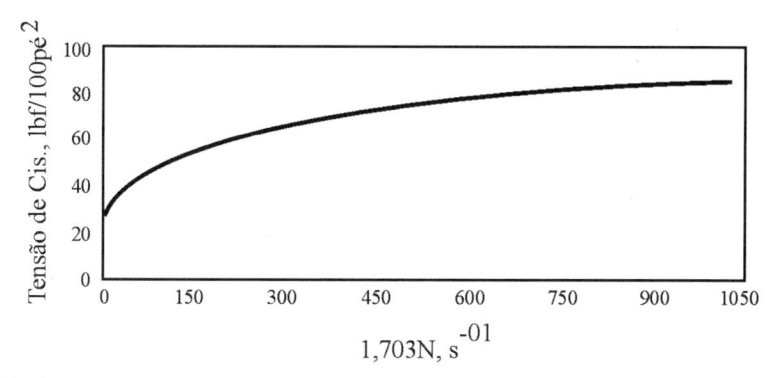

[Gráfico: Tensão de Cis., lbf/100pé^2 versus $1,703N, s^{-01}$]

Pede-se:

(a) Índice de fluxo (**n**) e índice de consistência (**K**), em lbf.s^n/100 ft^2, considerando-o como de potência no intervalo 10-300 rpm.

(b) A viscosidade plástica, em cP, e o limite de escoamento, em lbf/100 ft², aplicando o modelo Binghamiano no intervalo convencional API (300-600 rpm).

(c) As viscosidades aparentes, em cP, dessa pasta, a 300 e 600 rpm.

25. Um determinado fluido apresentou como comportamento reológico a curva de fluxo abaixo, após teste efetuado com viscosímetro rotativo Fann com combinação R1-B1 e mola de torção F-1.

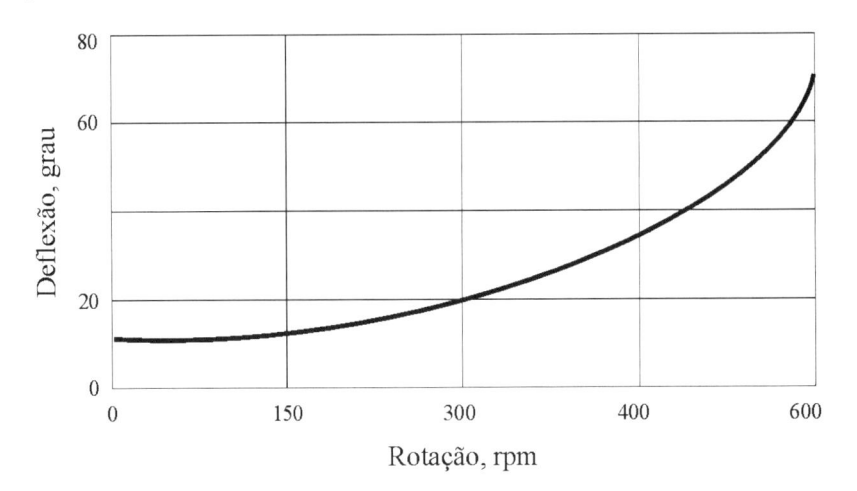

Pergunta-se:

(a) Como você classificaria este fluido?

(b) Qual a viscosidade plástica, em cP, e o limite de escoamento, em lbf/100 ft², considerando o intervalo convencional API (300-600 rpm)?

(c) Qual o limite de escoamento real, em lbf/100 ft²?

(d) Qual o índice de fluxo (n) e o índice de consistência (K), em lbf.s^n/100 ft², aplicando o modelo de potência no intervalo 100 a 600 rpm.

Resposta: (a) não-Newtoniano, dilatante, com limite de escoamento; (b) 50 cP e – 30,0lbf/100 ft²; (c) 10,0 lbf/100 ft²; (d) 0,90 e 0,159 lbf . s^n/100 ft².

26. Um certo fluido testado no viscosímetro rotativo Fann mod. 35A, equipado com mola de torção F-1, combinação R1-B1, apresentou a seguinte equação de fluxo:

$$\theta = 4{,}38 \cdot N^{0{,}550}$$

(a) Adotando-se o modelo Binghamiano, no intervalo convencional, determine a viscosidade plástica, em cP, e o limite de escoamento em lbf/100 ft².

(b) Considerando o modelo de Potência, no intervalo 100-300 rpm, determine o índice de fluxo (n) e o índice de consistência (K), lbf.s^n/100 ft².

Resposta: (a) 46,8 e 54,0; (b) 0,55 e 3,49

27. Um determinado fluido, ensaiado num viscosímetro rotativo Fann mod 35A, equipado com mola F-1 e combinação R1-B1, gerou os seguintes resultados:

N, rpm	600	300	200	100	6	3
θ, grau	80,0	51,0	38,0	24,0	3,5	2,5

Calcule:

(a) Os valores de **n** e **K**, através do gráfico $\tau_w \times (1{,}703 \cdot N)$, em papel log-log.

(b) O valor de K_p equivalente, estimado para escoamento em tubo.

(c) Os valores de **n** e **K**, adotando o método simplificado de dois pontos no intervalo 300-600 rpm (convencional). Compare e comente os resultados.

Resposta: (a) 0,67 e 0,85 lbf.s^{0,67}/100 ft^2; (b) 0,945 lbf.s^{0,67}/100 ft^2; (c) 0,649 e 0,95 lbf.s^{0,67}/100 ft^2

28. Um fluido de perfuração, testado no viscosímetro Fann mod. 35A, com combinação R1-B1 e mola de torção F-01, apresentou a curva de fluxo a seguir:

Determine:

(a) A viscosidade aparente do fluido a 600 rpm, em cP.

(b) A viscosidade plástica, em cP, e o limite de escoamento, em lbf/100 ft^2, do fluido no intervalo convencional API (300-600 rpm).

(c) O índice de fluxo (n) e o índice de consistência (K), em lbf.s^n/100 ft^2, no intervalo 3 a 300 rpm.

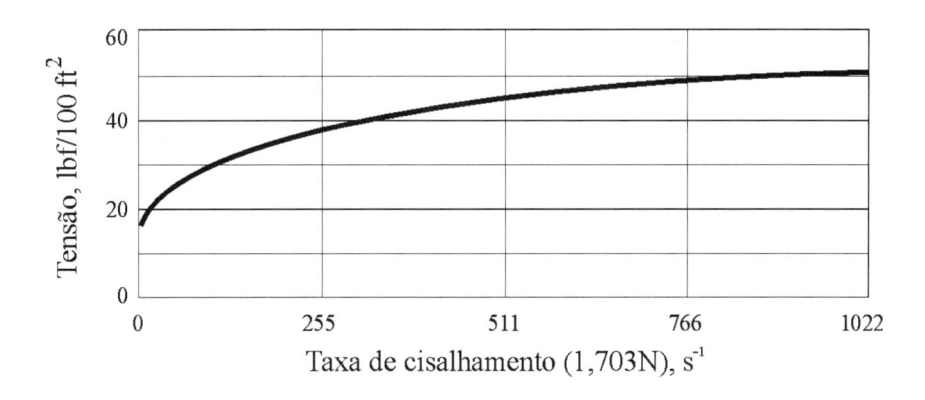

Resposta: (a) 25,0; (b) 10,0 e 30,0; (c) 0,197 e 12,95

29. Um certo fluido de perfuração, testado no viscosímetro rotativo Fann mod. 35A, com mola de torção F-1 e combinação R1-B1, apresentou a seguinte equação de fluxo:

$$\theta = 1{,}79 \cdot N^{0,66} + 23{,}0$$

(a) Determine o índice de fluxo (n) e o índice de consistência (K) desse fluido, em lbf.s^n/100 ft^2.

(b) Considerando que o modelo Binghamiano aproxima satisfatoriamente esse fluido no intervalo convencional, determine a viscosidade plástica, em cP, e o limite de escoamento, em lbf/100 ft^2.

(c) Determine a viscosidade aparente desse fluido, em cP, a 600 rpm.

Resposta: (a) 0,660 e 1,342; (b) 45,0 e 55,0: (c) 72,5

30. Um fluido, ensaiando no viscosímetro Fann VG meter, modelo 35, apresentou os seguintes resultados:

N, rpm	–	600	300	200	100	6	3
θ, grau	–	134,0	95,0	77,0	54,0	13,0	9,4

Determine os valores dos parâmetros n, K_p e K_a para este fluido.

Resposta: 0,50; 0,0477 lbf . s^n/ft^2 e 0,0493 lbf . s^n/ft^2.

31. A análise de um determinado fluido padrão de referência, no viscosímetro Brookfield mod. LVTD, a 23°C forneceu o seguinte quadro de resultados, a seguir.

(a) Construa e analise a curva de viscosidade.

(b) Como você classificaria o fluido testado?

(c) Qual o valor da viscosidade cinemática, em cSt, do fluido à temperatura do teste?

(d) Estime o valor da viscosidade dinâmica do fluido a 50°C.

N, rpm	Leitura	Fator de viscosidade	Viscosidade, cP (leitura x fator)
0,3	0,4	100	
0.6	0,7	50	
1,5	1,7	20	
3,0	3,4	10	
6,0	6,8	5	
12,0	13,6	2,5	
30,0	34,2	1,0	
60,0	68,7	0,5	

Dados complementares:

T, °C	μ, cP	ν, cSt	ρ, g/ml
20,00	38,40	44,66	0,8598
25,00	29,84	34,83	0,8566
37,78	16,97	20,00	0,8484
40,00	15,54	18,35	0,8470
98,89	3,13	3,13	0,8093
100,00	3,062	3,787	0,8086

Resposta: (c) 39,0 e (d) 15,0 cP

32. Um fluido testado no viscosímetro Brookfield mod. LV, utilizando o sistema de controle de temperatura (Thermosel), apresentou o seguinte quadro de resultados, à temperatura de 60°C:

N, rpm	0,3	0,6	1,5	3,0	6,0	12,0	30,0	60,0
θ, grau	2,0	3,3	6,3	10,2	16,6	26,9	51,1	83,0

Dados: Spindle SC4-18, d_1 = 17,48 mm; d_2 = 19,05 mm;
k (mola) = 673,7 dina . cm/100 (escala total); H = 31,72 mm.

Pede-se:

(a) Uma curva de fluxo ($\tau \times \gamma$) para o fluido testado.

(b) Traçar os valores $\tau \times \gamma$ em coordenadas log-log.

(c) Sugerir uma classificação para o fluido.

(d) Determinar os parâmetros reológicos do fluido.

(e) Uma curva característica de viscosidade *versus* taxa cisalhante.

(f) Determinar a viscosidade do fluido a 70°C, escoando a uma taxa de cisalhamento de 30 s^{-1}.

33. Um produto derivado do petróleo, óleo (CM-30) foi ensaiado no viscosímetro capilar de vidro e apresentou uma viscosidade cinemática igual a 52,6 cSt a 60,0 ± 0,1° C. Posteriormente, este mesmo produto foi ensaiado no viscosímetro Brookfield LVT, analógico, a 60,0 ± 4,0° C, e gerou os seguintes resultados:

N, rpm	1,5	3,0	6,0	12,0	30,0	60,0
θ, grau	1,4	2,7	5,3	10,2	26,2	52,5
fator	40	20	10	5	2	1
μ, cP	55,0	54,0	53,0	51,0	52,4	52,5

Construa uma curva de viscosidade. Analise e comente os seus resultados. Determine a viscosidade cinemática do produto a partir dos resultados obtidos com o viscosímetro Brookfield e avalie o afastamento das duas determinações. A densidade do produto a 60,0°C é igual a 0,908.

34. Demonstre as equações 3.41, 3.42 e 3.43, válidas para correlacionar as freqüências de velocidades angulares, em rpm, com as velocidades médias de fluxo, através de conduto circular, em função dos parâmetros reológicos do fluido, considerando os modelos: de Newton, de Bingham e de Potência.

35. Demonstre as equações 3.44, 3.45, válidas para correlacionar os parâmetros reológicos do modelo de Potência:

    (a) entre viscosímetro rotativo e tubo circular; e

    (b) entre tubo e anular de tubos, respectivamente.

36. Comente, sumária e objetivamente, as afirmações abaixo:
    (a) No escoamento turbulento, as forças inerciais têm predominância sobre as forças viscosas.
    (b) No escoamento tampão, o gradiente de velocidade é nulo no centro do tubo.
    (c) No escoamento laminar, através de um conduto circular uniforme, o gradiente de velocidade varia linearmente com o raio da secção.
    (d) A expressão $\tau_\omega = DP/4L$ é válida para qualquer tipo de fluido escoando em regime laminar.
    (a) O gradiente de velocidade de um fluido, escoando em regime laminar, através de um conduto circular de raio **R**, com vazão constante, é máximo no centro do conduto.

37. Mostre que a equação de distribuição de velocidades de um fluido Newtoniano, incompressivo, em escoamento isotérmico e laminar através de tubos de secção circular uniforme, é parabólica, isto é:

$$Vr = V_{máx} \cdot (1 - \frac{r^2}{R^2})$$

Obs: Comente as condições de contorno.

38. Mostre que a velocidade média no escoamento isotérmico de fluidos incompressíveis, em regime laminar através de tubulações de geometria simples, é igual à metade da velocidade máxima. Isto é: **V = V$_{máx}$/2**.

39. Mostre que a tensão de cisalhamento atuante sobre uma "camada" de fluido em regime laminar, escoando através de um tubo de secção circular uniforme, varia linearmente com o raio. Isto é:

$$\tau_r = (\Delta P/2L).r$$

Obs: Comente as situações de contorno.

40. (A) Mostre que as "perdas de carga" por fricção no escoamento isotérmico de fluidos Newtonianos, incompressíveis, em regime laminar através de tubos horizontais de secção circular uniforme, é dada por:

$$\Delta P = 32 \frac{\mu L v}{g_c D^2}$$ (Equação de Hagen-Poiseuille)

SUGESTÃO: Use as definições de fluido Newtoniano e tensão cisalhante.

(B) Encontre uma forma alternada para a equação de Hagen-Poiseuille, a fim de aceitar as seguintes unidades de campo: ΔP-lbf/in^2 ou psi, μ-centipoise (cP), L-ft, v–ft/seg, D-in.

41. Mostre que a queda de pressão no escoamento de um fluido incompressível através de um tubo, em estado estacionário, depende do atrito na parede que, por sua vez, depende do regime de fluxo. Se laminar, varia com as propriedades reológicas, geometria e vazão; se turbulento, além dos parâmetros citados antes, depende do atrito nas paredes do tubo. Isto é, mostre que:

$$\Delta P = f \frac{L v^2}{2.g_c D}$$ (Equação de Fanning)

onde: $f = g(N_R, e/D)$

Sugestão: Considere o número de Euler, adimensional, definido por:

$$\text{Euler} = \frac{\Delta P}{\rho v^2} = f\left(\frac{L}{D}, e/D, N_R\right)$$

e $\Delta P = L/D$

42. Uma unidade de um posto de gasolina bombeia 20 gal/min. Sabendo-se que a massa específica da gasolina é 6,15 lb/gal e a sua viscosidade 0,6 cP, calcule o diâmetro mínimo da mangueira que manterá o fluxo em regime laminar.

Resposta: 38,9 in

43. O gráfico a seguir mostra a função $\Delta P_f = f(Q)$

Onde ΔP_f é a perda de carga por fricção e **Q** é a vazão correspondente, para o regime laminar (curva I) e para o regime turbulento (curva II), quando um fluido circula num conduto circular reto.

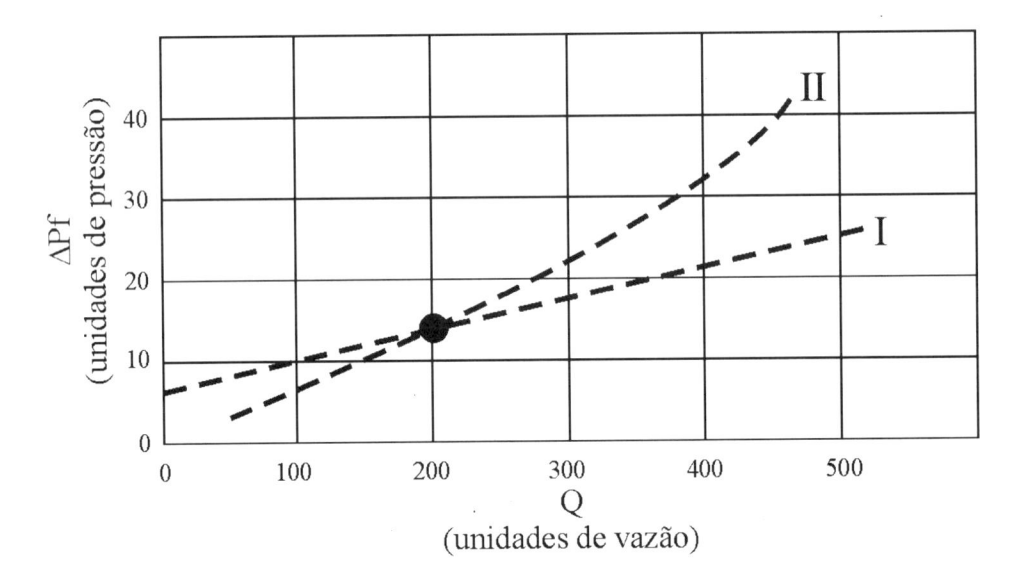

Pode-se afirmar que o ponto teórico de transição de regime, de laminar para turbulento, correspondente a aproximadamente $N_R = 2000$, ocorreria:

- para Q = 200 unidades de vazão;
- para Q > 200 unidades de vazão;
- para Q < 200 unidades de vazão;
- para um "Q" qualquer (200 unidades ≤ Q ≤ 200 unidades), a depender da geometria e do fluido.

44. Para números de Reynolds entre 5000 e 100000, a curva que relaciona o fator de fricção com o número de Reynolds pode ser aproximada por uma reta passando pelos pontos: (0,0094; 5000) e (0,0048; 100000). Determine portanto uma equação aproximada entre f e N_R para o fluxo turbulento no intervalo considerado.

Resposta: $f = 0{,}0635(N_R)^{-0{,}224}$

45. Um oleoduto de 8 in de diâmetro (D.I. = 7,625") com 32,3 km de extensão opera com uma vazão de 40000 bbl/dia. A massa específica e a viscosidade do fluido são 7,0 lb/gal e 9,5 cP, respectivamente. Calcule a perda de carga ao longo do oleoduto.

Resposta: 1390 psi

46. Demonstre que quando $\chi \to 1$, então $f(\chi) \to 1/3$, considerando a função de relação entre diâmetros de espaço, definida pela equação 5.39.

    Sugestão: aplique a regra de l'Hôpital.

47. (A) Calcule o diâmetro equivalente de um espaço anular definido por 8,5 x5 ft², considerando os métodos:

    (a) exato, isto é, as equações 5.38 e 5.39, e as definições pertinentes;

    (b) aproximado, pelo consideração do escoamento entre placas;

    (c) aproximado, pelo conceito do raio hidráulico.

    (B) Repita os mesmos cálculos para escoamento através de um anular definido por 19,166x5,0 ft². Calcule os erros nos dois casos, compare e comente.

    Resposta: (A) 2,8644; 2,8578; 3,5000; (B) 11,7288; 11,5669; 14,1660

48. Determine as perdas de carga por fricção quando um fluido de baixo teor de sólidos, com viscosidade de 3,0 cP e massa específica de 1,2 g/cm³, circula num anular de um tubo de 4,276 in de diâmetro externo e uma coluna de revestimento de 8,835 in de diâmetro interno, numa extensão de 2000 m, a uma vazão de 2400 l/min.

    Resposta: 4,4 kgf/cm²

49. Uma sonda de produção usa água salgada como fluido de completação. A bomba opera a uma vazão de 200 gal/min. Calcule a perda de carga, em psi/1000 ft, no anular usando os seguintes dados do BDO (Boletim Diário de Operações).

Densidade do fluido:	8,8 lb/gal
Viscosidade do fluido:	0,8 cP
Revestimento:	Di = 4,892"
Coluna (Tubing):	De = 2,375"

    Resposta: 24,0 psi/100 ft

50. Deseja-se fazer um fraturamento hidráulico num poço com 8000 ft de profundidade. A pressão de extensão desejada em frente à formação a ser fraturada (fundo do poço) é de 2485 psi. A vazão de operação deve ser 40 bbl/min. Um fluido de fraturamento com 8,8 lb/gal de massa específica e 100 cP de viscosidade equivalente (para a taxa de cisalhamento de operação), será injetado através do anular entre a coluna de 2" (De = 2,375" e Di = 1.955") e o revestimento de 7" (De = 7" e Di = 6.366"). Determine a pressão de injeção (bombeio) na superfície para essa operação.

    Resposta: 1667 psi

51. A fase de 26" do poço 1-XXX-NN-YY foi perfurada com água do mar devido às constantes perdas de circulação verificadas. Os dados a seguir registrados no BDO (Boletim Diário de Operações):

Dados de Perfuração

Prof. Final da fase de 26":	500 m
Condutor de 30" x 1" assentado a:	130 m
Vazão de bombeio:	1100 gpm
Jatos da broca:	3x24/32"
Equipamento de Sup.tipo IV:	$\Delta P_S = 70$ psi
Composição da coluna:	Broca; SBT; 1 DC 9 5/8"; STB; 1 DC 9 5/8"; STB; 4 DC's 9 5/8"; 3 DC's 8 1/4"; SUB; 6 HwDP's 5"; DP's 5".

Outros dados:

Massa específica do fluido:	8,7 lb/gal
Viscosidade do fluido:	1,0 cP
D.I. dos comandos (DC's) de 9 5/8":	2 13/16"
D.I. dos comandos (DC's) de 8 1/4":	2 7/8"
D.I. dos tubos pesados (HWDP's) de 5":	3"
D.I. dos tubos de perfuração (DP's) de 5":	4,276"
Comprimento aprox. de cada tubo ou comando:	30'

Desprezando-se os comprimentos dos estabilizadores (STB) e sub de broca (SUB), determine:

a) A pressão de bombeio ao final da fase de 26".
b) A pressão atuando no fundo do poço ao final da fase.
c) A pressão agindo num ponto situado a 60 m acima do fundo do poço, também, ao final da fase.

Resposta: a) 1431 psi; b) 742 psi; c) 653 psi.

52. Uma coluna de revestimento de 5 1/2" está sendo cimentada em um poço com 8,5 in de diâmetro. As propriedades da pasta de cimento são:

Massa específica:	15,7 lb/gal
Viscosidade plástica:	55,0 cP
Limite de escoamento:	138,0 lbf/100 ft^2

Determine:

a) Qual a vazão da bomba, em gpm, que tornará o fluxo turbulento no espaço anular.

b) A perda de carga, em psi por cada 1000 ft de cimento no anular, para uma vazão de 748 gpm.

Resposta: (a) 57,3 e (b) 274 psi/1000 ft

53. A profundidade de perfuração de um poço de 9 7/8" de diâmetro é de 3048 m. A velocidade de retorno da lama no espaço anular formado pelo poço e pelos tubos de perfuração é 135 ft/min.

    Determine a pressão de injeção neste momento e a pressão agindo no fundo do poço durante a circulação do fluido.

Dados da perfuração

Tubos (DP's) de 5" – 19,5 lb/ft – (D.I. = 4,276")

Comandos (DC's) 7 3/4" – (D.I. = 3"), 121,9 m de comprimento

Broca com 3 jatos de 3/8" (3x 12")

Equipamento de sup. Tipo IV: ΔP_s = 31 psi

Dados do fluido de perfuração

Massa específica:	12,0 lb/gal
Viscosidade plástica:	43,0 cP
Limite de escoamento:	20,0 lbf/100 ft²

Resposta: 2771 psi e 6511 psi

54. Depois de uma coluna de revestimento ser descida num poço, geralmente o fluido é circulado durante um certo tempo para condicionar o poço para a cimentação. Embora possa variar de área para área, uma prática normal é circular numa vazão que não exceda o valor da velocidade de retorno durante a perfuração, a fim de minimizar as pressões no poço aberto. Considere os dados e resultados do problema anterior e determine:

    a) Qual a vazão aconselhável para o condicionamento do poço, com uma coluna de revestimento de 7" descida a 3048 m?

    b) Qual a pressão atuante no fundo do poço durante o condicionamento do mesmo?

    c) Suponha agora um condicionamento do fluido antes da descida do revestimento até a profundidade de 3048 m. Manteve-se a massa específica do fluido (12,0 lb/gal), reduzindo-se a viscosidade plástica e o limite do escoamento para 35 cP e 5 lbf/100 ft², respectivamente. Nestas condições, qual a pressão atuante no fundo do poço, para a mesma vazão de circulação.

Resposta: (a) 267 gpm; (b) 6705 psi; (c) 6422 psi

55. A fase de 12 1/4" do poço 1-XYZ-NZ-BB foi perfurada com um fluido à base de água até a profundidade de 2348 m. Os seguintes dados foram registrados no BDP.

    Dados de Perfuração:

    Prof. final da fase: 2348 m

    Sapata do rev. de 13 3/8" (D.I.=12,415")-68 lb/pé: 1800 m

    Vazão de bombeio: 560 gal/min

    Jatos da broca: 3 x 14/32"

    Equipamento de sup. Tipo IV: $\Delta P_S = 43$ psi

    Composição da coluna: Broca 12 1/4"; SBT; 1 DC 9 5/8"x2 13/16";
    SBT; DC 9 5/8" x 2 13/16"; SBT; c DC's 8 1/4" x 2 7/8";
    6 DC's 6 1/2" x 2 7/8"; 6 HWDP's 5" x 3";
    DP's 5" x 4,276".

    Dados do Fluido de Perfuração:

    $\theta_{600} = 55$ graus; $\theta_{300} = 35$ graus

    Massa específica: 10,1 lb/gal

    Desprezando-se o comprimento dos estabilizadores (STB's) e considerando cada tubo e cada comando com 30 ft de comprimento, determine:

    a) A pressão de bombeio na profundidade final.
    b) A pressão hidrostática na formação e a pressão de fundo de poço durante a circulação nesta profundidade.
    c) A pressão atuante na sapata do revestimento ao final desta fase.

    Resposta: (a) 2566 psi; (b) 4100 psi; e (c) 3140 psi

56. Um fluido de fraturamento com densidade 8,22 lb/gal possui um índice de fluxo $n = 0,508$ e um índice de consistência $K_p = 0,0453$ lbf.seg$^{n'}$/ft². Este fluido, sob a

forma de pré-gel, está sendo bombeado com uma vazão de 22 gal/min através de um tubo de aço com diâmetro nominal de 3/4" (D.I. = 0,742"). Calcule:

(a) A velocidade média de fluxo e o número de Reynolds.

(b) A perda de carga em psi/100 ft de tubo.

(c) A tensão de cisalhamento na parede do tubo e o gradiente de velocidade correspondente.

Resposta: (a) 16,32 ft/s e 1840; (b) 99,4 psi/100 ft; (c) 2,213 lbf/ft^2 e 2621 s^{-1}.

57. Usando um viscosímetro capilar com diâmetro interno de 0,278" e comprimento de 6,95', foram obtidos os seguintes resultados para um fluido de densidade 8,22 lb/gal.

Vazão (Q x 10³) pé/min	Perda de carga psi	Vazão (Q x 10³) ft/min	Perda de carga psi
2,511	2,31	60,260	11,38
5,859	3,85	89,560	13,45
10,460	4,74	115,900	16,00
13,390	5,39	151,100	18,19
24,690	7,08	202,800	21,33
40,590	9,18	223,900	22,58

(a) Para cada vazão, calcule a tensão cisalhante desenvolvida na parede do capilar (τ_ω) e o parâmetro 8v/D.

(b) Prepare um gráfico log-log de τ_ω *versus* (8v/D) e determine os parâmetros n e K$_p$ para o fluido em questão.

(c) Se este fluido fosse bombeado a uma vazão de 15 gal/min através de uma coluna de diâmetro interno igual a 2,441", qual a perda de carga em psi/1000 ft?

(d) Determine o parâmetro K$_a$ usando um gráfico ou figura de correlação.

(e) Para uma vazão de 600 gal/min num espaço anular formado por um revestimento de 6,184" de diâmetro interno e uma coluna de 2,875 de diâmetro externo, qual a perda de carga em psi/1000 ft?

Resposta: (a) (8v/D) = 13,655 (Q . 10³); (b) 0,508 e 0,045 lbf . s^n/ft^2; (c) 1047 psi/1000 ft; (d) 0,0496 lbf.s^{0,508}/ ft^2 (e) 93 psi/1000 ft.

58. Deseja-se cimentar uma coluna de revestimento de 9 5/8" – 40 lb/ft – D.I. = 8,835", cuja sapata se encontra a uma profundidade de 2800 m, descida num poço cujo

diâmetro médio é 12,5". O topo do cimento deve ficar a 2300 m. À frente da pasta de cimento, serão deslocados 10 bbl de água.

Outros Dados:

Revestimento anterior: 13 3/8" – 68 lb/pé – LL (D.I. = 12,415")
com sapata assentada a 1700 m.

Capacidade do anular poço x rev. 9 5/8":   0,0618 bbl/ft

Vazão de deslocamento: 1400 gal/min

Propriedades dos Fluidos:

Água: viscosidade 1,0 cP e massa específica 8,34 lb/gal.

Fluido de perf.: μ_p = 29 cP; τ_l = 22 lbf/100 ft² e densidade 9,7 lb/gal.

Pasta de cimento – n = 0,30 e K_a = 0,166 lbf.s^n/ft²; massa específica 13,6 lb/gal.

Admitindo-se que o fluido de perfuração e a pasta de cimento se enquadrem bem nos modelos Binghamiano e de Potência respectivamente, calcule a pressão atuando no fundo do poço e a densidade equivalente neste ponto, bem como a pressão agindo na sapata do revestimento de 13 3/8" e a massa específica equivalente. Para os dois casos, considerar o instante em que a pasta atingir sua posição definitiva no anular, ou seja, quando o seu topo se localizar nos 2300 m de profundidade.

Resposta: 5793 psi e 12,1 lb/gal; 3359 psi e 11,6 lb/gal

59. Está se perfurando um poço com um fluido de perfuração à base água, disperso, viscosificado com bentonita. Os parâmetros reológicos conforme o Boletim de Fluido de Perfuração (BFP) são: viscosidade plástica (μ_p) = 22 cP e limite de escoamento (τ_L) = 18 lbf/100 ft².

A estimativa das perdas de carga por fricção no escoamento do fluido através 10000 ft de tubos com 5"(D.E.) e 4,276" (D.I) resultou em 440 psi. As perdas de carga no espaço anular do poço com 9,875" de diâmetro nominal, com a mesma extensão, resultou em 137 psi.

Determine as tensões cisalhantes nas paredes do cilindro interno do viscosímetro Fann V.G. Metter mod. 35, que foi utilizado para a determinação dos parâmetros reológicos adotando o "método convencional de dois pontos". Determine também as tensões cisalhantes nas paredes da tubulação, internamente e no espaço anular. Comente sobre a aplicabilidade do modelo considerado, para os cálculos referentes ao escoamento desse fluido.

Resposta: 42,0 e 66,2 lbf/100 ft²; e 56,5 e 20,0 lbf/100 ft²

60. Assinale o(s) parâmetro(s) que pode(m) ser alterado(s), do ponto de vista prático, para aumentar a capacidade de carreamento (e eficiência de limpeza) dos cascalhos no espaço anular do poço. Comente sua escolha.

   ( ) Velocidade média de fluxo.
   ( ) Diâmetro equivalente do cascalho.
   ( ) Densidade do fluido de perfuração.
   ( ) Viscosidade efetiva do fluido.
   ( ) Densidade dos sólidos perfurados.
   ( ) Perda de carga no espaço anular.
   ( ) Densidade equivalente de circulação.
   ( ) Força gel do fluido de perfuração.

61. A fase IV do poço N-X-MMM-Ba foi perfurada (quase toda ela testemunhada) com broca de diamante de 8 15/32". O fluido circulante, uma emulsão inversa a base de óleo sintético (n-parafina), apresentou as seguintes características:

   ♦ **REOLOGIA**: (Viscosímetro Fann mod. 35A)

Rotação, rpm	600	300	200	100	6	3
Deflexão, grau	28,5	22,5	19,5	18,5	11,0	9,0

   ♦ **DENSIDADE**:
   $\rho = 9{,}1$ lb/gal

   ♦ **RAZÃO ÓLEO/ÁGUA**: ROA = 63/37

   ♦ **GÉIS**: $G_0/G_{10} = 9{,}0/10{,}0$

   a) Determine a viscosidade equivalente do fluido no espaço anular entre o revestimento de 9 5/8" (DI = 8,681") e os tubos de perfuração de 5" (DI = 4,276"), sabendo-se que a vazão de bombeio era 270 gal/min. Determine também a viscosidade equivalente no interior dos tubos de perfuração.

   b) Determine a eficiência de remoção dos sólidos no anular, considerando que estes têm densidade 2,5 e diâmetro equivalente médio estimado em 0,25 in.

   Resposta: (a) 62,0 e 110,0 cp

62. Um fluido viscosificado com polímero foi testado no viscosímetro Fann V.G. metter, mod. 35 A com mola de torção F-1 e combinação R1–B1, fornecendo os seguintes resultados:

γ_b, s^{-1}	1000	511	340	170	10	5
μ_e, cP	9	11	13	16,5	44	60

Pergunta-se:

a) Como pode esse fluido ser classificado? Justifique.

b) Quais os valores dos parâmetros reológicos deste fluido, de acordo com o modelo que melhor se correlacione com os resultados experimentais obtidos?

c) Qual a viscosidade equivalente, em cP, desse fluido, quando ele estiver escoando em um espaço anular com a seguinte geometria: revestimento de 7" (D.I. = 6.456") e tubos de 2 7/8" (D.I. = 2,441"). A vazão de bombeamento é 200 gal/min?

d) Qual a taxa de remoção, definida por $R_t = v_r/v_a$ (v_r – velocidade de remoção das partículas sólidas), desse fluido, considerando os parâmetros de fluxo do item anterior, em relação a um material corpuscular esférico com diâmetro equivalente igual a 0,05"? Considere regime de queda laminar. O material a ser removido tem densidade relativa igual a 2,50 e o fluido 1,15.

Resposta: (b) 0,62 e 7,95 lbf.s^n/100 ft^2; (d) 97,0 %

63. Quando a broca atingiu a profundidade de 3000 metros no poço 1-XYZ-00, tinha-se a seguinte distribuição de perdas de carga no sistema de circulação da sonda:

– equipamento de superfície: 50 psi;

– interior dos tubos de perfuração: 400 psi;

– interior dos comando: 150 psi;

– anular comando-poço: 80 psi;

– anular tubos de perfuração-poço: 200 psi;

São conhecidos ainda:

– pressão de injeção: 2000 psi;

– comprimento dos comandos: 140 m;

– último revestimento: sapata a 2100 m;

– gradiente estático do fluido: 0,53 psi/ft;

– vazão de bombeio do fluido: 480 gal/min.

Determine, então, para este instante:

a) A perda de carga na broca e o percentual de potência útil (dissipada na broca).

b) A pressão agindo num ponto 40 metros acima do fundo do poço no espaço anular.

a) A pressão atuante num equipamento de medida de inclinação, situado dentro dos comandos, logo acima da broca.

64. Durante a perfuração de um poço vertical, obteve-se o seguinte quadro:

I – Do Fluido de Perfuração

Massa específica	10,4 lb/gal
Viscosidade plástica	26,0 cP
Limite de escoamento	20,0 lbf/100 ft²
Gel inicial (θ_3)	6,0 lbf/100 ft²
Gel final	14,0 lbf/100 ft²

II – Da Perfuração e Hidráulica

Profundidade atual da broca	2015 m
Vazão de bombeio	441 gal/min
Prof. da sapata do último rev. de 13 3/8(DI = 12,515)	1628 m
Comprimento total dos comandos de 8"(DI = 3,0")	218 m
Tubos de perfuração de 5" (DI = 4,276")	
Pressão de bombeio	1800 psi

III – Perdas de Carga

No equipamento de superfície	40 psi
No interior dos tubos de perfuração	380 psi
No interior dos comandos	120 psi
No espaço anular poço-comando	30 psi
No espaço anular poço-tubos	12 psi
No espaço anular revestimento-tubos	140 psi

Determine:

a) As densidades equivalentes de circulação, em lb/gal, relativas ao fundo do poço e à sapata do revestimento.

b) As pressões atuantes nos arenitos a 1350 e 1700 m de profundidade.

c) Faça uma avaliação da eficiência de remoção dos cascalhos, sabendo-se que a densidade e o diâmetro equivalente são 2,4 e 0,25 in, respectivamente.

Resposta: (a) 10,93 e 10,90; (b) 0,0 e 3161; (c) 81,7%.

65. Um poço em circulação, revestido até 2000 m com revestimento de 9 5/8"(DI = 8,755"), apresentou o seguinte quadro de dados:

   I – Do Fluido de Perfuração

Massa específica	12,5 lb/gal
Viscosidade plástica	23,0 cP
Limite de escoamento	18,0 lbf/100 ft²
Gel inicial (θ_3)	5,5 lbf/100 ft²
Gel final	14,0 lbf/100 ft²

   II – Da Perfuração e Hidráulica

Pressão de injeção	2400 psi
Vazão	250 gal/min
Profundidade do poço (broca de 8 1/2")	2350 m
Comprimento total dos comandos de 6 3/4"	350 m
Tubos de perfuração de 4,5" (DI = 3,826")	
Perdas de carga:	
No equipamento de superfície	100 psi
No interior dos tubos	700 psi
No interior dos comandos	290 psi
No anular dos comandos	71 psi
No anular dos tubos	385 psi

   Determine:

   (a) A perda de carga na broca e a densidade equivalente de circulação no fundo do poço.

   (b) As pressões atuantes em uma formação a 1860 m e no fundo do poço.

   (c) E a taxa de transporte dos cascalhos, em %.

   Resposta: (a) 854 e 13,6

66. Um fluido de completação, viscosificado com polímero, foi testado em viscosímetro rotativo Fann V.G. Metter, mod. 35A, fornecendo o resultado gráfico da figura abaixo:

   (a) Esse fluido pode ser classificado como:
   - modelo de potência generalizado;
   - modelo de potência com limite de escoamento;
   - modelo de potência, pseudo-plástico;
   - modelo de potência, dilatante;

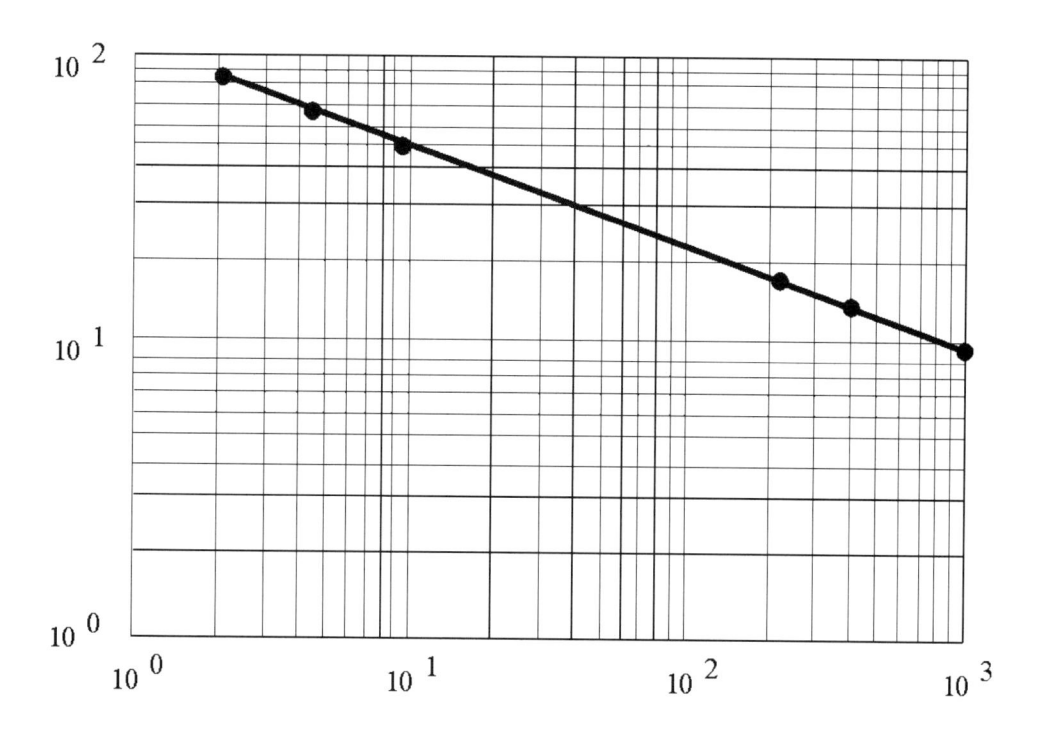

(b) Determine os valores de n e K_v, em $lbf.s^n/100\ ft^2$, desse fluido.

(c) Qual a viscosidade equivalente desse fluido quando ele estiver escoando em um espaço anular com a seguinte geometria: revestimento de 7" (D.I. = 6,456") e tubos de 2 7/8" – (D.I. = 2,441"), com vazão de bombeio igual a 200 gal/min.

Resposta: (b) 0,620 e 7,450; (c) 19,0 cP

67. Deseja-se perfurar um trecho de uma formação, cujo gradiente de pressão de poros máximo é 0,442 psi/ft e gradiente de fratura mínimo é 0,473 psi/ft.

(a) Estabeleça os valores-limites da massa específica do fluido, em lb/gal, para perfurar tal formação.

(b) Durante a perfuração de tal formação, espera-se operar com os seguintes parâmetros: vazão de bombeio – 441 gpm, massa especifica do fluido na sucção – 8,7 lb/gal, broca de 12 ¼" (0,4784 bbl/m), fator vol. de alargamento – 1,2, densidade média dos sólidos perfurados – 2,60. Defina a taxa de penetração máxima, em ft/min.

(c) Defina também a taxa de penetração máxima, em ft/min, considerando que o valor-limite para o teor de cascalhos no anular é de 5,0% em vol. Analise e comente.

Resposta: (a) 8,5 a 9,1 ; (b) 1,9; (c) 3,2

APÊNDICE A

Fluxo Laminar em Tubo e Anular Circular

Considerando o fluxo laminar e estacionário, através de tubo e anular, conforme figuras 55 e 62, podemos escrever que a somatória das forças que atuam num certo volume de controle é nulo:

$$\Sigma F = F_1 + F_2 + F_3 + F_4 = 0 \tag{A-01}$$

Sendo F_1, F_2 as forças exercidas pelo fluido nos pontos de entrada e saída, respectivamente, e F_3, F_4 as forças friccionais exercidas pelas camadas de fluido adjacentes à camada de interesse, respectivamente. As expressões para cada força da equação A-01, permite escrever:

$$(2\pi r \Delta r) P - (2\pi r \Delta r)\left(P - \frac{dP}{dL}\Delta L\right) + (2\pi r \Delta L)\tau - 2\pi \Delta L\,(r + \Delta r)\left(\tau - \frac{d\tau}{dr}\Delta r\right) = 0 \tag{A-02}$$

Expandindo esta equação e dividindo por $(2\pi r \Delta r \Delta l)$, para o limite $\Delta r \to 0$, gera:

$$\frac{dP}{dL} - \frac{1}{r}\left(\frac{d(\tau r)}{dr}\right) = 0 \tag{A-03}$$

Como dP/dL não é uma função de **r**, então a equação A-03 pode ser integrada em relação a **r**, separando as variáveis:

$$\int d(\tau r) = \frac{dP}{dL}\int r\,dr \tag{A-04}$$

Resolvendo a integral, temos:

$$\tau = \frac{r}{2}\cdot\frac{dP}{dL} + \frac{C_1}{r} \tag{A-05}$$

onde C_1 é uma constante de integração. Observe que no caso especial do fluxo em tubos, a constante C_1 deve ser igual a zero se a tensão é finita no raio: r = 0.

A taxa de cisalhamento γ pode, então, ser expressa por:

$$\gamma = -\frac{dv}{dr} \tag{A-06}$$

(I) Modelo Newtoniano ($\tau = \mu\gamma$)

$$\tau = \mu\left(-\frac{dv}{dr}\right) \tag{A-07}$$

Combinando as equações A-05 e A-07, vem:

$$-\mu\frac{dv}{dr} = \frac{r}{2}\frac{dP}{dL} + \frac{C_1}{r} \tag{A-08}$$

Separando as variáveis e resolvendo a integral:

$$v = \frac{r^2}{4\mu}\frac{dP}{dL} - \frac{C_1}{\mu}\ell n\, r + C_2 \tag{A-09}$$

onde C_2 é a segunda constante de integração.

Assumindo que em $r = r_1$ e $r = r_2$, as camadas adjacentes de fluido têm velocidade igual a zero. Usando estas condições de contorno, temos que:

$$C_1 = -\frac{1}{4}\cdot\frac{dP}{dL}\cdot\frac{(r_2^2 - r_1^2)}{\ell n\,(r_2/r_1)} \quad \text{e} \quad C_2 = \frac{1}{4\mu}\cdot\frac{dP}{dL}\left[\frac{(r_2^2\,\ell n\,r_1 - r_1^2\,\ell n\,r_2)}{\ell n\,(r_2/r_1)}\right]$$

Substituindo estas expressões na equação A-09, temos:

$$v = \frac{1}{4\mu}\frac{dP}{dL}\left[(r_2^2 - r) - r_2^2 - r_1^2\,\frac{\ell n\,(r_2/r)}{\ell n\,(r_2/r_1)}\right] \tag{A-10}$$

Note que quando $r_1 \to 0$, o segundo termo da equação A-10 tende também a zero. Então:

$$v = \frac{1}{4\mu}\cdot\frac{dP}{dL}\left(r_2^2 - r_1^2\right) \tag{A-11}$$

A vazão global pode ser obtida pelo somatório do fluxo contido em cada camada de fluido. Então:

$$Q = \int v\,(2\pi r)\,dr = \frac{2\pi}{4\mu}\frac{dP}{dL}\int_{r_1}^{r_2}\left[(r_2^2 r - r^3) - (r_2^2 r - r_1^2 r)\,\frac{\ell n\,(r_2/r)}{\ell n\,(r_2/r_1)}\right]dr \tag{A-12}$$

Integrando a equação A-12, tem-se:

$$Q = \frac{\pi}{8\mu} \frac{dP}{dL} \left[r_2^4 - r_1^4 - \frac{(r_2^2 - r_1^2)^2}{\ln(r_2/r_1)} \right] \qquad (A-13)$$

Para escoamento no anular a vazão é definida pelo produto da velocidade média vezes a área de seção transversal:

$$Q = \pi (r_2^2 - r_1^2) \bar{v} \qquad (A-14)$$

Substituindo a equação A-14 na equação A-13, gera:

$$\frac{dP}{dL} = \frac{8\mu \bar{v}}{\left[r_2^2 + r_1^2 - \left(\frac{r_2^2 - r_1^2}{\ln(r_2/r_1)} \right) \right]} \qquad (A-15)$$

No limite $r_1 \to 0$, a equação A-15, fica:

$$\frac{dP}{dL} = \frac{8\mu \bar{v}}{r^2} = 32 \left(\frac{\mu \bar{v}}{D} \right) \qquad (A-16)$$

onde **D** é o diâmetro do tubo, μ é a viscosidade do fluido e $\bar{v}$ é a velocidade média de fluxo.

A equação A-16 é a lei de Hagen-Poiseuille, freqüentes nos compêndios de mecânica dos fluidos, para tubos circulares.

O máximo valor da taxa de cisalhamento ocorre na parede do tubo. A tensão cisalhante para tubo circular é dada pela equação A-05 com $C_1=0$. Então, a tensão cisalhante na parede (τ_w) onde $r = r_w$ é dada por:

$$\tau_w = \frac{r_w}{2} \cdot \left(\frac{dP}{dL} \right) \qquad (A-17)$$

Combinando A-16 e A-17, temos:

$$\tau_w = \frac{r_w}{2} \left(\frac{8\mu \bar{v}}{r_w^2} \right) = \frac{4\mu \bar{v}}{r_w} \qquad (A-18)$$

A taxa de cisalhamento na parede do tubo pode ser obtida, usando a definição do modelo Newtoniano ($\tau = \mu\gamma$). Então:

$$\gamma_w = \frac{\tau_w}{\mu} = \frac{4\mu\bar{v}}{r_w \cdot \mu} = \frac{4\bar{v}}{r_w} = \frac{8\bar{v}}{D}; \gamma_w = \frac{8\bar{v}}{D} \tag{A-19}$$

A solução aproximada para o fluxo no espaço anular de tubos concêntricos pode ser encontrada transformando esta geometria em uma geometria retangular semelhante a duas placas paralelas, conforme figuras 59 e 60. As equações obtidas são mais simples e produzem valores com razoável aproximação, principalmente quando $r_1/r_2 > 0,3$. A área do espaço anular desta fenda retangular, de altura **e** e largura **w** equivalente ao anular circular de raios **r₂** e **r₁**, é:

$$S = w \cdot e = \pi (r_2^2 - r_1^2) \tag{A-20}$$

onde $e = \mathbf{r_2} - \mathbf{r_1}$. Se considerarmos um elemento de fluido tendo largura ΔL e espessura Δy, as forças de pressão exercida pelo fluido nos pontos de entrada e saída serão expressos por:

$$F_1 = Pw\Delta y \tag{A-21}$$

$$F_2 = P_2 \, w\Delta y = \left(P - \frac{dP}{dL}\Delta L\right) w\Delta y \tag{A-22}$$

As forças de fricção exercidas pelas camadas de fluidos adjacentes serão:

$$F_3 = \tau \, w \, \Delta L \tag{A-23}$$

$$F_y = (\tau_{y+\Delta y}) \, w\Delta L = \left(\tau + \frac{dr}{dy}\Delta y\right) w\Delta L \tag{A-24}$$

Em fluxo estacionário, o somatório das forças é nulo. Portanto:

$$F_1 + F_2 + F_3 + F_4 = 0$$

$$P \, w\Delta y - \left(P - \frac{dP}{dL}\Delta L\right) w\Delta y + \tau \, w\Delta L - \left(\tau + \frac{d\tau}{dy}\right) w\Delta L = 0 \tag{A-25}$$

Expandindo esta expressão e dividindo por ($w\Delta L\Delta y$), tem-se:

$$\frac{dP}{dL} - \frac{d\tau}{dy} = 0 \tag{A-26}$$

Separando as variáveis e integrando, considerando que dP/dL não é função de y, temos:

$$\tau = y \frac{dP}{dL} + \tau_o \tag{A-27}$$

onde τ_o é a constante de integração que corresponde à tensão de cisalhamento a y = 0.

Usando a definição de taxa de cisalhamento ($\gamma = -dv/dy$), e considerando o modelo Newtoniano, tem-se:

$$\tau = \mu\gamma = -\mu \left(\frac{dv}{dy}\right) = y \frac{dP}{dL} + \tau_o \tag{A-28}$$

Separando as variáveis e integrando.

$$v = -\frac{y^2}{2\mu} \frac{dP}{dL} - \frac{\tau_o y}{\mu} + v_o \tag{A-29}$$

onde v_o é a segunda constante de integração que corresponde à velocidade quando y = 0.

Considerando que o fluido adere às paredes da fenda retangular, então $v_o = 0$, quando y = 0 e y = e. Aplicando estas condições de contorno, encontramos que as constantes de integração são:

$$\tau_o = -\frac{e}{2} \cdot \frac{dP}{dL} \qquad e \qquad v_o = 0 \tag{A-30}$$

Substituindo a expressão A-30 na equação A-29, tem-se:

$$v = \frac{1}{2\mu} \frac{dP}{dL} (ey - y^2) \tag{A-31}$$

A vazão é dada por:

$$Q = vdA = vwdy = \frac{w}{2\mu} \cdot \frac{dP}{dL} \int_o^h (ey - y^2) dy \tag{A-32}$$

Integrando a equação A-32, vem:

$$Q = \frac{we^3}{12\mu} \cdot \frac{dP}{dL} \tag{A-33}$$

Substituindo a expressão A-20 em A-33, e considerando $e = r_2 - r_1$

$$Q = \left(\frac{\pi}{12\mu}\right)\frac{dP}{dL}(r_2^2 - r_1^2) \cdot (r_2 - r_1)^2 \qquad (A-34)$$

que, em termos de velocidade média de fluxo $\bar{v}$, fica:

$$\frac{dP}{dL} = \frac{12\mu \cdot \bar{v}}{(r_2 - r_1)^2} = \frac{48 \cdot \mu \cdot \bar{v}}{(D_2 - D_1)^2} \qquad (A-35)$$

A tensão cisalhante à parede do espaço anular por aproximação de fenda equivalente pode ser determinada usando a expressão A-27:

$$\tau_{wa} = \frac{e}{2} \cdot \left(\frac{dP}{dL}\right) = \frac{(r_2 - r_1)}{2}\frac{dP}{dL} \qquad (A-36)$$

Substituindo a expressão A-35 em A-36, vem:

$$\tau_{wa} = \frac{(r_2 - r_1)}{2}\left(\frac{12\mu\bar{v}}{(r_2 - r_1)^2}\right) \qquad (A-37)$$

Então, para fluido Newtoniano em fluxo laminar, a taxa de cisalhamento será:

$$\gamma_{wa} = \frac{\tau_{wa}}{\mu} = \frac{6\bar{v}_a}{(r_2 - r_1)} = \frac{12\bar{v}_a}{D_2 - D_1} \qquad (A-38)$$

APÊNDICE B

Fluxo Laminar Entre Cilindros Concêntricos
(Modelo Couette)

Considerando fluxo laminar e estacionário, a velocidade do fluido em uma camada qualquer, distante de um **r** do eixo axial do modelo de fluxo da figura 33, é:

$$v = r \cdot \omega \tag{B-01}$$

onde ω é a velocidade angular, na posição **r**. Então, a mudança de velocidade com o raio pode ser escrita pela equação diferencial:

$$\frac{dv}{dr} = r\left(\frac{d\varpi}{dr}\right) + \varpi \tag{B-02}$$

Se o fluido se desloca como um "tampão", isto é, sem deslocamento relativo entre as camadas, o gradiente de velocidade é:

$$\frac{dv}{dr} = \varpi \tag{B-03}$$

Então, a taxa de cisalhamento, devido ao deslizamento relativo entre as camadas de fluido, será:

$$\gamma = \frac{dv}{dr} = r\frac{d\varpi}{dr} \tag{B-04}$$

Modelo Newtoniano

$$\tau = \mu\gamma = \mu r \left(\frac{d\varpi}{dr}\right) \tag{B-05}$$

Considerando que o torque, no eixo axial, Tq, é definido por:

$$Tq = \tau(2\pi rh)\, r \tag{B-06}$$

e que o mesmo é proporcional à leitura de deflexão (θ) no viscosímetro, isto é:

$$Tq = k \cdot \theta \qquad (B\text{-}07)$$

onde k é a constante linear de mola. Então:

$$\tau = \frac{k\,\theta}{2\pi h r^2} \qquad (B\text{-}08)$$

Combinando as equações B-08 e B-05, gera:

$$\frac{d\varpi}{dr} = \frac{k\,\theta}{2\pi h r^3 \mu} \qquad (B\text{-}09)$$

Considerando que não há deslizamento na parede do cilindro externo, de raio r_2 e que a velocidade angular (ω_1) é zero no cilindro interno de raio r_1, podemos escrever:

$$\int_o^\varpi d\varpi = \frac{k\theta}{2\pi h \mu} \int_{r_1}^{r_2} \frac{dr}{r^3} \qquad (B\text{-}10)$$

Resolvendo a integral acima e explicitando a equação B-10 para a viscosidade (μ), gera:

$$\mu = \frac{k\,\theta}{4\pi h \varpi_2}\left(\frac{1}{r_1^2} - \frac{1}{r_2^2}\right) \qquad (B\text{-}11)$$

A variação de cisalhamento pode ser calculada pela equação B-12, a seguir, obtida combinando as equações B-09 e B-11.

$$\frac{d\omega}{dr} = \left[\frac{4\omega_2)}{2r^3\left((1/r_1^2) - (1/r_2^2)\right)}\right] \qquad (B\text{-}12)$$

onde (ω_2) é a velocidade angular do cilindro externo do viscosímetro rotativo.

Modelo Binghamiano e outros não-Newtonianos

Desenvolvimento similar ao anterior encontra a solução a partir da equação de cada modelo não-Newtoniano:

$\tau = \mu_p \gamma + \tau_L$ Binghamiano

$\tau = K\gamma^n$ Ostwald (de Potência)

$\tau = K\gamma^n + \tau_o$ Buckley-Herschell

APÊNDICE C

Fluxo Estacionário entre Placas Paralelas Circulares

A expressão da taxa de cisalhamento para o fluxo rotacional de um fluido entre placas paralelas circulares, (veja a figura 42), é:

$$\gamma = \frac{r \cdot \varpi}{e} \qquad \text{C-01)}$$

onde **r** é o raio da placa circular, ϖ é a velocidade angular, e **e** é a distância entre as placas (ou gap). Assumindo campo de fluxo circular uniforme a uma posição definida, a tensão cisalhante em função do raio pode ser expressa por:

$$\tau_r = \mu\gamma = \frac{\mu r \varpi}{e} \qquad \text{(C-02)}$$

onde μ é a viscosidade. Conseqüentemente, a tensão e taxa de cisalhamento nas bordas da placa são definidas por:

$$\tau_R = \frac{\mu \cdot R \cdot \varpi}{e} \qquad \text{(C-03)}$$

e $\qquad \gamma = \frac{R \cdot \varpi}{e} \qquad \text{(C-04)}$

O torque resultante da taxa de cisalhamento, medido por deflexão ou transdutor, é definido pela integral:

$$T_q = \int_0^R 2\pi r^2 \tau_r \, dr \qquad \text{(C-05)}$$

A solução da equação C-05 depende do modelo de fluxo assumido.

Para Fluido Newtoniano

Como a viscosidade é independente da taxa de cisalhamento, substituindo a equação C-02 na equação C-05 e resolvendo a integral, teremos:

$$T_q = \frac{\pi \cdot \mu \cdot \varpi \cdot R^4}{2e} \tag{C-06}$$

Substituindo a equação C-03 na equação C-06, temos:

$$(\tau_R)_{NEW} = \frac{2 \cdot T_q}{\pi \cdot R^3} \tag{C-07}$$

Daí, por observação da equação C-07, vemos que da medida de Torque (Tq) no viscosímetro rotativo de placas circulares, podemos calcular a tensão à borda da placa e registrá-la como função da taxa de cisalhamento, também à borda, dada pela expressão C-04.

Para o Fluido de Ostwald (ou de Potência)

A equação geral do fluido de Potência é:

$$\tau = K\gamma^n \tag{C-08}$$

Substituindo a equação C-01 na equação C-08, temos:

$$\tau_r = K \left(\frac{r \cdot \varpi}{e} \right)^n \tag{C-09}$$

Substituindo a equação C-09 na equação C-05 e integrando, resulta:

$$T_q = \left(\frac{2}{3+n} \right) \pi R^3 \cdot K \left(\frac{\varpi \cdot R}{e} \right)^n \tag{C-10}$$

Considerando a equação C-09 à borda de placa e substituindo na equação C-10, temos:

$$T_q = \left(\frac{2}{3+n} \right) \pi R^3 \cdot \tau_R \tag{C-11}$$

O expoente da equação C-08, isto é, o índice de fluxo (n), é definido pela equação diferencial:

$$n = \frac{d[\ln \tau_R]}{d[\ln \gamma_R]} = \frac{d[\ln T_q]}{d[\ln \gamma_R]} \qquad \text{(C-12)}$$

Resultando, daí, a expressão:

$$\tau_R = \frac{2Tq}{\pi R^3} \left\{ \frac{3}{4} + \left(\frac{1}{4}\right) \frac{d[\ln T_q]}{4d[\ln \gamma_R]} \right\} \qquad \text{(C-13)}$$

Ou, em termos de tensão newtoniana:

$$\tau_R = (\tau_R)_{NEW} \left\{ \frac{3}{4} + \frac{1}{4} \left(\frac{d[\ln Tq]}{d[\ln \gamma_R]} \right) \right\} \qquad \text{(C-14)}$$

Então, medindo o torque como função da taxa de cisalhamento, a tensão cisalhante na borda da placa pode ser calculada. Uma observação importante é que o índice de fluxo (n), pode ser ou não ser constante. Este parâmetro pode ser calculado como a tangente da curva $\ln[Tq]$ x $\ln[\gamma]$ para cada valor da taxa de cisalhamento. Observe que quando n = 1 (fluido Newtoniano), a equação C-13 simplifica-se na equação C-7. A expressão C-13 é válida somente para fluidos sem limite de escoamento.

Para Fluido de Herschell-Buckley

Este modelo corresponde a um fluido de Potência com limite de escoamento:

$$\tau = \tau_o + K \gamma^n \qquad \text{(C-15)}$$

Avaliando a solução integral da equação C-09 e combinando as equações C-08, C-09 e C-15, podemos chegar à expressão:

$$Tq = \frac{2}{3} \pi R^3 \tau_o + \left(\frac{2}{3+n}\right) \pi R^3 (\tau_R - \tau_o) \qquad \text{(C-16)}$$

Para a taxa de cisalhamento igual a zero, a tensão cisalhante é:

$$\tau_o = \frac{3 Tq_o}{2\pi R^3} \qquad \text{(C-17)}$$

onde Tq_o é o torque inicial, isto é, a força necessária para iniciar o fluxo. Rearranjando a equação C-16 e considerando a equação C-07, temos:

$$\tau_R = (\tau_R)_{NEW}\left(\frac{3+n}{4}\right) - \frac{n\tau_o}{3} \qquad (C-18)$$

Ou, em relação ao torque:

$$\tau_R = \frac{1}{2\pi R^3}\left[3.Tq + (Tq - Tq_o)\frac{d[\ell n\ Tq]}{d[\ell n\ \gamma_R]}\right] \qquad (C-19)$$

Com a expressão C-18, a tensão cisalhante pode ser calculada como função da taxa de cisalhamento, através da medida do torque. Esta expressão é a mais geral, podendo gerar todas as outras soluções: C-07 e C-13. Observe que a correção da tensão cisalhante pode ser negligenciada para altas taxas de cisalhamento, isto é, $Tq >> Tq_o$, resultando na expressão C-13 para fluido de potência.

Aplicação das Equações Deduzidas

Simule curvas de tensão cisalhante (τ_R) *versus* Torque (T_q), para fluxo entre placas paralelas circulares, considerando a equação C-04.

A figura a seguir foi construída considerando as equações do viscosímetro de placas circulares. Ela evidencia a correção da tensão cisalhante. Na ordenada da figura C-1 foram colocadas as tensões de cisalhamento Newtoniano, definida pela equação C-07. A influência do índice de fluxo nas tensões cisalhantes de dois fluidos de Potência, com n = 1,5 e n = 0,5, foram comparados com o fluido Newtoniano. Observe os afastamentos resultantes, considerando correção destes fluidos através da equação C-14.

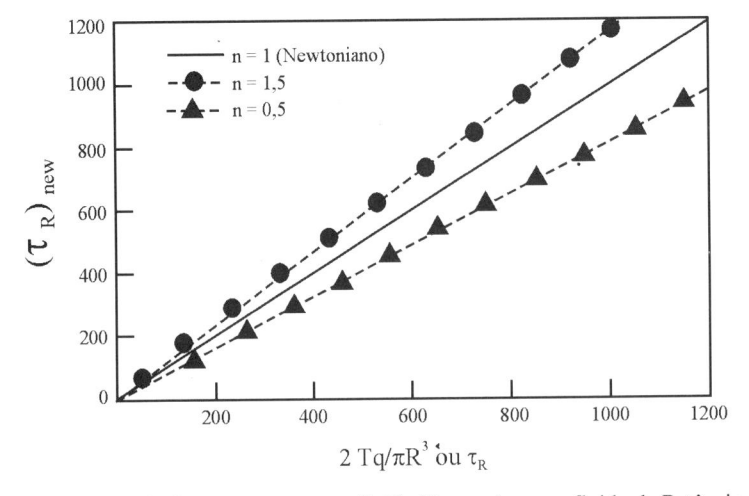

Figura C-1. Comparação entre o fluido Newtoniano e o fluido de Potência

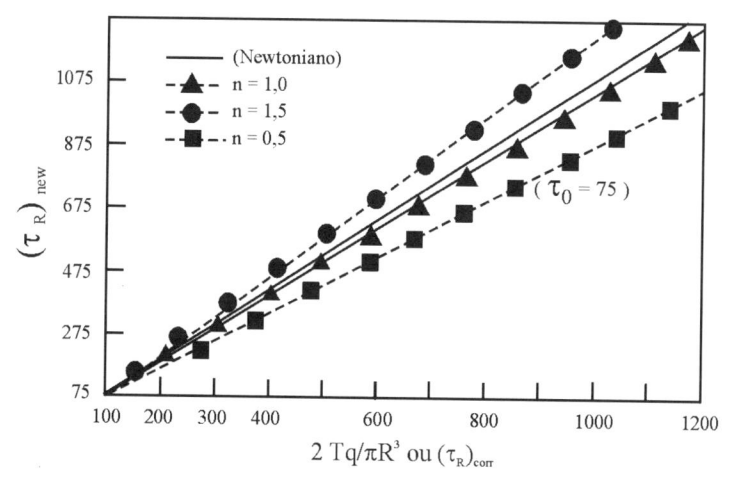

Figura C-2. Comparação entre os fluidos Newtoniano, Bingham e Potência

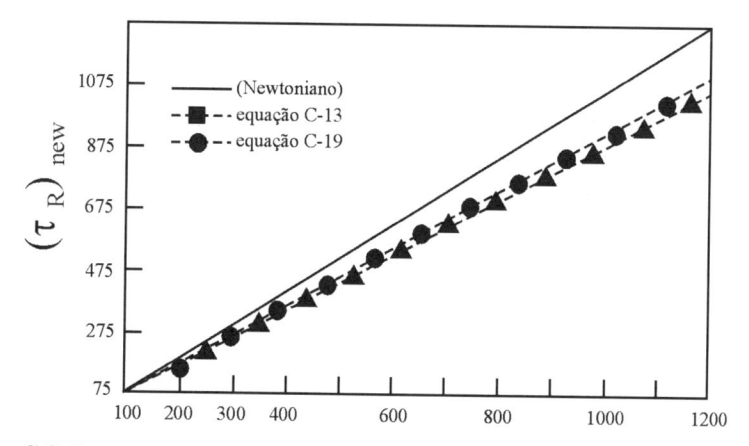

Figura C-3. Comparação entre os fluidos Newtoniano, Potência e Herschell-Buckley (τ_0=75)

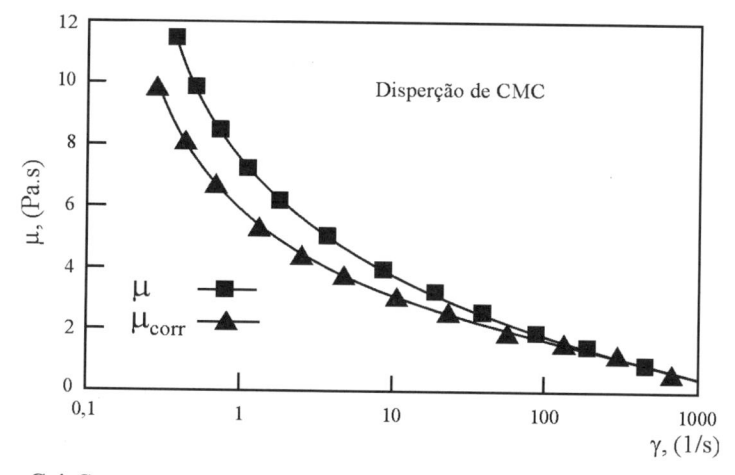

Figura C-4. Comparação entre as viscosidades "Newtoniana" e corrigida, considerando o modelo de Potência para uma dispersão de CMC.

APÊNDICE D

Equações de Determinação de Parâmetros Reológicos com Viscosímetro Fann 35A em Intervalos Definidos

Determinação da Viscosidade Aparente

Por definição, viscosidade aparente é a viscosidade de um fluido qualquer, considerando-o como Newtoniano, a aquela taxa de cisalhamento específica. Como os fluidos não-Newtonianos apresentam viscosidade variável com a taxa de cisalhamento, então este valor de viscosidade é válido somente nesta condição de cisalhamento. A equação 2.2 nos diz que $\mu_a = f(\gamma)$, como segue:

$$\mu_a = \frac{\tau}{\gamma} \tag{D-01}$$

Para o viscosímetro rotativo Fann 35A, com combinação R1-B1 e mola de torção F-1, usando as equações 3.34 e 3.36, chegaremos facilmente à relação, com os resultados de viscosidade em poise:

$$\mu_a = \frac{\tau_b}{\gamma_b} = \frac{5{,}10 \cdot \theta}{1{,}703 \cdot N} \left(\frac{\text{dina}}{\text{cm}^2 \cdot \text{s}^{-1}} \right) = 3 \cdot \left(\frac{\theta}{N} \right) \tag{D-02}$$

Daí, para se obter a viscosidade aparente, em cP, que é uma unidade mais usual, a equação fica:

$$\mu_a = 300 \cdot \left(\frac{\theta}{N} \right) \tag{D-03}$$

Determinação da Viscosidade Plástica e do Limite de Escoamento para os Fluidos Binghamianos

Seja a representação do reograma de um fluido Binghamiano, testado no viscosímetro Fann, conforme ilustra a figura D-1.

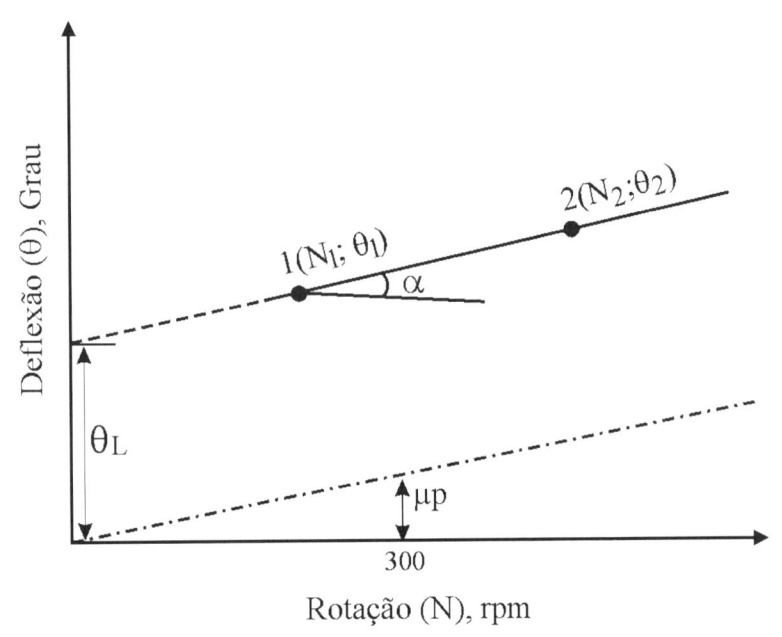

Figura D-1. Reograma do fluido Binghamiano obtido com viscosímetro rotativo Fann V.G. Meter.

A expressão para a viscosidade plástica (μ_p) pode ser encontrada por simples relação trigonométrica. Usando a equação (D-03) e observando a figura D-1, podemos escrever a igualdade:

$$\frac{\mu_p}{300} = \left(\frac{\theta_2 - \theta_1}{N_2 - N_1}\right) \qquad \text{(D-04)}$$

E, chegar a expressão a seguir:

$$\mu_p = 300 \cdot \left(\frac{\theta_2 - \theta_1}{N_2 - N_1}\right) \qquad \text{(D-05)}$$

Agora, desejamos encontrar uma expressão analítica para θ_L, que é a deflexão-limite, em grau, para iniciar o fluxo contínuo do fluido Binghamiano.

Conhecendo-se dois pontos quaisquer da reta: $1(N_1; \theta_1)$ e $2(N_2; \theta_2)$, a expressão para θ_L pode ser determinada usando-se a forma geral da equação da reta:

$$\theta = aN + \theta_L$$

Mas $a = \text{tg}\alpha = (\theta_2 - \theta_1)/(N_2 - N_1)$, então:

$$\theta = \frac{(\theta_2 - \theta_1)}{(N_2 - N_1)} N + \theta_L \qquad \text{(D-06)}$$

Como para $N = N_1$, $\theta = \theta_1$, temos:

$$\theta_1 = \frac{(\theta_2 - \theta_1)}{(N_2 - N_1)} N_1 + \theta_L \qquad \text{(D-07)}$$

Cujo desenvolvimento gera a equação:

$$\theta_L = \frac{N_2\theta_1 - N_1\theta_2}{N_2 - N_1} \qquad \text{(D-08)}$$

Usando a equação 3.27 e os parâmetros de projeto do viscosímetro Fann 35A, combinação R1-B1 e mola F-1, encontramos que a relação entre a tensão cisalhante e a leitura de deflexão é dada pela expressão 3.35.

Considerando, ainda, que a igualdade $\tau_L = \theta_L$ satisfaz para os trabalhos de rotina nos campos de petróleo, podemos escrever a equação do cálculo do limite do escoamento, em lbf/100 ft², a partir dos dados do viscosímetro Fann 35A, combinação R1-B1 e mola F-1, como:

$$\tau_L = \frac{N_2\theta_1 - N_1\theta_2}{N_2 - N_1} \qquad \text{(D-09)}$$

Determinação do Índice de Fluxo e do Índice de Consistência para Fluido de Potência

Consideraremos o fluido de Potência representado pelo reograma abaixo da figura D-2. Observe que a curva de fluxo só lineariza em papel de gráfico com escala log-log ou, então, quando em escala decimal, forem registrados os logaritmos dos valores experimentais.

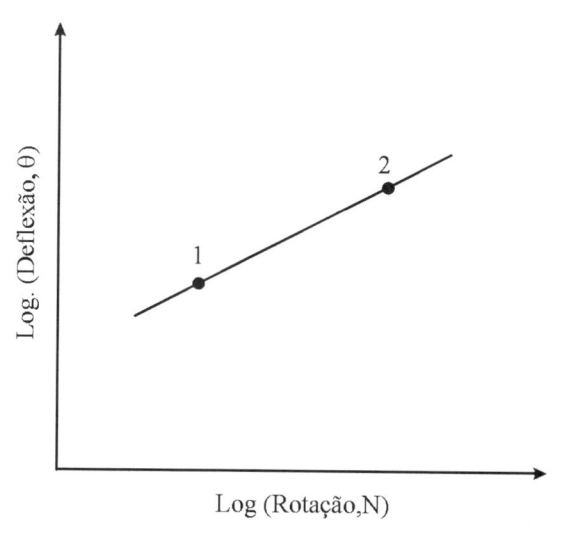

Figura D-2. Reograma do fluido de Potência obtido com viscosímetro rotativo Fann V.G. Meter.

Tomando dois pares coordenados de pontos sobre a curva de fluxo da figura D-2, o índice de comportamento, adimensional, inclinação da reta, pode ser determinado por:

$$n = \frac{\log\theta_2 - \log\theta_1}{\log N_2 - \log N_1} \tag{D-10}$$

O índice de consistência pode ser determinado a partir da equação 2.5 ($\tau = K\gamma^n$), que resulta na expressão:

$$K = \frac{\tau}{\gamma^n} \tag{D-11}$$

Portanto, utilizando as equações 3.35 e 3.36, válidas para o viscosímetro Fann mod. 35A, combinação R1-B1 e mola F-1, teremos:

$$K_v = \frac{\tau_b}{\gamma_b^n} = \frac{1,067 \cdot \theta}{(1,703N)^n} \tag{D-12}$$

onde K_v é o índice de consistência, em $lbf.s^n/100\ ft^2$.

Expressões para Determinação dos Parâmetros Reológicos com Viscosímetro Fann 35A no Intervalo Convencional API (300-600 rpm)

A viscosidade aparente, em cP, à taxa de cisalhamento de 1022 s^{-1} (600 rpm), pode ser determinada, a partir da equação 3.35, por:

$$(\mu_a)_{600} = 300\left(\frac{\theta_{600}}{600}\right) = \left(\frac{\theta_{600}}{2}\right) \tag{D-13}$$

A viscosidade plástica e o limite de escoamento, em cP e $\ell bf/100\ ft^2$ respectivamente, para um fluido plástico de Bingham, podem ser determinadas pelas equações (D-14) e (D-15), derivadas das equações (D-05) e (D-09).

$$\mu_p = 300\frac{(\theta_{600} - \theta_{300})}{(600 - 300)}$$

$$\mu_p = \theta_{600} - \theta_{300} \tag{D-14}$$

$$\tau_L = (600 \cdot \theta_{300} - 300 \cdot \theta_{600})/(600 - 300)$$

$$\tau_L = 2 \cdot \theta_{300} - \theta_{600} = \theta_{300} - (\theta_{600} - \theta_{300})$$

$$\tau_L = \theta_{300} - \mu_p \tag{D-15}$$

O índice de fluxo, adimensional, e o índice de consistência, em $\ell bf.s^n/100\ ft^2$, para o fluido de potência de Ostwald, podem ser obtidos pelas expressões (D-10) e (D-11), a partir das equações (D-16) e (D-17).

$$n = \frac{\log(\theta_{600}/\theta_{300})}{\log(600/300)}$$

$$n = 3{,}32 \cdot \log\left(\frac{\theta_{600}}{\theta_{300}}\right) \tag{D-16}$$

$$K_v = \frac{1{,}067\,(\theta_{600})}{1022^n} \quad \text{ou} \quad K_v = \frac{1{,}067\,(\theta_{300})}{511^n} \tag{D-17}$$

Apêndice E

Método Prático Simplificado para Cálculo da Perda de Carga no Espaço Anular

A perda de carga que ocorre no espaço anular é decorrente das tensões de cisalhamento na parede do poço e nas paredes dos tubos de perfuração. Estas tensões, por sua vez, são funções da taxa de cisalhamento nas paredes do espaço anular. Para calcularmos esta perda de carga, devemos conhecer a tensão e a taxa de cisalhamento correspondentes.

A figura B-1 mostra uma seção de um espaço anular de comprimento **L**. Os diâmetros dos tubos interno e externo são designados por D_i e D_o, respectivamente. O fluido no espaço anular está submetido a um diferencial de pressão, ΔP, igual a P_1–P_2.

A força de resistência do fluido ao fluxo é dada pelo produto da tensão de cisalhamento, τ, e da área de contato. A força de deslocamento é dada pelo produto da diferença de pressão e área da seção. Quando o fluido está escoando em fluxo laminar e regime permanente, a força devido ao diferencial de pressão é igual à força resistiva. Então:

$$\Delta P \cdot \frac{\pi}{4}\left(D_o^2 - D_i^2\right) = \tau_w \, L\pi \cdot (D_o + D_i)$$

Simplificando e reagrupando termos, obtemos:

$$\frac{\Delta P}{L} = \frac{4\tau_w}{(D_o - D_i)} \qquad (E\text{-}01)$$

A taxa de cisalhamento no espaço anular, considerando o modelo de potência, pode ser, aproximadamente, calculada pela equação:

$$\gamma_a = \frac{12\bar{v}_a}{D_o - D_i} \qquad (E\text{-}02)$$

onde $\bar{v}_a$ é a velocidade média no espaço anular em ft/s; D_o e D_i são os diâmetros do poço e do tubo, respectivamente, em in; γ_a – é a taxa de cisalhamento no anular, em s^{-1}.

A relação entre a taxa de cisalhamento, γ_b em s^{-1}, e número de revoluções ou rotações no viscosímetro rotativo, **N** em rpm, é:

$$\gamma_b = 1{,}703 N \qquad (E\text{-}03)$$

Considerando uma equivalência entre γ_a e γ_b, isto é, combinando as equações E-02 e E-03 e adequando as unidades, temos:

$$N = \frac{1{,}41 \cdot \bar{v}_a}{D_o - D_i} \tag{E-04}$$

onde $\bar{v}_a$ é a velocidade média no espaço anular, em ft/min; D_o e D_i são os diâmetros do poço e do tubo, respectivamente, em in; **N** é o número de rotações no cilindro externo do viscosímetro rotativo equivalente a taxa de cisalhamento no anular, em rpm.

A relação entre a tensão de cisalhamento no cilindro interno do viscosímetro rotativo, τ_b em ℓbf/100 ft², e a deflexão obtida, q em grau, é dada pela expressão:

$$\tau_b = 1{,}066\theta \tag{E-05}$$

Considerando uma equivalência entre τ_w e τ_b, ou seja, combinando as equações E-01 e E-05 e adequando as unidades, temos:

$$\frac{\Delta P}{L} = \frac{3{,}55 \cdot \theta}{(D_o - D_i)} \tag{E-06}$$

onde θ é a deflexão do viscosímetro rotativo correspondente à taxa de cisalhamento no espaço anular, em grau; e **ΔP/L** é a perda de carga no espaço anular, em psi/1000 ft.

Como os fluidos de perfuração não se comportam como Newtonianos, obtém-se valores mais precisos de perda de carga considerando as correlações exatas entre os parâmetros de fluxo do anular e do viscosímetro rotativo. Admitindo-se o modelo de Potência com índice de fluxo, **n** igual a 0,8, a equação E-06 transforma-se em:

$$\frac{\Delta P}{L} = \frac{3{,}75 \cdot \theta}{(D_o - D_i)} \tag{E-07}$$

Esta equação admite resultados 5% maiores que o valor assumido (n = 0,8), quando n = 1, e 5% menores, quando n = 0,6. Ou seja, no intervalo $0{,}6 \leq n \leq 1{,}0$, característico para a maioria dos fluidos de perfuração, o erro que se comete ao aplicar a equação E-07 é igual a ± 5%.

Resumo do Procedimento do Método

1. Colocar, em gráfico log–log, os dados obtidos no viscosímetro rotativo para o fluido testado (θ vs N).
2. Traçar a melhor curva (ou duas retas) passando pelos pontos graficados.
3. Determinar o número de rotações (N) do viscosímetro rotativo equivalente à taxa de cisalhamento no anular, através da equação E-04.
4. Encontrar a deflexão do viscosímetro rotativo, θ em grau, correspondente à taxa de cisalhamento no espaço anular, no gráfico obtido no item 2, considerando o valor de N calculado no item 3.
5. Usar a equação E-07 e calcular a perda de carga no espaço anular.

EXEMPLO E-1

Calcule a perda de carga no espaço anular poço/tubo de perfuração, considerando os dados de perfuração e escoamento do fluido a seguir:

- Diâmetro do poço   8 1/2 in
- Diâmetro externo do tubo de perfuração   4 1/2 in
- Velocidade média no espaço anular   120 ft/min (vazão 254 gal/min)
- Resultados do ensaio de reologia no viscosímetro rotativo Fann mod. 35A: $\theta_{600} = 100$; $\theta_{300} = 55$; $\theta_{200} = 39$; $\theta_{100} = 22$; $\theta_6 = 4$; $\theta_3 = 3$

SOLUÇÃO

1. Coloque em gráfico os dados obtidos no viscosímetro rotativo, θ vs N, em papel log – log (veja figura E-1).

N	3	6	100	200	300	600
θ	3	4	22	39	55	100

2. a) Trace uma reta através dos pontos obtidos para 600, 300, 200 e 100 rpm.

   b) Trace uma reta através dos pontos obtidos para 6 e 3 rpm.

   c) Ligar as duas retas citadas nos itens anteriores (veja figura E-1).

3. Calcule N, conforme equação E-04:

$$N = \frac{1{,}41 \times 10}{8{,}5 - 4{,}5} \therefore N = 42 \text{ rpm}$$

4. Encontre a deflexão θ correspondente ao N calculado no item anterior, utilizando o gráfico construído.

Para N = 42 rpm, $\theta = 10{,}5$ (ver figura E-1).

5. Calcule a perda de carga no espaço anular, conforme equação E-07:

$$\frac{\Delta P}{L} = \frac{3{,}75 \times 10{,}5}{8{,}5 - 4{,}5} \qquad \therefore \frac{\Delta P}{L} = 9{,}32 \text{ psi}/1000 \text{ ft}$$

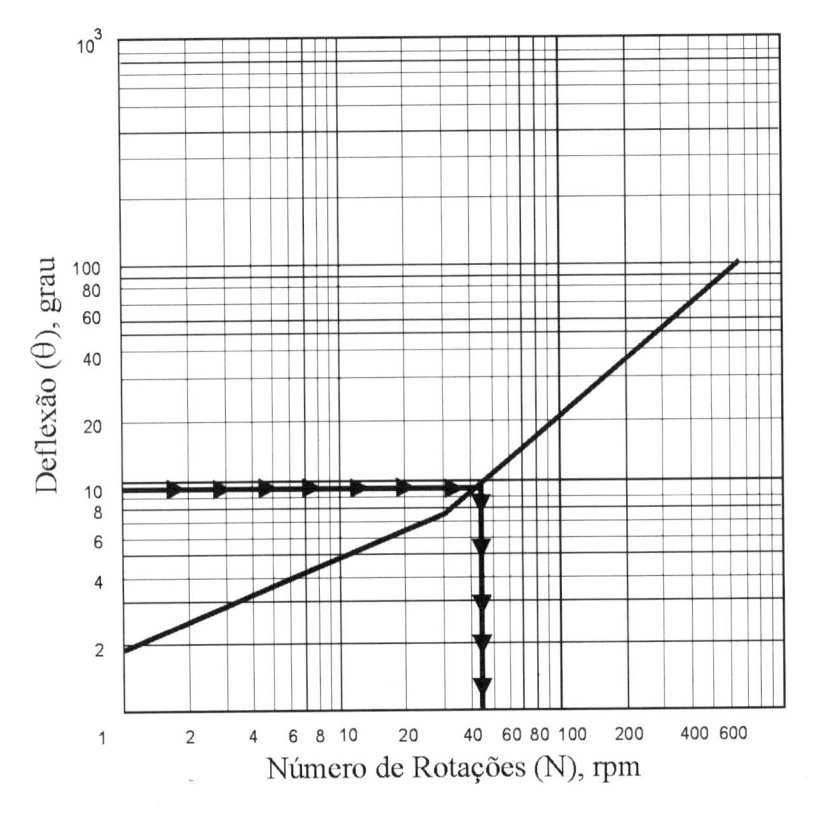

Figura E-1. Modelo gráfico para determinação da delexão equivalente no viscosímetro rotativo Fann mod. 35A.

APÊNDICE F

Tabelas das Principais Equações

Circulação de Fluido Newtoniano

Parâmetro a ser calculado	Interior de tubos		Espaço anular	
	Unidades do Sistema Internacional (SI)	Unidade de campo	Unidades do Sistema Internacional (SI)	Unidades de campo
V_C	$2100\mu/D\rho$	$135{,}82\mu/D\rho$	$2572\mu/(D_o-D_i)\rho$	$166{,}35\mu/(D_o-D_i)\rho$
ΔP (Laminar)	$32\mu Lv/D^2$	$\mu Lv/89775\,D^2$	$48\mu Lv/(D_o-D_i)^2$	$\mu Lv/59851(D_o-D_i)^2$
ΔP (Turbulento)	$\dfrac{0{,}1L\rho^{0{,}8}v^{1{,}8}\mu^{0{,}2}}{D^{1{,}2}}$	$\dfrac{L\rho^{0{,}8}v^{1{,}8}\mu^{0{,}2}}{3212923\,D^{1{,}2}}$	$\dfrac{0{,}1275L\rho^{0{,}8}v^{1{,}8}\mu^{0{,}2}}{(D_o-D_i)^{1{,}2}}$	$\dfrac{L\rho^{0{,}8}v^{1{,}8}\mu^{0{,}2}}{2519939(D_o-D_i)^{1{,}2}}$

Circulação de Fluidos Binghamianos

Parâmetro a ser calculado	Unidades SI	Unidade de campo	Unidades SI	Unidades de campo
			Espaço anular	
ΔP (Laminar)	$\dfrac{32\mu_p L v}{D^2} + \dfrac{4\tau_L L}{D}$	$\dfrac{\mu_p L v}{89775 D^2} + \dfrac{\tau_L L}{300 D}$	$\dfrac{48\mu_p L v}{(D_o - D_i)^2} + \dfrac{4\tau_L L}{(D_o - D_i)}$	$\dfrac{\mu_p L v}{59851(D_o - D_i)^2} + \dfrac{\tau_L L}{300(D_o - D_i)}$
ΔP (Turbulento)	$\dfrac{0{,}1 L \rho^{0,8} v^{1,8} \mu_p^{0,2}}{D^{1,2}}$	$\dfrac{L \rho^{0,8} v^{1,8} \mu_p^{0,2}}{3212923 D^{1,2}}$	$\dfrac{0{,}1275 L \rho^{0,8} v^{1,8} \mu_p^{0,2}}{(D_o - D_i)^{1,2}}$	$\dfrac{L \rho^{0,8} v^{1,8} \mu_p^{0,2}}{2519939 (D_o - D_i)^{1,2}}$
	Unidades SI		**Interior de tubos**	**Unidade de campo**
V_c	$\dfrac{1050}{D\rho}\left[\mu_p + \sqrt{\mu_p^2 + \dfrac{\tau_L D^2 \rho}{4200}}\right]$			$\dfrac{67{,}91}{D\rho}\left[\mu_p + \sqrt{\mu_p^2 + 8{,}816\,\tau_L D^2 \rho}\right]$
	Unidades SI		**Espaço anular**	**Unidades de campo**
V_c	$\dfrac{1286}{(D_o - D_i)\rho}\left[\mu_p + \sqrt{\mu_p^2 + \dfrac{\tau_L (D_o - D_i)\rho}{7716}}\right]$			$\dfrac{93{,}17}{(D_o - D_i)\rho}\left[\mu_p + \sqrt{\mu_p^2 + 4{,}8\,\tau_L (D_o - D_i)\rho}\right]$

Circulação de Fluidos de Potência

Parâmetro a ser calculado	Unidades SI	Unidades de campo
Vc	$\left[\dfrac{(3470-1370n)K}{8\rho}\right]^{1/(2-n)} \left[\dfrac{6n+2}{Dn}\right]^{n/(2-n)}$	$1{,}969\left[\dfrac{5(3470-1370n)K}{\rho}\right]^{1/(2-n)} \left[\dfrac{3n+1}{1{,}27\,Dn}\right]^{n/(2-n)}$
ΔP (Laminar)	$\dfrac{4KL}{D}\left(\dfrac{v}{D}\cdot\dfrac{6n+2}{n}\right)^{n}$	$\dfrac{KL}{300\,D}\left(\dfrac{0{,}4v}{D}\cdot\dfrac{3n+1}{n}\right)^{n}$
ΔP (Turbulento)	$\dfrac{(\log n+2{,}5)\,\rho v^{2}L}{25D}\left[\dfrac{K\left(\dfrac{v}{D}\cdot\dfrac{6n+2}{n}\right)}{8\rho v^{2}}\right]^{(1{,}4-\log n)/7}$	$\dfrac{(\log n+2{,}5)\,\rho v^{2}L}{4645029\,D}\left[\dfrac{19{,}36\,K\left(\dfrac{0{,}4v}{D}\cdot\dfrac{3n+1}{n}\right)}{\rho v^{2}}\right]^{(1{,}4-\log n)/7}$
Vc	$\left[\dfrac{(3470-1370n)K}{9{,}788\rho}\right]^{1/(2-n)} \left[\dfrac{8n+4}{(D_{o}-D_{i})n}\right]^{n/(2-n)}$	$1{,}969\left[\dfrac{4{,}08(3470-1370n)K}{\rho}\right]^{1/(2-n)} \left[\dfrac{2n+1}{0{,}64(D_{o}-D_{i})n}\right]^{n/(2-n)}$
ΔP (Laminar)	$\dfrac{4KL}{(D_{o}-D_{i})}\left(\dfrac{v}{(D_{o}-D_{i})}\cdot\dfrac{n+4}{n}\right)^{n}$	$\dfrac{KL}{300\,(D_{o}-D_{i})}\left(\dfrac{0{,}8v}{(D_{o}-D_{i})}\cdot\dfrac{2n+1}{n}\right)^{n}$
ΔP (Turbulento)	$\dfrac{(\log n+2{,}5)\,\rho v^{2}L}{20{,}4125\,(D_{o}-D_{i})}\left[\dfrac{K\left(\dfrac{v}{(D_{o}-D_{i})}\cdot\dfrac{8n+4}{n}\right)^{n}}{9{,}798\,\rho v^{2}}\right]^{(1{,}4-\log n)/7}$	$\dfrac{(\log n+2{,}5)\,\rho v^{2}L}{3792669\,(D_{o}-D_{i})}\left[\dfrac{15{,}81\,K\left(\dfrac{0{,}8v}{D_{o}-D_{i}}\cdot\dfrac{2n+1}{n}\right)^{n}}{\rho v^{2}}\right]^{(1{,}4-\log n)/7}$

Circulação nos Equipamentos de Superfície (Sonda de Perfuração)

Tipo do equipamento	Fluidos Binghamianos (unidades de campo)	Fluidos de Potência (unidades de campo)
I Tubo Bengala 40'x3"D.I Mangueira de "Lama" 40'x2"D.I Cabeça de Injeção 4' x2"D.I Haste Quadrada 40'x2 1/4"D.I	$\Delta P_s = 2{,}525 \times 10^{-4}\, \rho^{0,8} Q^{1,8} \mu_p^{0,2}$	$\Delta P_s = 2{,}888 \times 10^{-4} (\log n + 2{,}5)\rho Q^2 \left[1{,}075 K \left(\dfrac{Q}{1{,}416} \cdot \dfrac{3n+1}{n} \right) Q^2 \rho \right]^{(1{,}4 - \log n)/7}$
II Tubo Bengala 40'x3 1/2"D.I Mangueira 55'x2 1/2"D.I Cabeça de Injeção 5'x2 1/2"D.I Haste Quadrada 40'x3 1/4"D.I	$\Delta P_s = 9{,}619 \times 10^{-5}\, \rho^{0,8} Q^{1,8} \mu_p^{0,2}$	$\Delta P_s = 1{,}036 \times 10^{-4} (\log n + 2{,}5)\rho Q^2 \left[2{,}61 K \left(\dfrac{Q}{2{,}755} \cdot \dfrac{3n+1}{n} \right) Q^2 \rho \right]^{(1{,}4 - \log n)/7}$
III Tubo Bengala 45'x4"D.I Mangueira 55'x3"D.I Cabeça de Injeção 5'x2 1/2"D.I Haste Quadrada 40'x3 1/2"D.I	$\Delta P_s = 5{,}335 \times 10^{-5}\, \rho^{0,8} Q^{1,8} \mu_p^{0,2}$	$\Delta P_s = 5{,}584 \times 10^{-5} (\log n + 2{,}5)\rho Q^2 \left[4{,}118 K \left(\dfrac{Q}{3{,}878} \cdot \dfrac{3n+1}{n} \right) Q^2 \rho \right]^{(1{,}4 - \log n)/7}$
IV Tubo Bengala 45'x4"D.I Mangueira 55'x3"D.I Cabeça de Injeção 6'x3"D.I Haste Quadrada 40'x4"D.I	$\Delta P_s = 4{,}163 \times 10^{-5}\, \rho^{0,8} Q^{1,8} \mu_p^{0,2}$	$\Delta P_s = 4{,}3197 \times 10^{-5} (\log n + 2{,}5)\rho Q^2 \left[5{,}307 K \left(\dfrac{Q}{4{,}691} \cdot \dfrac{3n+1}{n} \right) Q^2 \rho \right]^{(1{,}4 - \log n)/7}$

Perda de Carga Através da Broca

Unidades S.I.	Unidades de campo
$\Delta P_b = \rho v^2 / 1,975\ C_d^2$	$\Delta P_b = \rho v^2 / 4403479\ C_d^2$
ou	ou
$\Delta P_b = \rho Q^2 / 1,975\ C_d^2\ A_j^2$	$\Delta P_b = \rho Q^2 / 12032\ C_d^2\ A_j^2$

Cd = coeficiente de descarga; Cd = 0,80 para broca convencional; Cd = 0,95 para broca com jatos.

Densidade Equivalente de Circulação

Parâmetro a ser calculado	Unidades S.I.	Unidades de campo
ρ_a	$\rho + \dfrac{\pi\ D_w^2 \cdot T_x (2,5-\rho)}{4Q}$	$\rho + \dfrac{6,80 \times 10^{-4} D_w^2 \cdot T_x (20,86-\rho)}{Q}$
P_h	$10\rho_c L$	$0,052 \rho_c L$
ρ_d	$\rho_a + \dfrac{\Delta Pa}{10L}$	$\rho_a + \dfrac{18,87 \Delta Pa}{L}$

Velocidade de Queda dos Sólidos (Cascalhos) no Anular

Parâmetro a ser calculado	Unidades S.I.	Unidades de campo
v_s (Equação Geral)	$44,3 \left(\dfrac{\rho_s - \rho}{\rho} \cdot \dfrac{V_p}{S.C_r} \right)^{1/2}$	$139 \left(\dfrac{\rho_s - \rho}{\rho} \cdot \dfrac{V_p}{S.C_r} \right)^{1/2}$
v_s (Cilindros Fluxo Intermed.)	$\dfrac{15,23 (\rho_s - \rho)^{0,667} D_{ep}}{\rho^{0,333} \mu_e^{0,333}}$	$\dfrac{175 (\rho_s - \rho)^{0,667} D_{ep}}{\rho^{0,333} \mu_e^{0,333}}$
v_s (Esferas Fluxo Turbulento)	$53,9 \left(\dfrac{\rho_s - \rho}{\rho} \cdot D_{ep} \right)^{1/2}$	$169 \left(\dfrac{\rho_s - \rho}{\rho} \cdot D_{ep} \right)^{1/2}$
v_s (Cilindros Fluxo Turbulento)	$29,45 \left(\dfrac{\rho_s - \rho}{\rho} \cdot D_{ep} \right)^{1/2}$	$92,37 \left(\dfrac{\rho_s - \rho}{\rho} \cdot D_{ep} \right)^{1/2}$

Velocidade de Remoção de Sólidos (Cascalhos) no Anular

Parâmetro a ser calculado	Unidades S.I.	Unidades de campo
v	$\dfrac{4Q}{\pi(D_o^2 - D_i^2)}$	$\dfrac{24,51Q}{(D_o^2 - D_i^2)}$
μ_e (Bingham)	$\mu_p + \tau_L/[12v/(D_o - D_i)]$	$\mu_p + 299,2\left[\dfrac{\tau_L(D_o - D_i)}{v}\right]$
μ_e (Potência)	$K\left(\dfrac{12v}{D_o - D_i} \cdot \dfrac{2n+1}{3n}\right)^{n-1}$	$479K\left(\dfrac{2,4v}{D_o - D_i} \cdot \dfrac{2n+1}{3n}\right)^{n-1}$
N_{Rs}	$\dfrac{\rho v_s D_{ep}}{\mu_e}$	$15,46\dfrac{\rho v_s D_{ep}}{\mu_e}$
v_r	$v - v_s = \{4Q/[D_o^2 - D_i^2)]\} - v_s$	$v - v_s = \{24,51Q/[D_o^2 - D_i^2)]\} - v_s$

Nomenclatura e Unidades das Equações do Apêndice

Símbolo	Significado	Dimensão	Unidade SI	Unidade de campo
A_j	Área total dos jatos	L^2	m^2	in^2
C_d	Coeficiente de descarga na broca	1	–	–
C_r	Coeficiente de resistência de sedimentação de partículas	1	–	–
D	Diâmetro do conduto	L	m	in
D_{ep}	Diâmetro equivalente de partícula não-esférica	L	m	in
D_i	Diâmetro externo do tubo interno do espaço anular	L	m	in
D_o	Diâmetro interno do tubo externo do espaço anular ou do poço	L	m	in
D_w	Diâmetro do poço	L	m	in
f	Fator de fricção de Fanning	1	–	–

(continua)

(continuação)

Nomenclatura e Unidades das Equações do Apêndice

Símbolo	Significado	Dimensão	Unidade SI	Unidade de campo
F	Força	MLT^{-2}	N	lbf
g	Aceleração da gravidade	LT^{-2}	m/s^2(9,81)	ft/s^2(32,2)
g_c	Constante gravitacional	ML/FT^2	$kg\, m/N.S^2$	32,2 $lbm.ft/lbf.s^2$
G_t	Força gel a um tempo de repouso **t**	$ML^{-1}T^{-2}$	Pa	lbf/100 ft^2
K	Índice de consistência	$ML^{-1}T^{n-2}$	$Pa.s^n$	$lbf.s^n/100ft^2$
L	Comprimento	L	m	ft
n	Índice de fluxo	1	-	-
N_R	Número de Reynolds	1	–	–
N_{Rc}	Número de Reynolds crítico	1	–	–
N_{Rs}	Número de Reynolds de partícula em queda	1	–	–
P	Pressão	$ML^{-1}T^{-2}$	Pa	psi(lbf/in^2)
P_B	Pressão de circulação ou de bombeio	$ML^{-1}T^{-2}$	Pa	psi
P_d	Pressão dinâmica do fluido	$ML^{-1}T^{-2}$	Pa	psi
P_g	Pressão para a quebra do "gel" de um fluido tixotrópico	$ML^{-1}T^{-2}$	Pa	psi
P_h	Pressão estática do fluido (hidrostática)	$ML^{-1}T^{-2}$	Pa	psi
Q	Vazão de fluxo	L^3T^{-1}	m^3/s	gal/min
R	Raio do conduto ou canal de fluxo	L	m	in
S	Área de projeção da partícula em sedimentação	L^2	m^2	in^2
t	Tempo	T	s	s ou min
T	Temperatura	θ	°K	°F
T_q	Torque	ML^2T^{-2}	N.m	lbf.ft
T_x	Taxa de penetração	LT^{-1}	m/s	ft/h
$\bar{v}$	Velocidade média de fluxo	LT^{-1}	m/s	ft/min
$\bar{v}_a$	Velocidade média no espaço anular	LT^{-1}	m/s	ft/min
$\bar{v}_c$	Velocidade crítica	LT^{-1}	m/s	ft/min
$\bar{v}_r$	Velocidade de remoção de sólidos (cascalhos)	LT^{-1}	m/s	ft/min

(continua)

(continuação)

Nomenclatura e Unidades das Equações do Apêndice

Simbolo	Significado	Dimensão	Unidade SI	Unidade de campo
v_s	Velocidade de sedimentação de partícula	LT^{-1}	m/s	ft/min
V_p	Volume de partícula	L^3	m^3	in^3
γ	Taxa de cisalhamento ou gradiente de velocidade	T^{-1}	s^{-1}	s^{-1}
γ_w	Grad. de velocidade à parede do conduto	T^{-1}	s^{-1}	s^{-1}
μ	Viscosidade absoluta ou dinâmica	$ML^{-1}T^{-1}$	Pa.s	cP
μ_a	Viscosidade aparente	$ML^{-1}T^{-1}$	Pa.s	cP
μ_e	Viscosidade equivalente (ou efetiva)	$ML^{-1}T^{-1}$	Pa.s	cP
μ_p	Viscosidade plástica	$ML^{-1}T^{-1}$	Pa.s	cP
ρ	Massa específica ou densidade absoluta do fluido	ML^{-3}	kg/m^3	lbm/gal
ρ_a	Densidade do fluido contendo cascalhos	ML^{-3}	kg/m^3	lbm/gal
ρ_c	Densidade do fluido no anular	ML^{-3}	kg/m^3	lbm/gal
ρ_d	Densidade equivalente de circulação	ML^{-3}	kg/m^3	lbm/gal
ρ_s	Densidade de partícula sólida	ML^{-3}	kg/m^3	lbm/gal
τ	Tensão cisalhante	$ML^{-1}T^{-2}$	Pa	$lbf/100\ ft^2$
τ_L	Limite de escoamento (fluido Binghamiano)	$ML^{-1}T^{-2}$	Pa	$lbf/100\ ft^2$
τ_o	Limite de escoamento real (fluido não-Binghamiano)	$ML^{-1}T^{-2}$	Pa	$lbf/100\ ft^2$
τ_w	Tensão cisalhante à parede do conduto	$ML^{-1}T^{-2}$	Pa	$lbf/100\ ft^2$
ΔP	Queda de pressão ou perda de carga	$ML^{-1}T^{-2}$	Pa	psi
ΔP_a	Perda de carga no espaço anular	$ML^{-1}T^{-2}$	Pa	psi
ΔP_b	Perda de carga na broca	$ML^{-1}T^{-2}$	Pa	psi
ΔP_i	Perda de carga no interior de tubo	$ML^{-1}T^{-2}$	Pa	psi
ΔP_s	Perda de carga no eq. de superfície	$ML^{-1}T^{-2}$	Pa	psi

APÊNDICE G

Tabelas de Conversão de Unidades e Constantes Físicas

Comprimento

polegada (in)	pé (ft)	jarda (yard)	milha americana (U.S. mile)	milímetro (mm)	metro (m)
1	0,08333333	0,02777778	$1,578283 \times 10^{-5}$	25,4	0,0254
12	1	0,3333333	$1,893939 \times 10^{-4}$	304,8	0,3048
36	3	1	$5,681818 \times 10^{-4}$	914,4	0,9144
63.360	5.280	1.760	1	1.609.344	1.609,344
0,03937008	$3,280840 \times 10^{-3}$	$1,093613 \times 10^{-3}$	$6,213712 \times 10^{-7}$	1	0,001
39,37008	3,280840	1,093613	$6,213712 \times 10^{-4}$	1.000	1

Área

polegada quadrada (in²)	pé quadrado (ft²)	jarda quadrada (*square yard*)	acre	milha americana quadrada (U.s square mile)	metro quadrado (m²)
1	$6,944444 \times 10^{-3}$	$7,716049 \times 10^{-4}$	$1,594225 \times 10^{-7}$	$2,490977 \times 10^{-10}$	$6,4516 \times 10^{-4}$
144	1	0,1111111	$2,295684 \times 10^{-5}$	$3,587006 \times 10^{-8}$	$9,290304 \times 10^{-2}$
1.296	9	1	$2,066116 \times 10^{-4}$	$3,228306 \times 10^{-7}$	0,8361274
6.272.640	43.560	4.840	1	0,0015625	4.046,856
4.014.489.600	27.878.400	3.097.600	640	1	2.589.988
1.550,0031	10,76391	1,195990	$2,471054 \times 10^{-4}$	$3,861022 \times 10^{-7}$	1

Volume

polegada cúbica (in³)	pé cúbico (ft³)	litro (l)	metro cúbico (m³)	galão americano (U.S. gallon)	barril (bbl)
1	$5,787037 \times 10^{-4}$	0,01638706	$1,638706 \times 10^{-5}$	$4,329004 \times 10^{-3}$	$1,030715 \times 10^{-4}$
1.728	1	28,31685	0,02831685	7,480520	0,1781076
61,02374	0,03531467	1	0,001	0,2641720	$6,289810 \times 10^{-3}$
61.023,74	35,31467	1.000	1	264,1720	6,289810
231,0000	0,1336806	3,785412	0,003785412	1	0,02380952
9.702,001	5,614584	158,9873	0,1589873	42	1

Massa

onça (ounce)	libra (lb)	quilograma (kg)	tonelada (t)
1	0,0625	0,02834952	$2,834950 \times 10^{-5}$
16	1	0,4535924	$4,535924 \times 10^{-4}$
35,27396	2,204623	1	0,001
35.273,96	2.204,623	1.000	1

Força

N	dina	kgf	gf	lbf
1	10^5	0,102	$1,02 \times 10^2$	0,225
10^{-5}	1	$1,0197 \times 10^{-6}$	$1,02 \times 10^{-3}$	$2,248 \times 10^{-6}$
9,807	$9,807 \times 10^5$	1	10^3	2,205
$9,807 \times 10^{-3}$	$9,807 \times 10^2$	10^{-3}	1	$2,205 \times 10^{-3}$
4,45	444,823	0,4536	$4,536 \times 10^2$	1

Pressão

kgf/cm²	kPa	lbf/in² (psi)	atmosfera (atm)
1	98,06650	14,22334	0,9678411
0,01019716	1	0,1450377	0,009869233
0,07030695	6,894757	1	0,06804596
1,033227	101,3250	14,69595	1

Viscosidade

cP (centipoise)	dina . s/cm² (poise)	Pa . s	lbf/ft . s	lbf/ft . h
1,0	10^{-2}	10^{-3}	$6,72 \times 10^{-4}$	2,42

Permeabilidade

Milidarcy (md)	darcy	m²	cm²
1	1×10^{-3}	$9,86923 \times 10^{-16}$	$9,86923 \times 10^{-12}$
1.000	1	$9,86923 \times 10^{-13}$	$9,86923 \times 10^{-9}$
101.325×10^{10}	$101,325 \times 10^{10}$	1	10^4
$101,325 \times 10^9$	$101,325 \times 10^6$	10^{-4}	1

Temperatura

de	para	
°Fahrenheit	kelvin	$T_K = (T_F + 459,67)/1,8$
Rankine	kelvin	$T_K = T_R/1,8$
°Fahrenheit	Rankine	$T_R = T_F + 459,67$
°Fahrenheit	°Celsius	$T_C = (T_F - 32)/1,8$
°Celsius	kelvin	$T_K = T_C + 273,15$

Constante Universal dos Gases (*R*)

Unidade	$\dfrac{\text{psi} \cdot \text{ft}^3}{\text{lbmol} \cdot \text{R}}$	$\dfrac{\text{lbf} \cdot \text{ft}}{\text{lbmol} \cdot \text{R}}$	$\dfrac{\text{atm} \cdot \text{cm}^3}{\text{mol} \cdot \text{K}}$	$\dfrac{\text{cal}}{\text{mol} \cdot \text{K}}$	$\dfrac{\text{kgf}/\text{cm}^2 \cdot \text{m}^3}{\text{kmol} \cdot \text{K}}$
R	10,73	1.545	82	1,987	0,08478

°API

$$°API = \frac{141,5}{d(60°F)} - 131,5$$

Água

Ponto triplo	Massa específica @ 15,56 °C	Gradiente @ 15,56 °C	Massa molecular
0,01 °C	999,014 kg/m^3	0,0999 kgf/cm^2/m	18
32,018 °F	62,4 lb/ft^3	0,4331 psi/ft	
491,688 R	8,34 lb/gal		
273,16 K	350 lb/bbe		

Referências

01. AMUI, S.; **"Reologia"**, Petrobras, Divisão de Ensino, 1979.
02. American Petroleum Institute (API) Recommendation - Bulletin 13D, 1986.
03. API, Bulletin Recommendation 13B, Production Department; **"The Rheology of Oil-Well Drilling Fluids"**, Dallas, Texas, 1980.
04. ASTM (American Standard Test Methods); **"Designations D445-88, D446-93, D2602-86"**.
05. BAGSHAW, F. R.; **"Drilling Fluid Rheological Control Using n e K"**, Kelco, Division of Merck & Co., Houston, Texas, 1980.
06. BARNES, H. A.; HUTTON, J. F.; WALTERS, K.; **"An Introduction to Rheology"**; First Edition, New York, USA; Elsevier, 1991.
07. Brookfield Viscometers; **"Instruction Manuals and Guides"**, 1993.
08. BOURGOYNE, A.T., CHENEVERT, M.E., MILLHEIM, K.K., YOUNG, F.S.; **"Applied Drilling Engineering"**; SPE Testbooks Series, Richardson, TX, USA, 1991.
09. CARICO, R. D.; **"Suspension Properties of Polymer Fluids Used in Drilling, Workover, and Completion Operation"**, SPE 5870.
10. Chambre Syndicale de la Recherche et de la Production du Petróleo et du gaz Natural: **"Manual de Rheologie des Fluides de Forage et Laitiers de Cement"**, 1979.
11. CHIEN, S.F.; **"Settling Velocity of Irregular Shaped Particles"**; Proceedings of SPE Drilling and Completion, p. 281, dec. 1994.,
12. CHILINGARIAN, G.V.: VORABUTR, P.; **"Drilling and Drilling fluids"**. Elsevier Scientific Publishing Co., cap. 7, Amsterdam 1981.
13. CHIN, W.; **"Borehole Flow Modeling In Horizontal, Deviated and Vertical Wells"**, Houston, TX, USA, Gulf Pub. Co., 1992.
14. Comitê Técnico da Câmara Sindical de Pesquisa e Produção de Petróleo e Gás Natural da França; **"Drilling Mud and Cement Slurry Rheology Manual"**, Gulf Pub. Co., Book Division, Paris, 1982.
15. CRAFT, Holden and Graves; **"Well Design: Drilling and Production"**. Prentice – Hall, Inc. Englewood Cliffs, cap. 1, New Jersey 1962.
16. DARLEY, H. C. H.; **"Advantages of Polymer Muds"**, Petroleum Engineer, set. 1976.
17. DARLEY, H.C.H.; **"Designing Fast Drilling Fluids"**, J. Pet. Tech. 1965.
18. DODGE, D.W. and METZNER, A.B.; **"Turbulent Flow of Non-Newtonian System"**, AICHE Journal, jun. 1959.
19. Dowell Schlumberger; **"Introduction to Rheology"**, 1982.

20. EXLOG Series of Petroleum Geology and Engineering Handbooks; **"Theory and Application of Drilling Fluids Hydraulics"**, D. Reidel Pub. Co., 1985

21. Fann Instrument Corporation; **"Operations Instructions – Fann Viscometers"**. Houston, Texas 77042, 1987.

22. FORBER, G.; **"Hydraulics: Shear Stress and Shear Rate"**, Engineering Essentials of Modern Drilling, Energy Publication, Dallas, Texas, 1977.

23. GRAY, G. R. and DARLEY, H. C .H.; **"Composition and Properties of Oil-Well Drilling Fluids"**, Gulf Pub. Co., cap. 5, 5th Edition, Houston, 1988.

24. HALL, H.N., Thompson, H. e Nuss, F.: **"The Ability of Drilling Mud to Lift Bit Cuttings"**, Trans., AIME, 1950.

25. HEISS, J.F. e COULL, J.; **"The Effect of Orientation and Shape on the Settling Velocity of Non-Isometric Particles in Viscous Medium"**, Chemical. Eng. Prog., 1952.

26. HOLMAN, W. E.; **"Drilling Fluid Rheology"**, Kelco, Houston, Texas.

27. HOPKIN, E.A.; **"Factors Affecting Cuttings Removal During Rotary Drilling"**, Shell Development Co., Petroleum Trans., p. 807, Houston, Texas, 1967.

28. IYOHO, A. W., SOBEY, J.J.; **" Drilled Cuttings Transport by Non-Newtonian Drilling Fluids Through Inclined Eccentric Annuli"**; PhD Thesis, U. of Tulsa, OK, 1980.

29. IYOHO, A. W., SOBEY, J. J.; **" A Computer Model for Hole Cleanning Analysis"**; SPE 16694, SPE Annual Conference, New Orleans, LA, out.,1986.

30. ISO (International Organization for Standardization), **ISO/DIS 3105.2-1992, ISO/DIS 3104.2-1993**.

31. MACHADO, J. C. V.; **"Caracterização Reológica das Emulsões Inversas"**, 1.ª Mesa Redonda sobre Emulsões na Indústria de Petróleo, Rio de Janeiro, PETROBRAS/CENPES, out/1985.

32. MACHADO, J. C. V.; **"Comportamento Reológico de Dispersões Aquosas Utilizadas Como Fluidos de Perfuração"**, Anais do IV Colaper, Caracas, Venezuela, out/1984.

33. MACHADO, J. C. V.; **"Influência dos Parâmetros Reológicos Sobre a Velocidade de Queda de Partículas em Meios Aquosos"**, Bolletim Técnico Petrobras, jul/set 1985.

34. METZNER, A. B. e REED, J. C. – **"Flow of Non-Newtonian Fluids Correlation of the Laminar, Transition, and Turbulent Flow Regions"**. AICHE Journal, dec, 1955.

35. MOORE, Preston L.; **"Drilling Practice Manual"**. The Petroleum Publishing Co., caps. 5, 7, 8 e 9, Tulsa 1974.

36. PIGOTT, R. J. S.; **"Mud Flow in Drilling"**, Drilling and Producing Practice, API, 1941.

37. ROGERS, Walter F.; **"Composition and Properties of Oil Well Drilling Fluids"**, Gulf Publishing Company, Houston, Texas, 1963.

38. SÁ, C. H. M, MARTINS, A. L., e Outros; **"Efeitos de Parede e População na Velocidade de Queda de Partículas Irregulares em Fluidos não-Newtonianos"**; ENCIT, Santa Catarina, 1996.

39. SCHRAMM, G.; **"A Practical Approach to Rheology and Rheometry"**; First Edition, Karlsruhe, Germany, p 1-290, 1994.

40. SCHRAMM, G.; **Introduction to Practical Viscometry**, Haake Viscometers, Alemanha, 1981.

41. SIFFERMAN, THOMAS R., MYERS, GEORG M., HADEN, ELARD L., e WAHL, Harry A.; **"Drill Cutting Transport in Full-Scale Vertical Annuli"**. JPT, nov 1974.

42. STEFAN, PETRU; **"Manual de Fluidos de Perfuração"**. PETROBRAS, Salvador-BA, 1981

43. WADDEL, HAKON; **"The Coefficient of Resistance as a Function of Reynolds Number for Solids of Carious Shapes"**, J. Franklin Inst., 1934.
44. WALKER, R.E.; **"Mud Hydraulics"**. Oil and Gas Journal, out e nov 1976.
45. WALKER, R.E., KORRY, D.E.; **"Field Method of Evaluating Annular Performance of Drilling Fluids"**. SPE nº 4321, London, April 1973.
46. WAZER, J.R. Van, LYONS, J.W., KIM, K.Y. e COLWELL, R.E.; **"Viscosity and Flow Measurement – A laboratory Handbook of Rheology"**. Interscience Publishers, N.Y., 1966.
47. WILLIAMS, C.E., BRUCE. G.H.; **"Carrying Capacity of Drilling Muds"**. Pet. Trans AIME, vol 192, pp. 111-120, 1951.

Impressão e acabamento

"Sempre imaginando como atendê-lo melhor"
Avenida Santa Cruz, 636 * Realengo* RJ
Tels.: (21) 3335-5167 / 3335-6725
e-mail: comercial@graficaimaginacao.com.br